土堤险情特征与应急处置

范天印　汪小刚　编著

中国水利水电出版社
www.waterpub.com.cn
·北京·

内 容 提 要

本书系统介绍了土堤的基本概念、基本理论和施工技术，重点阐述了土堤的常见险情类型和险情机理，包括漫溢、散浸、漏洞、管涌、流土、跌窝、流土、裂缝、滑坡、崩岸、接触冲刷、接触流土等，分析了土堤典型的渗透破坏特征和溃决特征，并进行了复杂环境下运行风险分析和风险管理的理论和实践研究，同时，对土堤常见险情应急处置技术做了详细介绍。在内容设置上，介绍传统的、常规的概念和技术的同时，广泛收集整理最新文献资料，反映“四新”技术在堤防应急处置中的发展和应用。

本书是满足专业技术干部和相关专业技术工种战士的业务学习需要，同时，也是作为武警水电一总队全力打造的“三大中心”：技战法研究中心、作战指挥中心、数据库中心的核心技术支撑内容，应用于典型形态模板设计。

图书在版编目（CIP）数据

土堤险情特征与应急处置 / 范天印，汪小刚编著
. -- 北京 : 中国水利水电出版社，2016.7
ISBN 978-7-5170-4593-9

Ⅰ. ①土… Ⅱ. ①范… ②汪… Ⅲ. ①土坝—堤防抢险 Ⅳ. ①TV641.2②TV871.3

中国版本图书馆CIP数据核字(2016)第180509号

书　　名	**土堤险情特征与应急处置** TUDI XIANQING TEZHENG YU YINGJI CHUZHI
作　　者	范天印　汪小刚　编著
出版发行	中国水利水电出版社 （北京市海淀区玉渊潭南路1号D座　100038） 网址：www.waterpub.com.cn E-mail：sales@waterpub.com.cn 电话：（010）68367658（营销中心）
经　　售	北京科水图书销售中心（零售） 电话：（010）88383994、63202643、68545874 全国各地新华书店和相关出版物销售网点
排　　版	中国水利水电出版社微机排版中心
印　　刷	三河市鑫金马印装有限公司
规　　格	170mm×240mm　16开本　18.5印张　258千字
版　　次	2016年7月第1版　2016年7月第1次印刷
印　　数	0001—2500册
定　　价	**49.00**元

《土堤险情特征与应急处置》编委会名单

主　　编： 范天印　汪小刚

参编人员： 程兴军　庞林祥　于　旭

孙东亚　崔亦昊　解家毕

前　言

水电部队作为参与国家大中型水利水电工程建设的主力兵，调整转型为担负重要水利水电设施和江河堤防抢修抢建的国家应急救援专业队，在长期的工程建设与堤防应急抢险实践中积累了大量宝贵实战经验。但对于我国延绵数十万公里，结构类型多样，存在问题复杂多变的堤防工程而言，在未来面对可能更加复杂多变的险情时，应急抢险必须既有经验，又有创新，需要抢险官兵掌握扎实的基本知识和利用创新的思维方法。为满足部队抢险需要，基于官兵理论知识的学习与普及，从经验的积累、传承与创新出发，编写本书。编著过程中，在确保内容可读性和实用性的同时，增加了专业性和实战性，力求指导部队今后的堤防工程抢险。同时，本书也是作为武警水电一总队全力打造的“三大中心”：技战法研究中心、作战指挥中心、数据库中心的核心技术支撑内容，应用于典型形态模板设计。

本书的内容力求通俗易懂，问题的介绍由浅入深，以便各层级官兵能够深入理解掌握。在内容设置上大致分为理论阐述和技术阐述两大部分，以我国的堤防工程概况、特点及应急处置需要为牵引，按照形成机理对土堤的各种险情进行归纳分析，重点对渗透破坏、溃决特征等对土堤安全稳定有较大影响的险情进行了全面而细致的阐述，在此基础上，通过广泛的资料整理，详细阐述了土堤常见险情的应急处置技术。为了满足创新应用需要，结合近年来的“四新技术”发展，对新技术、新设备、新工艺、新材料的相关内容也进行了整理分析，使本书的内容既传承科学合理和行之有效的理念与技术，又凸显国内外最新的思想方法和技术成果。

本书是为适应水电部队应急救援力量建设需要，经中国人民武装警察部队水电第一总队与中国水利水电科学研究院合作编著完成的《堰塞坝险情特征与应急处置》《土堤险情特征与应急处置》《土石坝险情特征与应急处置》《混凝土坝险情特征与应急处置》等系列图书之一。本书不仅可以作为武警水电部队官兵的应急救援教学课本、读本，还可作为研究堤防险情的参考资料。

在系列丛书的编写过程中，得到了武警水电部队、中国水利水电科学研究院、中国电建集团昆明勘测设计研究院有限公司的大力支持。水利部防汛抗旱减灾工程技术研究中心主任丁留谦、副主任郭良等专家对书稿的编写提出了大量宝贵意见和建议。武警水电部队原总工程师梅锦煜将军对本书的定题、定稿提出了宝贵建议。此外，还参考了很多文献。在此，我们一并谨向以上单位、个人和相关作者表示衷心的感谢和致以崇高的敬意。

由于编写时间紧迫，限于作者水平，书中难免存在疏漏之处，恳请读者批评指正。

作者

2016年6月

目　　录

第1章 概 述

长期以来，人类为了生存、发展，与洪水进行了艰苦卓绝的斗争。我国是世界上遭受洪涝灾害最为严重的国家之一，洪涝灾害历来是中华民族的心腹之患。自1949年新中国成立以来，我国主要江河进行了大规模的防洪工程建设，目前在全国范围内已基本形成了科学合理的防洪工程布局和较完善的防洪减灾工程体系，防洪减灾效益显著。防洪系统工程是一个概念广泛的多维因素综合体，主要由江河水库、土堤、湖堤、分蓄洪工程和河道治理工程等组成，工程种类繁多、结构型式复杂，具有不同的运行环境和条件，一旦险情产生又特点各异，严重影响应急处置技术、应急处置方案的选择。防洪系统工程的险情应急处置，需要根据不同的结构型式、不同的险情特征进行处置技术与方案的选择。

堤防工程历史悠久，是举世公认的防御洪水最普遍、最有效的措施之一，也是我国防洪工程体系的重要组成部分，一直发挥着巨大的作用。因堤防设计、施工和运行中可能存在的各种缺陷，加之复杂的工程地质条件、运行条件和人为因素等内因外因的影响，其产生的险情类型复杂多样、成因各异，危害程度也不同。特别是在汛期洪水或者地震等极端条件下，从险情的产生、发展变化，到可能造成的危害都是十分严重的，一旦处置不及时或者不当，将会造成堤防失事或溃决，保护区被淹，给人民的生命财产造成巨大损失。

1.1 我国堤防工程概况

我国江河堤防大多数是在原有民堤、旧堤基础上逐步加高培厚而成，受限于当时的经济社会发展水平和技术条件，堤基一般未作处理、堤身填筑质量差，受自然和人为活动破坏严重，运行管理极为不规范。近年来，随着经济社会的发展，七大流域与沿海地区的河堤、海堤工程建设越来越受到重视，各省（自治区、直辖市）对辖区内的原有堤防进行了一定程度的加固、加高处理，并结合现代施工技术修建了大量防洪等级较高的堤防工程。

1.1.1 堤防的级别与种类

1. 堤防级别

我国堤防工程根据其防护对象的不同，确定防洪标准，在此基础上确定工程级别。按照《堤防工程设计标准》(GB 50286—2013)，堤防工程级别具有5个等级，见表1.1。

表1.1 堤防工程的级别

防洪标准（重现期）/年	≥100	100～50	50～30	30～20	20～10
堤防工程的级别	1	2	3	4	5

2. 堤防种类

我国的堤防工程地形、地质、结构型式和材料等均非常复杂，种类繁多。按其相对于河槽的位置可分为遥堤（堤距较宽、离河道较远）、缕堤（离河槽较近）、月堤（堤线呈弯月形，修建于险工段或决口段背后）、隔堤（横河修建以阻断河道的堤防，或是在河道干堤保护区内修建，将保护区分隔，以限制干堤决口泛滥范围）4类；按照筑堤材料，可将堤防分为土堤、石堤、混凝土堤和钢筋混凝土防洪墙4种，其中土堤由于造价低，便于就地取材，应用最为广泛；按其堤防所在位置的不同，还可分为河堤、湖堤、海堤、围堤和水库堤防。

(1) 河堤。河堤位于河道两岸，用于保护两岸城乡和田园不受洪水侵袭。因河道洪水涨落相对较快，高水位持续历时一般不长，堤内浸润线难以发展到最高洪水位的位置，故其断面尺寸相对较小。

（2）湖堤。湖堤位于湖泊周边，由于湖水位涨落缓慢，高水位持续时间相对较长，且水域辽阔，风浪较大，故其断面尺寸比河堤大。此外，还要求临水面有较好的防浪护面，背水面有良好的排渗措施。

（3）海堤。海堤又称海塘，位于河口附近及沿海海岸，用以保护沿海地区坦荡平衍的田野和城镇乡村免遭潮水海浪袭击。海堤主要在起潮时或风暴激起海浪袭击时挡水，高水位作用时间虽然不长，但浪潮的破坏力较大，特别是在一些有强烈潮水河口或台风经常登陆的地区，因受海流、风浪和增水影响，故其断面应比河堤大。海堤临水面一般应设有较好的防浪消波设施，或采取生物与工程相结合的保滩护堤措施。

（4）围堤。围堤是指修建在蓄滞洪区外围的堤防，在蓄滞洪运用时起临时挡水作用，其实际运用的频率远不及河堤、湖堤，但设计修建标准与河流干堤相同。

（5）水库堤防。水库堤防位于水库回水末端及库区局部地段，用于限制库水的淹没范围和减少淹没损失。水库末端堤防需根据水库淤积引起"翘尾巴"的范围和防洪要求适当向上游延伸。水库堤防的断面尺寸应略大于一般河堤。

1.1.2 我国主要流域的堤防工程

我国的水灾主要发生在长江、黄河、淮河、海河、珠江、辽河和松花江七大江河的中下游地区，因此，这些地区也是堤防工程的重点设置区域。据水利部《2014 年全国水利发展统计公报》，全国已建成五级以上江河堤防 28.44 万 km，累计达标堤防 18.87 万 km，堤防达标率为 66.4%，其中一级、二级达标堤防长度为 3.04 万 km，达标率为 77.5%。全国已建江河堤防保护人口 5.86 亿人，保护耕地 4.28hm^2。

1. 淮河流域

淮河流域地处我国东部，介于长江和黄河两流域之间，包括湖北、河南、安徽、山东、江苏五省的部分地、县，总人口为 1.34

亿人，平均人口密度为 611 人/km²，居各大江河流域人口密度之首。淮河流域在我国农业生产中占有举足轻重的地位，堤防安全非常重要。现有各类堤防 6.6 万多 km，其中主要堤防 1.1 万 km。

2. 长江流域

长江流域是我国经济增长最有活力、最具潜力的区域之一，具有十分突出的战略地位。加强长江堤防安全管理，不仅事关流域 1 亿多人民群众的福祉，而且关系到我国经济社会发展的大局。

长江流域堤防大致分为 3 个部分：①长江上游堤防，主要分布在四川盆地主要支流的中下游，长约 3100km。②长江中下游堤防，包括长江干堤，主要支流堤防，以及洞庭湖、鄱阳湖和太湖堤防，总长度约 3 万 km，保护大约 5.67 万 km² 农田和 8000 万人口，是长江堤防的主体部分。长江干流自枝城以下两岸均筑有堤防，保护 12.6 万 km² 的长江中下游平原。长江中下游平原地面高程普遍低于干流及支流尾间洪水数米至十余米，洪水一来，即呈“悬河”状态，是长江流域洪涝灾害最为严重、频繁的地区，其中又以荆江河段两岸受到洪水威胁最为严重；③长江海塘，全长约 900km。

3. 珠江流域

珠江是我国境内长度排在第三的河流，按年径流量排在第二，全长 23417km，为南方最大河系。广州市地处珠江下游入海网河交汇区，地势低洼，南临浩瀚的南海、西临太平洋，易受西、北江洪水和台风暴潮的侵袭，历来是洪涝为患之地。珠江干流全长 63.5km，堤岸总长 125.66km，典型而重要的珠江堤防是北江大堤、南宁大堤和梧州大堤。大部分堤防存在不同程度的隐患，防洪能力达不到国家规定的防洪标准。加之堤线长，防洪风险较大。

（1）北江大堤。全国七大重点堤围之一，是广东省最重要的堤围，是广州和珠江三角洲的防洪屏障。北江大堤位于北江下游左岸，北起清远市清城区石角镇，沿北江直流大燕水，出北江干流南下，经佛山市三水区的大塘、黄塘、河口、西南镇，直到南海市小塘镇的狮山为止，全长 63.346km。

（2）南宁大堤。南宁城市建设中最重要的基础设施之一，已成为南宁市的生命线，是南宁人安居乐业的“保护神”。截至2010年，南宁防洪大堤共建成防洪堤28.22km，防洪标准由原来的20年一遇提高到50年一遇，若与上游的百色水利枢纽和老口水利交通枢纽联合调度，可使南宁市防洪能力提高到200年一遇。自南宁防洪大堤建成后，多次成功抵御洪水的侵袭。

（3）梧州大堤。总长65km，广西境内80%的江河水流经该处使梧州成为全国首批25个重点防洪城市之一。

4. 黄河流域

黄河下游地区在华北平原形成高耸的“悬河”，从古至今一直是中华民族的心腹之患，威胁着9494万km^2地区内的人民生命财产安全。为管束滚滚东流的河水，北岸至孟县以下，南岸至郑州铁桥以下，除了个别河段旁依山脉外，两岸皆有大堤。

目前，黄河流域共有各类堤防14848km，其中临黄堤10936.49km，分滞洪区堤防1312.87km，支流堤防1195.24km，河口堤防1138.82km，另外，有各类不设防（不加修不防守）堤防264.58km。

5. 海河流域

海河是我国华北地区流入渤海诸河的总称。海河流域东临渤海，西依太行，南界黄河，北接内蒙古高原。流域总面积31.82万km^2，占全国总面积的3.3%。海河流域包括海河、滦河、马颊河等3大水系、7大河系、10条骨干河流。流域面积分别为23.18万km^2、5.45万km^2、3.18万km^2。流域内堤防总长超过3万km，相当于全国堤防总长的10%。海河流域人口密集，大中城市众多，具有发展经济的技术、人才、资源、地理优势，在我国政治经济中的地位极为重要。

6. 太湖流域

太湖流域的堤防工程主要有环湖大堤、望虞河堤防工程和太浦河工程。其中，环湖大堤232km，望虞河堤防110.5km，太浦河堤防73km。浙江省内太湖流域的堤防工程主要有环湖大堤、西险大塘、导流东大堤和钱塘江北岸海塘，其中环湖大堤浙江段全长65.12km，西险大塘44.6km，导流东大堤44.7km，钱塘江北岸海塘188.1km。上海市已建成一线海塘514km，整体上达到100年一遇潮位加11级风防御标准；黄浦江防汛墙全长511km，其中市区段全长294km，可防御千年一遇潮位；黄浦江上游干流及其支流段217km，按50年一遇的防洪标准设防。福建省按防御历史最高潮水位加10～12级风浪高标准完成海堤加固建设1070km，按国家规定的设防标准兴建加固江堤1019km。

7. 松花江流域

松花江是黑龙江右岸最大支流，全长1900km。松花江流域位于我国东北地区的北部，东西长920km，南北宽1070km，流域面积55.68万km^2，超过珠江流域面积，占东北三省总面积的69.32%。松花江流经黑龙江、内蒙古、吉林三省，连通了哈尔滨、佳木斯、齐齐哈尔、吉林等主要工业城市及黑龙江、乌苏里江国际界河，是东北地区最重要的水上运输线，也是我国重点进行内河航运建设的河流之一。

经过几十年的建设，目前松花江流域建有堤防总长约20940km，其中干流堤防3270km；嫩江干流尼尔基坝址以下堤防1030km；丰满水库以下堤防长705km；松花江干流堤防长1535km。

1.1.3 我国的浅海堤防工程

中国沿海地区从北到南，大陆海岸线总长18918km。其中东南沿海地区因频繁遭受台风袭击，且经济相对较发达，人居密度大，对海堤防护功能要求较高，海堤的规模较大。而北方沿海地区由于受台风影响较小，且多为砂砾质海岸与基岩海岸，对海堤防护要求较低，修筑规模较小。近年来我国经济发展迅速，带动沿海各地区经济的迅速发展，从而对沿海堤防工程的建设也提出了新目标，北方沿海地区也进入了全新的海堤建设和防护阶段。目前，我国已建成海堤13830km，其中达标海堤6624km，保护人口5880万人，保护耕地面积312km^2，保护区内国民生产总值1.32万亿元。已建海堤工程为沿海地区防御风暴潮灾害提供了重要的保障。

(1) 江苏省海堤。现有海岸线 954km，长江口以北的苏北沿海主海堤 775km，其中侵蚀性堤段约 338km。堤高一般为 5.5～9.0m，堤顶宽一般为 5～10m，内坡坡度为 1：2.5～1：1.5，最大可为 1：35，其断面形式因地而异。

(2) 上海市海堤。海堤主要分布在崇明岛、长兴岛、横沙岛以及从江苏交界起至与浙江交界处的沿海地带。其中，重要地区的海堤抵御标准从 100 年一遇高潮加 11～12 级风标准提高到了 200 年一遇高潮加 12 级风标准。规划期内的岸滩保护工程已经基本完成，为沿海一线的防汛提供了保障。

(3) 浙江省海堤。浙江省海岸线总长约 6141km，其中大陆海岸线长 1840km。其海堤工程以杭州湾为分界线，分为杭州湾海堤与浙东海堤，分别长 160km 和 1768km。浙江省于 1997 年开始对城市防洪标准进行重新制定，其中，杭州市防洪标准为 100 年一遇～300 年一遇，其他城市为 50 年一遇～100 年一遇。

(4) 福建省海堤。福建省海岸线长 3752km，海堤总长 1792km，多为滩涂围垦时修建，其中保护面积达千亩以上的海堤约 1136km。该地区多采用斜坡式海堤，包括单堤、带平台的复式斜坡堤及坡度较陡的陡墙式斜坡堤，海堤的堤顶宽度一般设计较窄(2.0～3.0m)，外坡多为 1：2～1：3，内坡为 1：1～1：2，护面多采用干砌石。

(5) 广东省海堤。广东省海岸线长 3368km，共建海堤 1020 条，总长 4032km，保护耕地面积 462.45 万亩，保护人口 400 万。广东省近期海堤建设主要是加固整治原有海堤，包括深圳海堤、中珠联围和汕头大围在内的Ⅰ级海堤总长 146.31km，Ⅱ级海堤总长 472.24km。

(6) 广西壮族自治区海堤。广西壮族自治区在 1997 年以前总体防洪标准较低，1997 年以后才开始重视和加强海堤的建设。在沿海的北海、钦州和防城港地区，目前已建成达标海堤 111.53km，大大增强了这些地区的防潮能力。广西壮族自治区目前正在建设的Ⅱ级海堤总长约 389km。

（7）海南省海堤。海南省海岸线约1181km，和广西壮族自治区一样，在未进行达标工程建设之前，整体防洪标准设计较低，一般为5年一遇～10年一遇，而且海堤类型多是土堤。近年来海南省结合水利基本建设，多方筹资，全面提高堤防工程的设计标准，加强和重视海堤达标工程的建设。目前全省达标的海堤工程长度约126.83km，全省防御暴潮的能力得到了有效的提高和保障。

1.2 我国堤防工程特点

在我国几千年的历史长河中，堤防工程建设由来已久。部分堤防受限于当时的经济、技术和管理水平，从设计、施工到管理都存在不同程度的缺陷。加之运行较长，长达数十年甚至上百年，因此大部分的堤防都存在不同程度的险情隐患，尤其以黄河、长江流域的土堤险情隐患最为严重。土堤因具有就地取材、环保、施工方便，对工程地质条件要求较低等优点，广泛存在，但在水流的作用下极易形成渗水、管涌、漏洞、散浸、跌窝、崩岸等险情，严重威胁堤防工程的安全。新中国成立以来，尤其是近一个时期，伴随着经济社会的快速发展，各地均进行了大量堤防加固、加高、扩建等工程，但从整体上看，我国防洪标准还不高，抵御洪水灾害的能力还不强，险情多、风险大，抗洪抢险手段落后、技术含量低、洪水管理措施不尽完善。部分大江大河的防洪标准仅为10年一遇～20年一遇，中小河流的防洪标准更低，许多尚处于无设防状态。

总体上，我国堤防工程可能存在的防洪安全问题有以下几个方面：

（1）堤基条件差。堤防傍河而建，堤线选择受到河势条件制约，基础大多为沙基，而且绝大部分堤防未作基础处理。

（2）堤身建筑质量差。不少堤防是在原有民堤的基础上，经历年逐渐加高培厚而成，往往质量不佳。

（3）堤后坑塘多，尤其是长江干堤和洞庭湖、鄱阳湖，多年来普遍在堤后取土筑堤，使堤后坑塘密布，覆盖薄弱。因此，当遭遇洪水时堤防经常发生崩岸、管涌、滑坡和漫溢等险情，严重者还会使大堤发生溃决破坏。

1.3 堤防工程险情

堤防险情是指具体堤段发生了具有一定表观特征的危险情况，如散浸、管涌、跌窝等。堤防工程出现险情，需要分析出险原因，界定险情性质，并预测险情发展趋势，进一步落实抢险和除险加固措施，确保堤防安全。

1. 堤防险情类型

按出险部位可分为堤基险情、堤身险情、崩岸险情和穿堤建筑物险情。前两类与地质条件直接有关，后两类与地质条件间接相关。可进一步划分如下：

(1) 与地质条件与河势演变均有关系的险情，如崩岸险情。具有可预见性、直观性、发展性和多变性特征。崩岸险情多发生在河流凹岸迎流顶冲或深水逼岸区段，地质条件往往是抗冲刷能力较差的细砂类土或黏性土。由于河水位与河势流态的变化关系，有的崩岸险情并不发生在洪水期而是在退水期，因此可以进一步将崩岸险情分为洪水期崩岸险情和枯水期崩岸险情，前者抢险紧张，后者有充足的应对时间。

(2) 与地质条件直接有关的险情，主要为堤基险情，包括穿堤建筑物堤基险情。堤基渗透破坏险情、堤基滑动破坏险情和堤基沉降破坏险情等。

堤基渗透破坏险情具有一定的隐伏性，不易准确判断，洪水期发生的渗透破坏实例往往与理论分析有较大出入。另外，还需注意将承压水性质的渗透破坏与地基接触冲刷或砂性土堤基渗透破坏区别开来，因为渗透破坏机制不同，工程措施也不一样。

存在滑动或沉降破坏险情的堤段，堤基大多分布有软弱土层，土体抗剪强度低，压缩系数大；另一类滑动或沉降破坏是随着崩岸险情而产生的，此类险情危害最大，抢险最困难。此外，堤基内或堤基外存在陡坎或堤坡太陡，或堤身填筑施工速度太快，都可能出现类似破坏。

以上险情实际上也就是通常要求界定明确的堤防工程的3大主要工程地质问题：崩岸、渗透破坏、滑动或沉降破坏。

（3）与地质条件基本无关或关系不大的险情，主要为堤身险情，包括堤身渗透破坏，滑动破坏和沉降破坏险情等，并与堤身土体的密实程度、填筑土体的渗透性质和堤身厚薄等质量有关。

2. 我国堤防工程险情状况

我国现有堤防普遍存在堤基条件差、堤身填筑质量低的特点，以致洪水到来时，管涌、散浸、跌窝、崩岸、脱坡等险情在汛期频繁发生，这些险情除了与水的渗透作用等外因有关外，还与堤基、堤身自身存在的隐患有很大关系。这些隐患主要表现在堤身及堤基内的动物洞穴、人类活动遗迹、腐朽树洞、古河道、决口时形成的老口门以及堤身的裂缝和堵口时堤基中留下的大量的秸料、木桩、砖石料。堤基土层复杂，具有很强的透水性，往往还存在承压水层，除此之外还有堤防背河侧的坑塘、水井、渠道等。在高水位差的作用下水势会沿着这些薄弱环节产生流动，造成土体渗透变形。在持续高水位情况下，堤防很容易产生渗透破坏，甚至决口、溃堤。表1.2为1998年大洪水期间长江干堤险情统计情况。

表1.2　　1998年长江干堤险情统计表

险情程度＼险情类型		渗流险情						其他险情				合计
		散浸	脱坡	管涌	漏洞	跌窝	小计	崩岸	涵闸	浪坎	其他	
险情	数量	2763	615	2025	2795	106	8304	330	220	316	235	9405
	比例/%	29.4	6.5	21.5	29.7	1.1	88.3	3.51	2.3	3.4	2.5	100
主要险情	数量	20	56	366	130	6	598	56	20	9	15	698
	比例/%	5.7	8	52.4	18.6	0.9	85.6	8	2.9	1.3	2.2	100

从以上险情统计表可以看出，长江干堤的险情85.6%是由渗流引起的，其中堤基管涌险情就占52.4%。黄河堤防的散浸、管涌、漏洞等隐患在洪水期也是频频发生险情，出现渗水、严重渗水

及渗透变形的堤段也很多。渗流是土质堤防出险的主要原因，对堤防安全威胁很大，也是防汛期间的主要问题。堤防工程作为防洪系统的最后一道防线，其各种类型的险情及失事显然是造成重大损失的主要原因，因此，针对堤防险情类型，提出有效的应对措施，对于保证汛期堤防安全具有十分重要的意义。

总体上，我国堤防工程存在以下特点：

（1）历史悠久，堤身隐患较多。据史料记载，荆江大堤始建于东晋时期（公元345年），距今已有1650多年；黄河堤防始建于公元前500多年，距今2500多年，多数堤防也有上百年历史。经历代不断加高培厚，由小垸联成大迂，溃决后再复修，直至形成现代的堤防。即使是近代堤防，限于形成时人们的认识水平和生产力低下以及社会环境、经济条件等因素，堤身普遍存在用料不当，土料分布不均匀等问题。有些地区土料渗透系数大，有些地区则采用易于干缩裂缝的黏土，土质杂乱，压实不够，层间结合不良，填筑质量差。溃口或出险处更为复杂，石块方木等杂物充填其中，给堤身留下了大量隐患。在部分堤段，由于填土土质的不均匀性，形成了堤身“复式断面”，即人们通常所说的“金包银”和“银包金”现象。

（2）防洪标准低，堤防未达到规范要求的标准，堤身普遍需要加高培厚。我国颁布的《堤防工程设计规范》（GB 50286—2013）中规定，对Ⅰ级堤防工程应采用100年，2级采用50年一遇～100年的防洪标准。长江干堤目前防御洪水的标准仅为10年一遇～20年一遇，黄河下游大堤为60年一遇，淮北大堤为40年一遇，仅有20%的城市防洪体系达50年一遇～100年一遇，与国外先进国家的防洪标准相差甚远。除此之外，一些堤防堤身普遍存在高度不够、断面单薄、堤顶高程大多达不到设计高程的问题，如长江堤防平均需要加高0.5～1m，其中有的堤段需要加高2m以上，堤顶宽度平均比设计宽度窄2m左右。江西干堤有的堤段顶宽仅2～4m。洪水期间，有些堤段需要抢筑子堤，利用子堤直接挡水，满足防洪需要。

(3) 堤基不良。堤基大多为渗透稳定性不良的“二元结构”地层，堤基上部为不透水层，以下为较厚的透水性土层，中间还可能有夹层或透镜体。堤基中薄弱环节的存在，就要求采取必要的防渗措施。然而多数堤防防渗措施很不完善，而且部分堤防未进行基础处理。堤防轴线位置多系历史自然形成和河势控制决定，限于当时的技术和手段无法选定防渗条件好的部位，而且堤基也并未进行任何处理，顺河而筑，并在大堤两侧就近取土，破坏了覆盖土层。我国多数堤防都修建在含有深厚透水层或软土层的冲积平原上，堤基表层为相对隔水层，下部通常是较厚的砂及砂砾石层，河水与地下水通过砂、砂砾石层联系紧密。尤其对于较特殊的黄河来说，堤基更为复杂，历史上经常决口，堤身下至今还存在着堵口时大量的秸料、木桩、砖石料，存在着强透水层。

(4) 岸坡冲刷破坏。千百年来，人们都以土地为生，历代修堤时，为了获取更多的耕地，沿岸的堤线愈加靠近河岸，造成堤岸合一。河势变化时，主流靠岸顺流冲刷，甚至出现横河，与迎流冲顶形成尤为不利的基础边界条件，一些河段深泓已临近堤脚。这种顺河而筑的堤防对堤防基础未进行选择，也未进行处理，因此产生岸坡冲刷的可能性大大增加。如江西省境内长江岸线 229.6km，由于江岸总体走势为向南凹进的弧形，形成南冲北淤的局面，深泓大溜逼近岸脚的险段共有 72km，1998 年洪水期间出现崩岸 72 处，长度 20km。

(5) 人类活动及生物破坏严重。人类一般沿堤而居，生产生活与大堤朝夕为伴。堤身内有时存在人们生活起居的残墙断壁，碎石矿渣，生活垃圾，堤基内还经常埋有建筑垃圾。降低了堤基的整体性和厚度，这些都会在堤身堤基内形成较大的渗透性区域。另外，堤防背水侧堤基受人为破坏严重，堤防近堤存在着大量坑塘、堤河、井渠，对堤防构成严重威胁。

另外，白蚁、蛇、鼠等动物的活动也对堤防安全带来极大危害，其中尤以白蚁危害最大。白蚁活动处，堤内蚁巢蚁道四通八达，且规模较大，有的蚁巢可贯穿整个堤身，对堤防的防渗极为不利。且白蚁繁殖力强，复发率高，较难灭绝，至今仍难以完全消除。

（6）穿堤建筑物年久失修。为了引水灌溉防洪等需要，有的堤防上建有大量的涵闸、泵站等建筑物，这些建筑物修筑时间早、设计标准低、运行时间长、工程老化严重，易引发裂缝和集中渗流等险情，造成裂缝漏水和接触冲刷甚至出现溃口等重大险情。如洪湖干堤的90%、湖南江堤的60%、耙铺大堤的全部穿堤建筑物都存在各种各样的问题，黄河两岸存在大量的引水灌溉区，堤防内部分布有大量的涵闸，险情情况尤为严重。

（7）堤身产生干缩、冻胀裂缝。一些河道受来水量减少的影响，堤身长期不挡水，产生干缩裂缝，一旦洪水到来，极易产生渗水、脱坡，对堤防的威胁很大。

1.4　堤防险情应急处置方法与现状

1. 基本认识

堤防险情应急处置，是指堤防的发展态势具有发展演化成为重大灾害事件，造成重大危害的可能性或危险性，为避免发展成灾而采取的紧急转移人员、财产和工程控制的一系列行动。“险情应急处置”的重点是紧急搬迁撤离和工程控制。

“险情应急处置”的指导思想是“以人为本”，突出强调把保障人身安全或抢险救人放在首位，在此前提下最大限度地避免或减轻财产损失，保障社会安定。“险情应急处置”的工作原则是突出强调高效有序地应对突发性灾害。“高效”就是针对堤防险情或灾情快速反应，突出一个“快”字。“有序”就是按照“统一指挥，整合资源，分级管理，属地为主，分工协作，信息共享和公众参与”等程序开展工作。

堤防险情应急处置的整个过程突出体现防灾减灾的实时性，避免贻误减灾时机，努力把人员伤亡和灾害损失降低到最低限度。多年来的应急抢险经验告诉我们，高效有序地应对重大堤防险情的应急行动可概括为6个“快”，即“快速调查、快速监测、快速定性、快速论证、快速决策和快速实施”，也可以称为应急处置工作的6个环节或6个步骤。

当然，这6个环节不是等同的，更不是彼此截然分离，而是根据具体的重大险情的情形而表现为相互交叉、相互合并的，甚至某些环节非常突出，成为重中之重，而另一些环节则不明显，甚至不出现。

承担应急处置任务的领导机构、工程技术人员和抢险队伍应具有过硬的心理素质、工程经验，能够适应时间紧、任务重、环境险和动作快的要求。技术人员行使顾问咨询职责应具备相关的政策法规和理论技术储备、人文素养和工作程序训练，为应急指挥机构及时决策提供尽可能准确、有力和可行的决策。

2. 应急处置的实施

堤防险情应急处置的实施具体表现在“快速调查、快速监测、快速定性、快速论证、快速决策和快速实施”6个步骤的实际操作，明确每个阶段的目的、任务和工作方法就成为问题的关键。

(1) 快速调查，目的是快速查明发生险情的堤防地质结构和环境条件。调查任务是基本查明险情规模、分布、破坏类型及其危害状况，观察影响堤防稳定性的环境条件、自身结构成分特点和长期作用因素等。工作方法是在充分收集研究现有资料基础上，对现场进行全面细致的考察。在条件允许时，可利用实时卫星图像、GPS定位、全站仪、探地雷达、数码摄像、高倍数望远镜、激光扫描系统和快速物探技术等取得表面特征、空间结构和环境要素等资料。

(2) 快速监测，目的是了解发生险情堤防的动态与发展趋势，判断堤防的稳定状态、险情大小、新隐患的位置和危害范围及可能的发生时间，为会商定性、处置方案论证和紧急避险提供依据。工作任务是基本查明险情的整体动态分布、关键位置的位移速率及其随时间变化的特点，提出预警预报和紧急撤离的判据和报警方式。工作方法采用人工测量与GPS定位、全站仪和各种仪器设备相结合。另外，广泛发动居民开展群测群防，及时发现新的变形迹象也是应急监测的重要工作。

(3) 快速定性，目的是为确定减灾方案提供依据。工作任务是根据调查和监测资料进行全面分析论证，判定发生险情的成因机制，包括险情的形成是自然演化的结果，还是人为引发作用占主导地位。工作方法是现场观察和会议会商相结合。条件允许时可以开通远程传输会商系统，以便听取更多专家的意见，使结论尽可能准确，经得起历史检验。

(4) 快速论证，目的是比选提出科学、可行、合理的工程控制或搬迁方案。“科学”是指应急方案针对险情成因机理，对症下药；“可行”是指工程技术方法比较成熟，操作流程简便易行，除险成效显著且可考核，抢险实施过程安全有保证；“合理”是指应急资金投入是在可接受的水平。工程控制方案论证的任务是在调查监测和正确定性基础上，提出具体的工程措施及其部署，包括危险区的划定。搬迁方案论证的任务是合理计算并划定危险区，落实具体的搬迁工程规模，提出供比选的多处新场址，提出推荐场址的生产生活来源和社会环境及交通条件等的论证意见。工程控制或搬迁方案论证的工作方法是，在应急指挥部主持下的地方政府、技术专家组和应急抢险队等多方面参加的联席会商。由于现阶段的堤防险情抢护工程设计更多地表现为强烈的经验性，“科学”概念常常是隐含的，需要提倡贯彻概念设计思想，即根据设计对象的特点和减灾需求，依靠设计者的知识和经验，运用逻辑思维、综合判断和整体把握，正确地确定应急防治工程的总体方案和细部构造，做到合理设计。

(5) 快速决策，目的是保证报批等管理程序到位和落实应急资金、队伍和技术装备的配备。工作任务是根据应急管理的报批程序，应急指挥机构及时会商相应层级的政府负责人决策批准险情定性结论、工程控制或搬迁方案，并协调相关职能部门及时执行到位。工作方式是召开应急指挥部和领导小组联络会议等，包括启用卫星传输远程实时会商系统、海事卫星电话和网络传输以及电话电传等。

（6）快速实施，目的是保证把握应急处置的最佳时机和紧张有序，争取实现减灾效益的最大化。堤防险情处置或搬迁工程属于救灾性质，不能按常规工程安排工期、任务和投资等。要力戒议而不决、决而不动的现象发生。工作任务是按决策的方案立即实施。工作方法是调动民兵应急分队、武警救援部队或专业工程单位实行连续作战，人停机不停，直至控制住险情或达到预期应急处置目标。由于是在险情发生堤段进行抢险作业，施工方式、工艺和施工安全措施的合理性选择特别重要。在控制住险情态势或抢险救灾基本完毕后，应提出应急阶段工作报告和下一步灾害防治建议。

堤防险情应急处置是一项各阶段相互联系的工作，是有组织的科学与社会行为。处置初始阶段强调“快速启动”以保证快速反应，尽快进入减灾程序。工作告一阶段后还要“快速总结”，一方面为后续的减灾工程提供依据，另一方面为制定总体性政策或减灾规划服务。

堤防险情应急处置不是一个陌生的问题，但相应的理论、方法、程序与实施仍处于探索完善阶段。应急处置的发展方向是根据不同环境、不同类型、规模、威胁或险情范围、程度及趋势，分别研究建立险情应急处置的理论、方法、技术体系和实施要求以及远程会商决策支持系统等，以便更有效地应对各种险情灾害。

第2章　土堤险情特征

土堤是所有堤防类型中结构最为脆弱的一类，因此，也是最容易出险的堤防。我国现存的大部分土堤都经逐次加高培厚而成，堤基自身地质条件差，加之维护管理等方面的原因，其险情具有一些明显的特征。基于此，本章将重点针对土堤常见险情类型分析其险情特征，并阐述其发生险情的成因。在对不同险情破坏机理定性分析的基础上，制订定性与定量相结合的险情严重程度划分参照表，采用模糊模式识别方法对险情进行定量评判，为选用和制订抢护方案提供依据。这种定性识别与定量判断相结合的方式可以作为汛期堤防险情应急处置的辅助决策方法。

2.1　常见险情类型和成因

土堤在设计、施工和运行管理中存在着较多的不确定性，加之土堤运行条件复杂，使得土堤破坏类型多变。从表征现象上划分，土堤常见的险情主要有漫溢、散浸、漏洞、管涌、流土、跌窝、裂缝、滑坡、崩岸、接触冲刷、接触流土等。各种险情成因机理不同，表现形式也不尽一致，下面逐一进行简要阐述。

2.1.1　漫溢

漫溢是因土堤局部堤段高程不够，洪水位高出堤顶，从堤顶漫出而形成，工程中多称为漫顶。发生这种险情通常是由于土堤洪水设计标准偏低，或者发生超标准洪水所致。

对土堤来说，洪水一旦漫溢未得到及时有效的处置，如未进行加高培厚，形成溃口，其后果将是毁灭性的。1998年汛期，长江、嫩江和松花江流域的很多堤段都发生了洪水位超越堤顶高程，形成溃口的重大险情。汛期应根据水文气象预报洪水上涨的趋势，如堤防前水位将可能超过堤顶高程，发生洪水翻堤的危险，危及堤防整体安全时，应采取加高堤顶的紧急措施，防止土堤漫溢事故的发生。

造成土堤漫溢的原因有：①由于发生大暴雨，降雨集中，强度大、历时长、河道宣泄不及、洪水超过设计标准、洪水位高于堤顶；②设计时对波浪的计算与实际不符，致使在最高水位浪高超过堤顶；③施工中堤防未达设计高程，或因堤基有软弱层，填土碾压不实，产生过大的沉陷量，使堤顶高程低于设计值；④河道内存在阻水障碍物，降低了河道的宣泄能力，使水位壅高而超过堤顶；⑤河道发生严重游积，过水断面减小，抬高了水位；⑥主流坐弯，风浪过大，以及风暴潮、地震等壅高水位。这几种情况在我国大江大河的中下游干支流堤防中都有过发生。

2.1.2 散浸

散浸是土堤临水后，背水坡发生的浸水渗出现象，其特征是堤防背水侧坡面湿润、松散或有浸润细流。由于堤身断面不足、堤身单薄、内部缺陷等，在高水位长时间浸泡下，内坡渗流出逸点提高，洪水渗透堤身，在背水堤坡或堤脚出现渗水的险情，见图2.1。堤身浸泡过长，水从堤内坡下部或内坡脚附近的地面上渗出，俗称“堤出汗”现象。随着高水位持续时间的延长，散浸范围将沿堤坡上升、扩大，导致堤身土体强度降低，如不及时处理，会发展成滑坡险情。同时，背水坡渗水还可能造成堤坡冲刷、流土，甚至形成漏洞和陷坑。

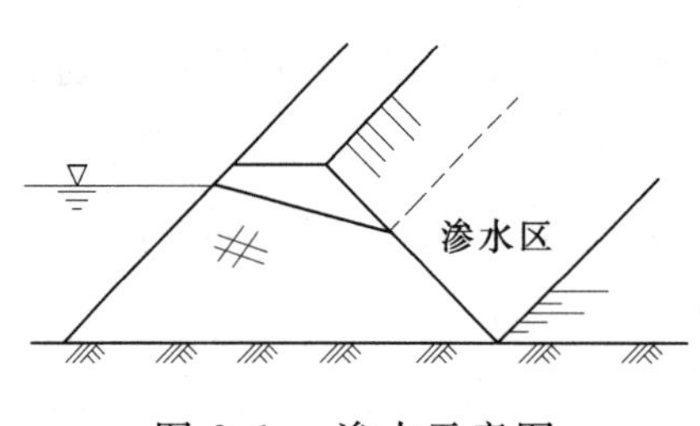

图2.1 渗水示意图

散浸险情产生的影响因素一般有洪水位的高低、流速、堤外岸滩宽窄、土体结构、土体水文地质及工程地质特征、堤防、涵闸的工程质量、堤内侧的地形高低及地表、地下水水位高低、土体盖层的岩性及抗压强度等。

发生散浸险情原因主要有以下几方面：

（1）堤身断面不足，背水坡偏陡。

（2）堤身内土质多沙，渗径短，防渗情况差。

（3）堤防质量太差，筑堤时所取的土块没有打碎，留有空间，施工碾压不实、施工接头不紧密。

（4）堤内存在隐患。如蚁穴、蛇洞、树根、砖石、废涵管、暗沟、易腐烂物等，堤防与涵闸或其他穿堤建筑物结合不实。

（5）堤身浸水时间长，堤身土壤饱和。

2.1.3 漏洞

河道堤防在实际运行中由于存在渗水、管涌或流土等险情，抢护不及时或方法不对，或者堤内有暗裂、洞穴等隐患，与渗流连通，就会造成渗流集中，土体大量流失，逐渐形成横穿堤身或穿透基础的渗流孔洞，称为漏洞。漏洞险情示意见图 2.2。也是指渗流通过堤防的漏水通道，从背水坡溢出的现象。堤防出现漏洞，对其安全威胁极大，漏洞水流压力流、流速大、冲刷力强，随着漏洞的扩大将会造成堤防溃决，是一种严重的险情。如不及时抢堵，即可造成决口的大患。按流出的水是清水还是浑水，常分为清水漏洞和浑水漏洞，浑水漏洞对堤防威胁极大，是极为危险的。在处置漏洞险情时，首先应了解漏洞产生的原因、漏洞的位置和大小，然后再进行险情处置。

1. 漏洞产生的原因

汛期堤防在高水位的较长时间作用下，在背水坡或堤脚附近出

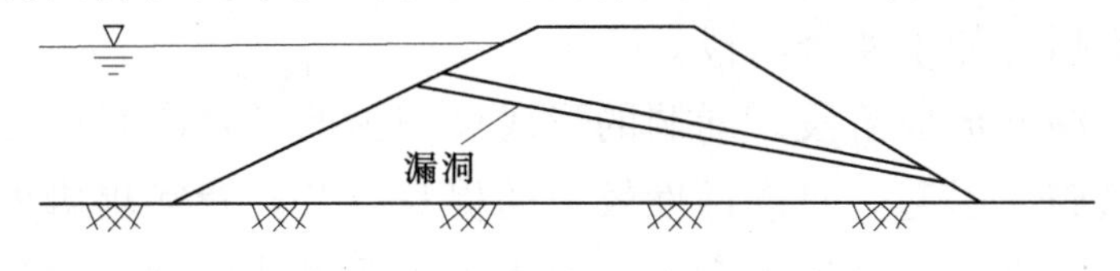

图 2.2 漏洞险情示意图

现漏水孔洞。开始时因漏水量小，堤土很少冲动，漏水较清，为清水漏洞；随着漏洞周围土体受浸泡松散崩解，产生局部滑动，部分土体被漏水带出使漏洞变大，漏水变浑，发展成为浑水漏洞。如果漏洞流出浑水，或时清时浑，表明漏洞正在迅速扩大，堤防有可能发生塌陷甚至溃决。

堤防发生漏洞的原因是多方面的，但主要原因有以下几方面：

（1）填筑质量差。施工时，土料含沙量大，有机质多，碾压不实，分段填筑接头未处理好，造成局部土质不符合要求，在上下游水头差作用下形成渗流通道。

（2）沉陷不均。地基产生不均匀沉陷，在堤防中产生贯穿性横向裂缝，形成渗漏通道。

（3）堤基渗漏。堤基为砂基，覆盖层太薄或附近有坑塘等薄弱段，形成渗水漏洞。

（4）内部隐患。动物在堤防中筑巢打洞，如白蚁、鼠等，堤身内有已腐烂树根或在抢险和筑堤时所用木料、草袋等腐烂未清除或清除不彻底等，形成内部隐患。

（5）薄弱结合部位。如沿堤防修建闸站等建筑物，在结合处，由于填压质量差，受高水位浸泡渗水，水流集中，汇合出流，当流速冲动泥土，细小颗粒被带出，将逐步形成漏洞。

（6）抢护不及时。散浸、管涌、流土等险情抢护不及时或处理不当，由量变到质变演变成漏洞。

（7）其他原因。如基础处理不彻底，背水坡无反滤设施或反滤设施标准较低等。

2. 漏洞险情的发展过程

从漏洞初始形成到发展扩大直至溃堤经历了一个先缓后急的过程，可概括为如下4个阶段。

（1）漏洞形成阶段。漏洞的形成可归为两类：①是由堤身堤基发生渗透破坏引起。对渗透性较大的堤身堤基，背河堤脚处受到浸润，在一定水力坡降下，产生以流土为主要形式的渗透变形，并逐渐形成贯穿临背河的漏洞，这类漏洞的形成过程较长；②是由堤身或堤基存在的各种隐患引起，如虚土层、穿堤建筑物等。当隐患部位与水接触，便发生较快的浸润和渗漏，当渗漏带走一定数量固相物之后，渗漏道路变得畅通，逐渐形成临背河贯穿的漏洞。

（2）漏洞缓慢发展阶段。漏洞形成初期，洞径较小、阻力较大，洞内流速也较小，洞内全部为有压流，此阶段漏洞发展以冲刷为主，发展速度较慢。

（3）漏洞急剧发展阶段。当漏洞扩展到一定程度时，漏洞出口处出现明流，洞内流速明显加大，冲刷加剧，洞顶出现拉应力，并向下坍塌。塌陷物被水流带走，漏洞发展速度加快。

（4）溃口阶段。漏洞继续扩大，洞内以明流为主，漏洞上方发生急剧崩塌，最后形成溃堤险情。

3. 漏洞险情特点

（1）一般先发现出水口。当堤防背河堤坡、堤脚有集中出流时，表明堤身内发生了漏洞。漏洞进水口在临河水面以下难以发现，出水口则无水掩盖，且出水漫流于堤坡和地面，极易被发现。因此堤防发生漏洞险情后，一般先是从背河处发现出水口。在查险中，要加强背河堤坡巡视，对细小的集中渗流或出流现象要固定专人仔细观察，一旦判定为漏洞出水，应及时查找洞口、及早抢护。

（2）出水口位置一般低于临河水位。根据连通管原理，出水口只有在临河水位以下才有集中水流流出，极少发现背河堤坡出水口在临河水位以上的。1982 年山东某堤防背水边坡一个出水口高于临河水位 1.0m 多，经查是因暴雨积水于堤顶小铁路路基的石碴内，然后经堤身薄弱处集中下渗由堤坡流出所致。类似例子也曾发生过，显然这是其他原因造成的假漏洞险情。查险时，必须依据漏洞出水口低于临河水位这一规律进行漏洞险情判别，区分真假漏洞，以便采取不同抢护或处理措施。

（3）漏洞既有进水口又有出水口。按照“漏洞”的定义，漏洞险情是横穿堤身内部的流水孔洞，必须同时具有进水口、出水口。只有出水口没有进水口或只有进水口没有出水口的现象都不能称为漏洞险情。

(4) 进水口处水面可能有漩涡现象。漏洞进水口附近的水流一般以螺旋流的形式进入洞身，这种水体反映到水面会出现漩涡，大的肉眼可看到，小的则需借助撒麦糠等漂浮物观测。一般情况下，漏洞进水口水面有无漩涡取决于进水口直径、水深、水面平静度等。进水口直径小、水深大，或水面波浪较大时不易观测到漩涡，一旦发现则表明漏洞在迅速扩大。因此，寻找漏洞进水口时要仔细观察。

(5) 进水口具有特殊型式。进水口一般都是孔洞型，除深水漏洞进口外，在水下比较容易找到，但也有些进水口型式特殊，很难查找。据现有资料记载，进水口大致有以下几类：①陷坑边壁进水型。陷坑塌陷土体与坑的边壁常存有缝隙，水由缝隙进入，在漏洞形成初期，塌陷土体未被冲蚀，进水量小，水流分散，不易发现；②裂缝进水型。堤坡表层为黏土填筑，裂缝发育，水由裂缝分散进入堤身后沿其薄弱处汇流集中，然后在背河流出，因入洞水流分散，进水口难以发现；③干砌石或乱石护坡进水型。水由石缝进入，更难寻找。

(6) 浅水漏洞多于深水漏洞。按漏洞进水口处水深大小可分为浅水漏洞和深水漏洞，一般进水口水深小于1.5m的称为浅水漏洞，大于1.5m的称为深水漏洞。根据有记载的进水口水深资料及虽无记载但从采用草捆抢堵成功实例分析可知，浅水漏洞多于深水漏洞。据此，在寻找进水口时要更多地注意浅水区。

2.1.4　管涌

管涌是指土层中细颗粒在渗流作用下，从粗颗粒孔隙中被带走或冲出的现象，是一种典型的点源流动。管涌口径大小不同，小的只有几毫米，大的达几十厘米，空隙周围多形成隆起的沙环。管涌发生时，水面出现翻花，随着江河水位的升高，持续时间的延长，险情不断恶化，大量涌水翻砂，使堤防土壤骨架被破坏，孔道不断扩大，基土逐渐被淘空，以至引起建筑物塌陷，甚至造成溃堤。

管涌对土堤的危害有两方面：①被带走的细颗粒如果堵塞下游

反滤排水体，将使渗漏情况恶化；②细颗粒被带走使堤身或堤基产生较大沉陷，破坏土堤的稳定，见图2.3。在汛期，管涌破坏是一种最常见的险情。据统计，历史上长江干堤溃决，90%以上是由于堤基管涌而造成的。1998年特大洪水期间，长江中下游干堤出现险情6000多处，其中堤基管涌占较大险情总数的52.4%，居各种险情之首。堤基管涌问题严重威胁堤防工程的安全，是堤防工程中最普遍且难以治愈的心腹之患，决不能掉以轻心，必须迅速予以处理，并进行必要的监护。

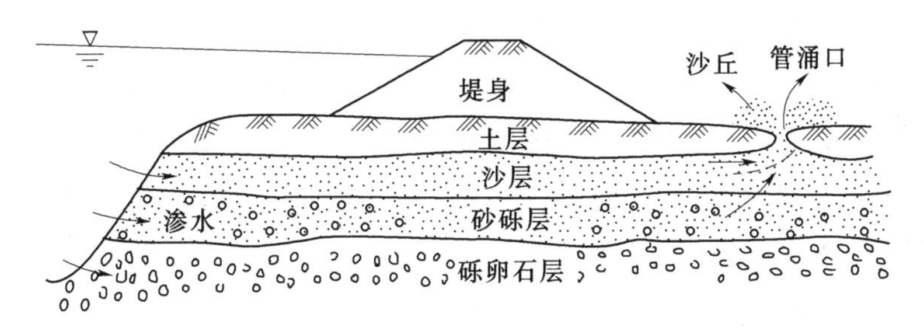

图2.3 管涌险情示意图

管涌通常形成于砂性土中，其特征是颗粒大小差别较大，往往缺少某种粒径，空隙直径大且相互连通，易于形成渗流通道。但是，无黏性土形成管涌也必须具备两方面的条件：①是几何条件，土中粗颗粒所构成的空隙直径必须大于细颗粒的直径，这是必要条件，一般不均匀系数大于10的土才会发生管涌；②是水力条件，渗流力能够带动细颗粒在孔隙间滚动或移动是发生管涌的水力条件，可用管涌的水力梯度来表示。

管涌的发生与地层中土的组成成分、结构、土的级配、水力梯度、管涌发生的距离、深度、表面覆盖黏土层的内摩擦角、覆盖层厚度、黏滞系数、土的饱和度、固结系数、浸泡时间等因素有关，是一个多元的复杂问题，特别在管涌探查、管涌发生时间、管涌口位置、规模大小、发展破坏机理及其危害范围、抢护范围和合理有效措施等关键技术和理论方面需进一步深入研究。以往由于对地质条件和土体结构缺少足够的认识，总认为管涌的发生和发展是随机的，因此，洪水来袭时的惯用方法是采用拉网式排查，严防死守，这种方法耗时耗力，而且效果却不尽如人意。随着认识水平的不断提高，对管涌的发生及其演变规律有了一定的了解，国内外众多学者对管涌的破坏机理做了大量的研究。

1. 管涌的形成及发展

(1) 管涌的形成。当外江水位逐渐增加时，堤后弱透水覆盖层底面所承受的水压力不断增加，当水压力增加到一定量值以后，因弱透水层刚度的不同［堤后薄弱处见图 2.4 (a)］，发生不同形式的破坏。当其刚度较小时，会在薄弱处与周边土体结合部位产生局部剪切破坏，形成渗流出口；随着刚度的增大，覆盖层会产生明显的形变，出现隆起现象，当隆起处的拉力大于土体的抗拉强度，就会在弱透水层表面产生裂缝，该裂缝会逐渐的向强透水层扩展，直至整个弱透水层全部开裂，形成渗流出口；当刚度继续增大时，不会出现明显的变形，而会突然发生剪切破坏，裂口呈现出整体剪切破坏的形状。这种由于水压增大，导致弱透水层薄弱处受到超过其所能承受的最大水力坡降，而在地表开裂形成的水压释放孔叫做管涌口，见图 2.4 (b)，该管涌口的产生使得水压力在此处释放。

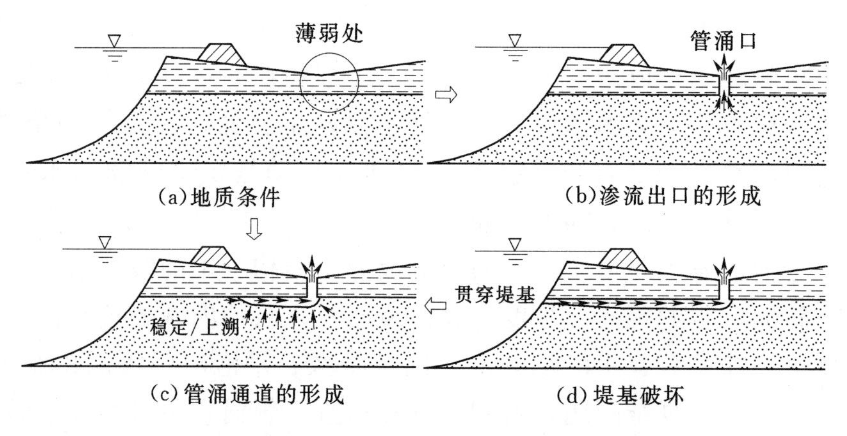

图 2.4　管涌的形成与上溯过程

(2) 管涌的发展。在管涌突破口形成以后，随着水压的释放，水流从该处涌出，在强透水层中形成临空面，在临空面表层，由于渗流力和水流冲刷的作用，表层的砂颗粒逐渐脱离土体，混入水流之中，在水流的携带作用下由突破口流出，形成堤后所出现的冒砂现象。当覆盖层较薄的时候，局部剪切破坏形成的管涌口处会出现砂沸现象，随着水力坡降的增加逐渐产生涌砂；当覆盖层较厚的时候，弯曲拉裂破坏和整体剪切破坏形成的管涌口并不出现砂沸，而直接向外涌砂，并且整体剪切破坏出现涌砂的现象很突然。渗流出口形成以后，有的会出清水，有的会出浑水，图 2.5 为堤后两种不同的砂沸现象。

(a)清水管涌

(b)浑水管涌

图 2.5　管涌现象

随着强透水层中的砂颗粒被水流携带由管涌突破口喷涌而出，越来越多的砂颗粒流失，在弱透水层下形成空腔，若管涌口不断有砂流出，则该空腔则会不断扩大，进而成为汇水冲砂的主要通道，即管涌通道，该通道常称为集中渗流通道。

管涌通道形成以后，其断面会随着通道内水流和周围渗流场的改变而改变，将这种断面的变化称为管涌通道断面扩展；其长度也会随着外江水位的上涨而不断向外江侧延伸，也有些通道在外江水位不变的情况下保持稳定不再延伸，这种通道长度的改变称之为上溯。在实际工程中发现，有些管涌通道在形成以后会逐渐向高水头方向上溯，直至上溯到贯穿堤基，引发决堤等恶性事件，也有一些管涌通道形成后会在一定的范围内保持稳定，不再上溯，其对堤基堤防安全的影响并不大。可以看到，管涌通道的发展实际是包含通道截面的扩展和通道尖端的上溯这两个方面的。不同构筑物管涌险情示意见图 2.6。

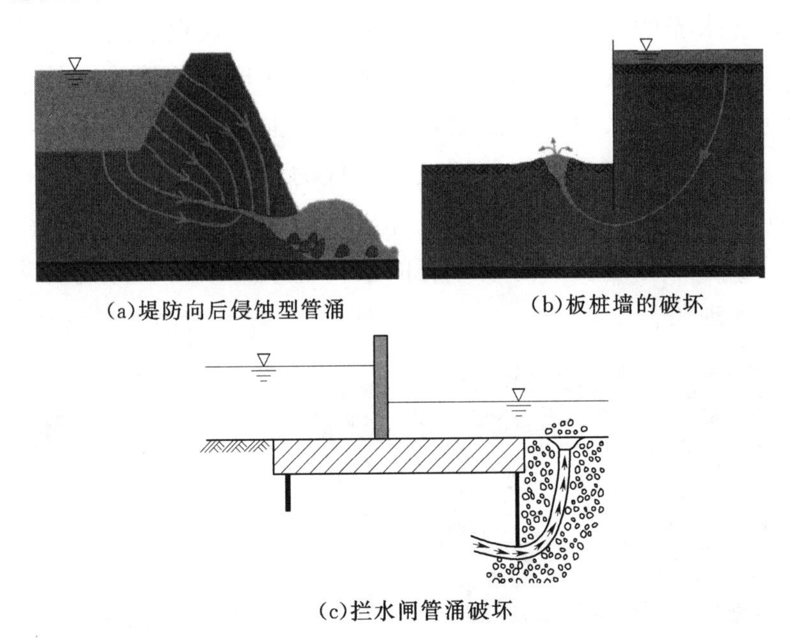

图 2.6 不同构筑物管涌险情示意图

管涌可能发生于局部范围，也可能逐步扩大，最后导致土体的失稳破坏。其具体的发展过程包括颗粒流失、通道的形成和发展，一般是通过试验的手段得到。当无黏性土体承受的水压力增加到一定程度时，首先是粒径比较小的细颗粒开始与大颗粒分离，然后进行迁移。随着水力梯度的增大，小颗粒的移动位移会变得更大，同时粒径稍大的颗粒有的在原来的位置附近上下跳动，有的随着水流移动一段距离。水力梯度继续增加时，粒径更大的颗粒也开始离开原来的位置，颗粒的移动不再是局部的，会有更多的颗粒流出，管涌现象比较剧烈，表面布满孔洞，颗粒的跳动扩展至整个表面，在该水力梯度下作用不长时间，土体内会产生渗漏通道。管道形成以后，小颗粒从下面或者从通道内侧的孔隙里流出，沿着已经形成的通道向上流走。在颗粒流走的过程中，会有一些颗粒由于粒径稍大或者受到骨架颗粒阻挡留下来，随着颗粒越积越多水流受到阻挡，于是会寻找更容易流走的通道，进而形成新的颗粒流失通道。原来的通道由于流速变慢颗粒的堆积渐渐被堵住。管涌过程中细颗粒流失就是在原来骨架颗粒孔隙中的可流动细颗粒被后来更大的细颗粒替代的过程中发展，并且最终形成了孔隙大于原来的管涌通道。因此，当水力梯度不大时，渗透力不足以克服颗粒的有效重力和颗粒间的咬合力，颗粒基本不动，当水力梯度增大，部分颗粒开始运动并产生相应位移，水力梯度越大，产生的累积位移也越大。

颗粒的移动特性与骨架颗粒、可动颗粒以及水之间的相互作用行为是密切相关的，可动颗粒和骨架颗粒也是相对而言，并无明显界限。流过孔隙的渗透水流总会有使孔隙内的可动颗粒沿流动方向迁移的趋势，只要可动颗粒粒径比受到的限制尺寸要小，它们就会从一个孔隙流入邻近的另一个孔隙直到被排出土体，产生颗粒流失现象，然而当某颗粒在移动过程中遇到尺寸更小的孔隙，它们的运动就会停止而成为骨架颗粒的一部分，此时的骨架颗粒就是原骨架颗粒加上那些被小孔隙堵塞的颗粒，直到在更大的水力梯度作用下，该位置被冲出通道，此时颗粒又开始运动，成为移动颗粒。在复杂多变的土体结构中，后者的运动特性更为普遍。最终形成的通道通常不是直的，更多是弯曲的，通道一般先在顶部形成，后逐渐向下延伸直到整个通道贯穿，颗粒流失过程见图 2.7。因颗粒流失导致的不均匀沉陷见图 2.8。

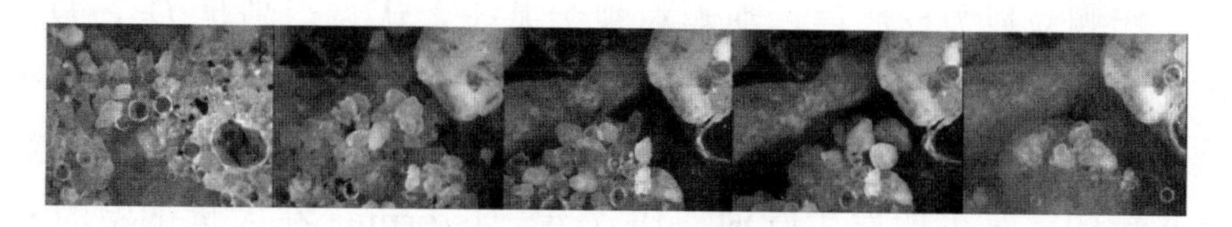

图 2.7 颗粒流失过程

2. 管涌机理分析

（1）管涌发生的必要条件。

1）地层条件：发生管涌的土层必须有自由面，或有一个渗流出口以便渗流可以带走土颗粒。

2）几何条件：土体必须是管涌型土，即含有可以移动的细颗粒。对于无黏性土，管涌土在颗粒级配、大小、形状及孔隙的粗细

(a)细颗粒流失导致不均匀沉陷(一)

(b)细颗粒流失导致不均匀沉陷(二)

图 2.8 不均匀沉陷实景图

等方面是不稳定的，即为几何条件，一般不均匀系数 C_u 大于 10 的无黏性土才会发生管涌；对于黏性土，临界剪应力必须足够小，且含有足够粗的孔隙以便细颗粒通过。

3）渗流条件：渗流必须提供足够大的渗透力以克服阻碍细颗粒移动的其他力的作用，如颗粒之间的咬合力、摩擦力、重力等。

（2）管涌的判别。管涌是在渗透力的作用下，土体中的细颗粒沿着土体骨架颗粒间的孔道移动或被带出土体的一种现象，其发生主要与承受的渗透力和土体本身的结构有着密切的关系。许多学者根据不同的理论基础和试验数据提出了多种判定方法。

Kezdi 基于反滤层设计理论，从任一粒径 D 处，把颗粒分为两组，粗颗粒视为反滤层，细颗粒视为基土，认为当满足 $D_{15F}/D_{85B}<4<D_{15F}/D_{15B}$ 关系时（式中下标 F 和 B 表示该量分别对应于反滤层和基土），则细颗粒不会外移，为稳定级配土；否则土体是内部不稳定的，有可能发生管涌。1957 年，Istornina 在大量试验的基础上，经过分析提出在自下而上的渗流土体的渗流破坏形式主要取决于不均匀系 $C_u=(D_{60}/D_{10})$。当 $C_u\leqslant10$ 时，不会发生管涌，将发生流土；当 $10<C_u<20$ 时，过渡型；当 $C_u>20$ 时，易于发生管涌。巴特拉学夫研究表明，若土体的细颗粒直径 D 与土体平均孔隙直径 d_0 之比满足 $\frac{d_0}{D}\leqslant1.8$，则该土体的渗透破坏是非管涌型，否则是管涌型。《堤防工程设计标准》给出了根据土的细粒含量 P_C

来判别是可能发生流土还是发生管涌的判据，即当 $P_C \geqslant \frac{1}{4(1-n)} \times 100$ 时，发生流土；否则发生管涌。这里 n 为孔隙率。南京水利科学研究院沙金煊得到：

$$P_{cp} = \frac{\sqrt{n}}{1+\sqrt{n}} \tag{2.1}$$

以 2mm 粒径来区分骨架和填料。若实有细粒含量小于最优细粒含量的 0.95 倍，则为管涌，否则为流土。

土体所受渗透力的大小与水力条件是密切相关的。Buckley 认为围堰是否发生管涌破坏只与渗流路径的长度有关，提出了蠕变系数的概念，并首先提出了总梯度方法。总水头梯度定义为每单位长度的水头损失，蠕变系数的倒数就是总水头梯度。很多学者提出了临界水力梯度分析方法，认为当水力梯度达到临界水力梯度将会发生管涌。由于地层的抗渗强度各处不同，同时孔隙的大小不一，分布也不均匀。

（3）管涌临界水力梯度。目前的临界水力梯度的确定通常是采用土的渗透变形试验进行测定，还有一些理论和半经验计算方法。常用的有如下几种：

1）伊斯托美娜根据可移动的土颗粒在水中的有效重力和渗透水流对该颗粒的上举力相互平衡的原理，得到了如下公式：

$$I_{cn} = 4.5\left(\frac{d_B}{d_{cv}}\right)^2 \tag{2.2}$$

式中：d_B 为允许可移动的细颗粒粒径，mm；d_{cv} 为土体孔隙平均直径，mm。

2）引用康德拉且夫的论述，认为在渗流过程中颗粒在水中的有效重力、渗透水流绕过土颗粒产生的渗透力、土颗粒上作用有土颗由孔道的摩阻力产生的分布在单颗粒上的力，根据三种力的平衡关系，并考虑渗流绕流的形态、摩阻力系数等不同特点，给出确定临界水力梯度的计算公式。

当渗流为紊流状态时：

$$I_{cn}=(G_s-1)/\left[1+\left(1.5\sim2.5\frac{D_0}{d_n}\right)\right] \tag{2.3}$$

当渗流为层流状态时：

$$I_{cn}=(G_s-1)/\left(1+0.43\frac{D_0}{d_n}\right) \tag{2.4}$$

式中：D_0 为土体的细颗粒直径，mm；d_n 为土体孔隙直径，mm。

3）中国水利水电科学研究院根据渗流场中作用在土颗粒上的自重、静水浮力、渗透力三者建立的平衡方程，确定管涌发生时的临界水力梯度：

$$I_{cn}=2.2(G_s-1)(1-n)^2\frac{d_5}{d_{20}} \tag{2.5}$$

管涌型土临界水力梯度的计算公式：

$$I_{cn}=42\frac{d_B}{\sqrt{K/n^2}} \tag{2.6}$$

式中：d_B 为允许可以移动的最大颗粒粒径，取 $d_B=d_3$，mm。

4）根据水流对可动颗粒的作用力与可动颗粒对水力的阻力相互平衡原理，并利用假设渗流沿渗流通道的水头损失建立平衡方程，得到管涌的临界水力梯度：

$$I_{cn}=\frac{7d_5}{d_z}[4P_z(1-n)]^2 \tag{2.7}$$

式中：d 为填料的最大粒径，mm；P_z 为小于粒径 d 的填料的百分含量，可由颗分曲线上查得。

但是，对于黏粒含量超过3%～5%的土体，由于土体中的渗流力学机理已经发生了变化，不再满足现有的各管涌临界水力梯度计算公式的推导前提，因此，并不适用于此类土体的管涌分析。

（4）管涌破坏机理。管涌的发生与地层中土的组成成分、结构、土的级配、水力梯度、管涌发生的距离、深度、表面覆盖黏土层的内摩擦角、覆盖层厚度、黏滞系数、土的饱和度、固结系数、浸泡时间等因素有关，是一个多元的复杂问题。因此，分析管涌机理可以从以下几个方面进行。

1）管涌对土体渗透性的影响。土体是固体、液体和气体的二相多孔介质，二相组成部分的性质与数量及它们之间的相互作用，决定着土的物理力学性质。水在土体孔隙中的流动，决定于作为渗流骨架的土体和水的性质。土体孔隙的断面大小和形状具有不规则性，同时其分布也异常复杂，因此渗流水质点的运动轨迹也错综复杂，导致水流通过土体孔隙的流动很难用孔隙形式表征，也不易像地表水那样寻求水流质点的真实流速；在渗流作用下，土粒间传递的有效应力与渗流作用的方向有关。渗流作用铅直向下，能使土的有效应力增加。反之，渗流方向铅直向上时，则渗流引起的孔隙水压力可使土的有效应力减少，从而影响了土体的渗透稳定性。

在管涌发生初期，将粗颗粒看作骨架形成一定直径的孔隙，细颗粒作为填料。当孔道中的渗透流速达到或超过颗粒的起动速度后，可动细颗粒在孔道中移动并被带出土体。在保持水头不变情况下，随着孔隙通道中细颗粒不断流失，通道中的渗透系数逐渐增大，渗透流速也逐渐增大，流量逐渐增加。当管涌发生后，在土体破坏前的最终平衡时将土体分为两部分。①细料流失后残留部分土体 $V1$，$V1$ 仅有粗料构成，细料全部流失；②粗细料混合体 $V2$，$V2$ 中没有出现细料流失。最终形成固定直径的管涌通道，此时不再出现细颗粒的流失。

当 $V1$ 中细颗粒全部流失后，通道中的实际平均渗流速度等于可动颗粒的起动速度，否则会继续引起边壁上的细小颗粒脱离而产生流失。细颗粒流失后留下的空间将会再参与原来的孔隙通道而形成新的通道，而未流失部分会形成通道的壁。现在将新通道中的大颗粒作为填塞颗粒，引起水头压力降；同时未流失的边壁会引起沿程水头压力降。

2）管涌对渗透系数的影响。在覆盖层被顶穿之后静水压力瞬时释放掉，地下水从管涌点涌出，管涌点周围地层中的流线与等势线重新分布，把河流当做半无界补给空间，管涌初期砂层中的渗透水流可看作层流。

管涌发生初期地层的渗透系数分布为均质，管涌口附近的流线与等势线符合定水头半无界补给情况；管涌发生后期由于地层中大量的流土被非均质带走，流线与等势线发生变化，地层中水力梯度最大处由于细颗粒流失过多造成等势线明显弯曲，通道附近的渗透系数变成各向异性。

3）管涌发生后的出沙量与流速。管涌发生后，随着地层中大量细颗粒被带走，在地层中近似形成管道流，悬移质占输沙的主体，由维得卡诺夫公式有：

$$S_{vm}=\eta(V^a/ghw) \tag{2.8}$$

式中：S_{vm}为含沙量，kg/m^3；V为流速，m/s；g为重力加速度，m/s^2；h为水头，m；w为泥沙沉速，m/s；η为系数。

a在1～3之间选取，a取1时表示在层流状多孔介质中，a取3时表示在无填充物的管道或裂隙流中，这是两种极限情况。一旦管涌发生，随着渗透系数的增大，a的取值将从1逐渐向3发展。

由上式可知，出沙量与渗透流速的1～3次方成正比，当渗透流速增大时，出沙量迅速增大，造成地基抗渗强度不足或地基承载力不足是引发溃堤的直接原因。

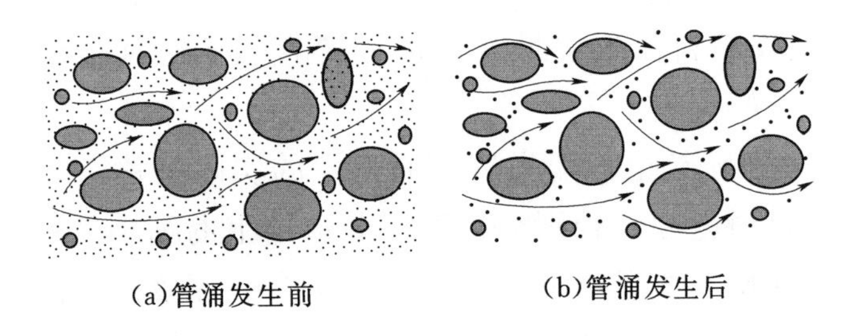

图2.9　管涌发生后地层中的含砂量及渗流量变化示意

管涌发生前后地层中的细颗粒被移动的过程见图2.9，图2.9（a）表示管涌发生之前地层中细颗粒与粗颗粒的分布情况，显然土的级配不好，缺少中间粒径的颗粒，细颗粒在水流作用下向管涌口移动，最后将地层中的细颗粒基本掏空，见图2.9（b），水流持续增大，土体的承载力降低，有可能出现局部变形，在堤防压力与河水对堤防的侧向推力的共同作用下，将可能产生滑动移位，最终发生溃堤。

2.1.5 流土

流土是渗流作用下饱和黏性土和均匀砂类土，在渗流出逸坡降大于土的允许坡降时，土体表层被渗流顶托而浮动的现象。流土常发生在闸坝下游地基的渗流出逸处，而不发生于地基土壤内部。流土发展速度很快，一经出现必须及时抢护。

一般来讲，土堤堤基的表土层一般极少是砂砾层，因此，堤基渗透破坏一般为流土破坏。但是在某些部位也会形成管涌破坏，如近堤脚位置，且一旦形成，就迅速发展，形成管涌洞，若抢险不及时或措施不得当，就有溃堤发生的危险。对于堤基无黏性土管涌和流土的判别可参照表 2.1 进行。

表 2.1　　堤基无黏性土管涌和流土的判别

土　　类	土颗粒组成特点	渗透变形形式
正常级配砂砾石	$C_u<10$	流土
	$10<C_u<20$	流土或管涌
	$C_u>20$	管涌
缺少中间颗粒的砂砾石	$P_Z<25\%\sim30\%$	管涌
	$P_Z>30\%$	流土

表 2.1 中，C_u 为土的不均匀系数，$C_u=d_{60}/d_{10}$；P_Z 为小于颗粒级配曲线上断裂点 A 的粒径含量；d_{10}为过筛重量占 10%的颗粒直径，d_{60}为过筛重量占 60%的颗粒直径。

2.1.6 跌窝

跌窝，俗称陷坑或掉天洞，是指在雨中或雨后，或者在持续高水位情况下，在堤身及坡脚附近局部土体突然下陷而形成的险情。这种险情不但破坏土堤断面的完整性，而且缩短渗径，增大渗透破坏力，有的还可能降低堤坡阻滑力，引起土堤滑坡。特别严重的，随着跌窝的发展，渗水的侵入，或伴随渗水管涌的出现，或伴随滑坡的发生，可能会导致土堤突然溃口的重大险情。

堤防出现跌窝的原因有：

（1）堤防隐患。堤身或堤基内有空洞，如鼠、蚁等动物洞穴，坟墓、地窖、树坑等人为洞穴以及历史抢险遗留的梢料、木材等植物腐烂形成的洞穴等，这些洞穴在汛期经高水位浸泡或雨水淋浸、随着空洞周边土体的湿软，成拱能力降低，以至于塌落形成跌窝。

（2）堤身质量差。筑堤施工过程中，没有认真清基或清基处理不彻底，堤防施工分段接头部位未处理或处理不当，上料有冻块、有未打碎的大土块，土块架空，堤身填筑料混杂，回填碾压不实，堤内穿堤建筑物破坏或土石结合部位渗水处理不当等，经洪水或雨水的浸泡冲蚀而形成跌窝。

（3）渗透破坏。堤防渗水、管涌、接触冲刷、漏洞等险情未能及时发现和处理，或处理不当，渗水带走堤身土料造成堤身内部淘刷，堤身存在空洞，随着渗透破坏的发展扩大，发生土体塌陷导致跌窝。

2.1.7　裂缝

裂缝是土堤工程常见的一种险情，有时很可能是其他险情，如滑坡、崩岸等的前兆。由于裂缝的存在，洪水或雨水易于入侵堤身，常会引起其他险情，尤其是横向裂缝，往往会造成堤身土体的渗透破坏，甚至更严重的后果。

土堤堤身常见裂缝有三类：①是垂直堤身走向的横缝；②是顺堤走向的纵缝；③是龟裂缝。其中，横向裂缝比较危险，特别是贯穿性横缝，是渗流的通道，属重大险情。即使不是贯穿性横缝，由于它的存在，缩短渗径，易造成渗透破坏，也属较重要险情。

引起土堤裂缝的原因是多方面的，有些是单一因素，有些是多种因素并存诱发，归纳起来，主要包括以下几点：

（1）不均匀沉降。堤防基础土质条件差别大，有局部软土层；或堤身填筑厚度相差悬殊，引起不均匀沉陷，产生裂缝。

（2）施工质量差。堤防施工时上堤土料为黏性土且含水量较大，失水后引起干缩或龟裂，这种裂缝多数为表面裂缝或浅层裂缝，但北方干旱地区的堤防也有较深的干缩裂缝；筑堤时，如填筑土料中夹有淤土块、冻土块、硬土块；碾压不实，以及新老堤结合面未处理好，遇水浸泡饱和时，则易出现各种裂缝，黄河一带甚至出现湿陷裂缝；若堤防与交叉建筑物接合部处理不好，在不均匀沉陷以及渗水作用下，也易引起裂缝。

（3）堤身存在隐患。害堤动物如白蚁、獾、狐、鼠等的洞穴、人类活动造成的洞穴，如坟墓、藏物洞、军沟战壕等在渗流作用下，引起局部沉陷产生的裂缝。

（4）水流作用。背水坡在高水位渗流作用下抗剪强度降低，当临水坡水位骤降或堤脚被掏空，常引起弧形滑坡裂缝，特别是背水坡堤脚有塘坑、堤脚发软时，更容易发生。

（5）振动及其他影响。如地震或附近爆破造成堤防基础或堤身砂土液化，引起裂缝；背水坡碾压不实，暴雨后堤防局部也有可能出现裂缝。

2.1.8 滑坡

土堤因堤脚失去顶托作用造成的滑坡现象时有发生，常见事例有堤脚临水面开沟造槽垂直防渗、堤脚处建筑物基坑开挖、河道采沙造成堤脚临空等。另外，在水利工程中河道行洪断面不够时，往往采用河道清淤的工程措施来扩大行洪断面，但当堤基位于软弱土层上时，经常会发生理论计算中堤防抗滑稳定安全系数满足规范要求，实际施工时堤防却产生滑坡的案例。土堤滑坡实例见图2.10。

根据滑坡范围大小，一般可分为深层滑坡和浅层滑坡。堤身与基础一起滑动为深层滑坡；堤身局部滑动为浅层滑坡。前者滑动面较深，滑动面多呈圆弧形，滑动体较大，堤脚附近地面往往被推挤外移、隆起；后者滑动范围较小，滑裂面较浅。以上两种滑坡都应及时抢护，防止继续发展。堤防滑坡通常先由裂缝开始，如能及时发现并采取适当措施处理，则其危害往往可以减轻；否则，一旦出现大的滑动，将会造成重大损失。

图 2.10　土堤滑坡实例

根据滑坡发生的部位不同，又可分为内滑坡和外滑坡。内滑坡是指堤防背水一侧发生的滑坡，外滑坡是指堤防临水一侧发生的滑坡。

外滑坡和内滑坡产生滑坡机理不同，现分述如下。

1. 外滑坡产生的条件

汛期江河洪峰过后，水位开始下降，特别是水位下降较快时，均质堤防外坡可能出现局部滑动而出现险情，称外滑坡。也就是人们通常所说的“退水破堤”。例如，某县的防洪堤是均质土堤，1969 年局部大水时，一夜之间水位下落 2.3m，在堤坡较陡的堤段迎水坡出现了滑坡现象。具体表现是在堤顶附近产生向迎水面的弧形下错裂缝，见图 2.11 (a)，随着裂缝的发展，大块土体沿着曲线（近似圆弧形）滑裂而下，造成堤防的局部破坏，见图 2.11 (b)。余下的部分土体变薄，稳定性减弱，在风浪冲刷和渗透变形的共同作用下而全部破坏。

外滑坡产生的条件有：

(1) 堤脚滩地迎流顶冲坍塌，崩岸逼近堤脚，堤脚失稳引起滑坡。

(2) 水位消退时，堤身饱水，容重增加，在渗流作用下，使堤坡滑动力加大，抗滑力减小，堤坡失去平衡而滑坡。

(3) 汛期风浪冲毁护坡，浸蚀堤身引起局部滑坡。

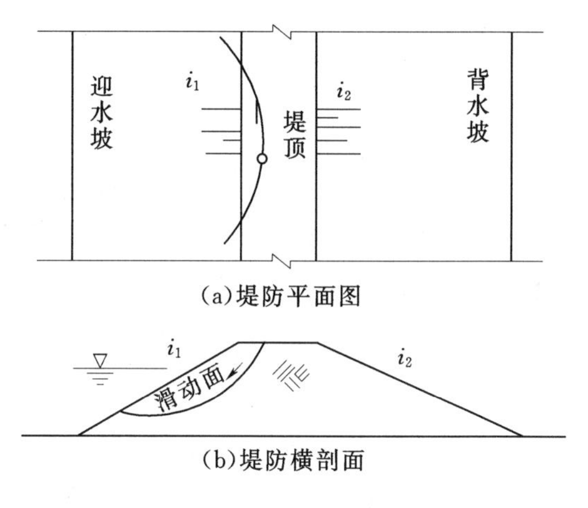

图 2.11　外滑坡示意图

(4) 高水位时，临水坡土体大部分处于饱和、抗剪强度低的状态，当水位骤降，临水坡失去水体支持，加之坝体的反向渗压力和土体自重的作用，可能引起临水堤坡失稳滑坡。

(5) 持续特大暴雨或发生强烈地震、振动等，均有可能引起滑坡。

2. 内滑坡产生的条件

(1) 堤身渗水饱和而引起的滑坡。通常在设计水位以下，堤身的渗水是稳定的，然而，在汛期洪水位超过设计水位或接近设计水位时，堤身的抗滑稳定性降低或达到最低值。再加上其他一些原因，最终导致滑坡。

(2) 遭遇暴雨或长期降雨而引起的滑坡。汛期水位较高，堤身的安全系数降低，如遭遇暴雨或长时间连续降雨，堤身饱水程度进一步加大，特别是对于已产生了纵向裂缝的堤段，雨水沿裂缝渗透到堤防深部，裂缝附近的土体因浸水而软化，强度降低，最终导致滑坡。

(3) 堤脚失去支撑而引起的滑坡。平时若不注意堤脚保护，更有甚者，在堤脚下挖塘，或未将紧靠堤脚的水塘及时回填等，这种地方是堤防的薄弱地段，堤脚下的水塘就是滑坡的出口。

(4) 土堤加高培厚，新旧土体之间结合不好，在渗水饱和后，形成软弱层。

2.1.9 崩岸

崩岸是在水流冲刷下临水面土体崩落的重要险情，是堤岸被强环流或高速水流冲刷淘深，岸坡变陡，上层土体失稳而塌落的现象。若崩塌土体呈条形，岸壁陡立，称为条崩；若崩塌体在平面和断面上为弧形阶梯，崩塌的长、宽和体积远大于条崩的，则称为窝崩。临水堤坡或控导工程被洪水冲塌，或退水期堤岸失去水体支撑，加上反向渗透压力，易于形成崩岸。该险情发生突然、发展迅速、后果严重，如抢护不及时，当堤外无滩或滩地极窄的情况时，崩岸将会危及堤防的安全。

河道岸坡迎着主流顶冲部位最容易引起崩岸滑坡，如长江中下游江堤3600km中，经常发生崩岸的就有1500km，占堤防长度的41.7%，1998年洪水期间发生崩岸险情达300多起，由此可见堤岸崩塌比较严重。实际上，堤防工程的迎水坡的滩地河岸，就是堤防工程的延伸部分，崩岸的发展必然会危及堤防的安全，因此防止江河堤防的崩塌滑坡也是保证堤防安全的前提。

河道险工最直接的表现就是堤岸崩塌。根据一般经验，坍塌时常伴随着河中的主流而发生，河中的主流靠近哪里，哪里就容易发生坍塌。坍塌主要有两种类型：①崩塌，大块堤岸连堤顶带边坡塌入水中（见图2.12）；②滑脱，部分堤岸的土体向水内发生滑动。这两类险情，以崩塌最为严重。

1. 堤岸崩塌的主要原因

（1）河道流水的水力破坏。由于水溜的浪坎，堤岸失去了平衡，因而发生坍塌现象。坍塌经常发生在以下地方：①河槽转变处的凹岸；②大溜顶冲的堤岸；③有丁坝或其他建筑物束窄河槽的地方。河道的凹岸是河中主流集中的地方，流速大，河槽深，并引起横向环流。环流由于水质点离心力的关系，使水压向凹岸，并使水流的上层成为下降水流，以极大的流速猛烈地冲刷凹岸和附近的河底，把冲刷的泥沙携带到凸岸淤成浅滩。结果使凹岸的坡脚变陡或

图 2.12 崩塌险情

淘空，从而失去了支持力而发生坍塌。

河流转折的地方，水流顶冲堤岸。水流靠近堤岸时形成折冲水流，这样也能引起环流，猛烈地冲刷堤岸和河底，在堤岸坡脚下冲成深坑而引起坍塌和滑脱。垂直的丁坝，有时使水沿坝的上游边直冲堤岸。发生横流时，有的流向与堤岸几乎垂直，水流也直冲堤岸或折向上游。由于流动突然被阻，发生很大的冲击力，时常引起堤岸的崩塌而成灾。在有丁坝或其他建筑物束窄河道的地方，水位抬高，流速加大，河底刷深；并在丁坝的头部，引起涡流和回流将河底淘深。若丁坝基础破坏时，也会引起丁坝或附近堤岸的坍塌。

（2）堤岸抗剪强度的减弱。堤岸边坡的抗剪强度与土体的内摩擦角和黏结力有关，而内摩擦角又与土的密度有关。土的密度越大，各土粒间的接触点越多，摩擦力就越大；黏结力由土粒间吸引力和胶质体的黏结组成，密度越大，土壤越干燥，黏结力也越大。内摩擦力和黏结力大的时候，边坡就比较稳定。当堤岸被水浸润以后，土壤孔隙充满水，密度下降，内摩擦力减小；水把各土粒隔离，溶解胶质体，土的黏结力减小。在饱和的黏土中，黏结力可以完全消失，因此，堤岸土体浸湿以后，抗剪力会急剧减低。

（3）堤岸发生裂缝而产生坍塌。堤岸的土体经过冻结或融化，时常使土壤的表层变松或发生裂缝；黏性土中的水分蒸发后，不仅难以压实达到设计的筑堤质量，而且时常使堤岸发生裂缝。当雨水渗入或地下水浸入时，土堤就有发生坍塌的可能。在土体被河水浸泡并经水流、风浪振荡后，更容易发生坍塌。

（4）河中水位骤落引起的坍塌。当水位急剧下降时，已渗入堤防土体内的水，又反向流入河内，在这种渗透力的作用下，被浸透的坡面很容易产生滑落；特别是饱和的土壤重量增大，土粒间的摩阻力大大降低，更加会促使边坡滑脱或坍塌。

（5）“上提下挫”后形成坍塌。河道由弯曲变顺直，主流靠岸的地方，河水的大溜一般逐渐移向下游；流径由顺直变弯曲，在主流靠岸的地方，大溜逐渐移向上游。河工称此现象为“上提下挫”。在主流的流势发生“上提下挫”时，河水的大溜可能脱离护岸而冲刷对岸，从而形成淘刷或坍塌。

（6）地下水冲刷而引起的坍塌。地下水经过砂层流入河道内时，如果砂层的颗粒轻细，时常随着地下水流出，将堤岸基础淘空，也会引起堤岸的坍塌。这种现象多发生在低水位。

除以上主要原因外，还有很多其他方面的原因，如雨水过大、顶部超载、违规建设、无序挖砂、河水污染、河道堵塞、发生地震等，都会引起堤岸崩塌。

2. *崩岸滑坡的主要类型*

堤防崩岸滑坡的类型，可以分为条崩和窝崩。条崩多数在缓变河湾凹岸或流急的顺直河岸发生较长的岸土崩塌，而窝崩是由于急变河湾顶冲或主流偏斜顶冲河岸造成的局部岸土窝崩。崩岸是长江中下游沿江地带最突出的地质灾害。特别是窝崩，如果不加防御工事，将会深入河岸宽度数十米以上，往往使沿江田地、房屋、村镇、堤防、码头、仓库等在短时间内被荡荡江水吞噬，造成巨大损失。

通过图 2.13 崩岸滑坡类型的横剖面图可以看出，崩岸滑坡的类型包括：浅层崩塌，多发生在降雨入渗时的非黏性土坡；平面崩塌，多发生在黏性差的较陡河岸；板块崩塌，多发生在黄土河岸或有裂缝的岸坡；圆弧崩塌，多发生在较陡的中等高度的均质黏性土河岸；复式圆弧滑坡，多发生在淤泥土层的缓坡；大体积圆弧滑坡，多发生在多雨季河岸冲刷的河谷高边坡；悬崖坍塌，多发生在坡脚下的砂砾土淘刷后的黏性土河岸。

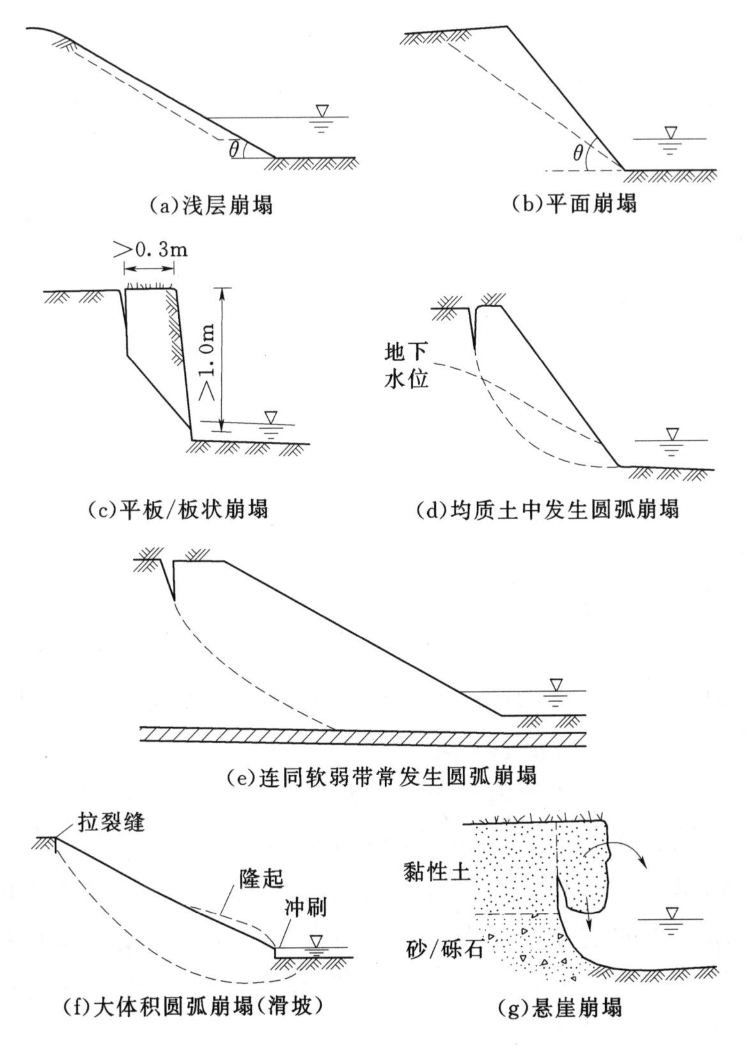

图 2.13 崩岸滑坡类型横剖面示意图

3. 崩岸发生过程模式

崩岸过程取决于水流动力条件以及对近岸河床泥沙的输移，河岸泥沙组成的土壤特性是岸坡稳定的要素。水流挟沙能力越大，土体抗冲性越差，越容易发生崩岸，其崩岸强度也越大。崩岸的形成也是由量变到质变的过程，下面在一个水文年中，分4个阶段描述崩岸过程。

（1）涨水期。流量增加水位上升，水流流速加大。起初，岸脚前期未完全被水流搬走的因河岸坍落或上游带来的泥沙，在水流上举力及水平推力作用下，开始发生起动和推移。随着水位继续上涨，流量、流速继续增大，挟沙能力增大，原先附在床面上的淤泥及河床泥沙开始被水流冲刷带走，河岸滩槽高差增高，坡度变陡，近岸河床局部出现冲刷深槽。特别是水位达到第一造床流量级水位时，近岸河床局部冲刷更为明显。

（2）洪水期。随着水位上升和流量进一步增加，流速进一步加大，深槽被不断刷深。河床及岸坡上有的泥沙直接变为跃移和悬移状态，细颗粒随水流输移走，粗颗粒向下游运动一段距离后，可能回落到下游河床的斜面或床面上，与该处相对较细的泥沙发生交换。这一时期，前期近岸河床形成的冲刷深槽进一步扩大，岸坡继续变陡，滩槽高差继续增大，致使岸坡失去稳定而崩塌，有的则因高水位对河岸的侧向静水压力使河岸暂时保持稳定。当弯道受水流顶冲时，主流与凸岸岸线夹角越大，水流对弯顶附近的作用力也较大，水流对河岸进行淘刷，使顶冲点附近容易产生崩岸。当河岸泥沙抗冲性较差时，还容易出现“口袋”型窝崩。

（3）退水期。水流流速及水位逐渐减小，这一时期发生崩岸首先是因为汛后随着水位的退落和流量减小，水位逐渐归槽坐弯，导致主流贴岸冲刷。其次，在退水期随着水位下降，岸坡失去原先高水位静水压力的支撑而发生崩坍。再次，河岸土体受高水位浸泡时间长，抗剪强度低使边坡发生深层滑坡或岸坡上部渗透变形引发崩塌。

（4）枯水期。随着水位不断回落，上述崩岸仍将持续，之后随着流量的进一步减小，流速和水流挟沙力也相应变小，深槽逐渐回淤，岸坡变缓，崩岸减弱直至停止。当流速继续减小时，崩岸岸区中心及口门附近处会出现淤积现象。

2.1.10　接触冲刷

接触冲刷是一个重要的工程问题，在堤防工程中经常遇到。接触冲刷是指渗流沿着两个不同材料的接触面流动时，把层间的细颗粒带走的现象，如穿堤建筑物与堤身的结合面以及裂缝的渗透破坏等。

接触冲刷险情产生的原因主要有：①与穿堤建筑物接触的土体回填不密实；②建筑物与土体结合部位有生物活动；③止水齿墙（槽、环）失效；④一些老的涵箱断裂变形；⑤超设计水位的洪水作用；⑥穿堤建筑物的变形引起结合部位不密实或破坏等；⑦土堤直接修建在卵石堤基上；⑧堤基土中层间系数太大的地方，如粉砂与卵石间也易产生接触冲刷。

穿堤建筑物与堤身、堤基接触处产生接触冲刷，险情发展很快，直接危及建筑物与堤防的安全，应急处置时，应抢早抢小，一气呵成。其原则是在建筑物临水面进行截堵，背水面进行反滤导水，特别是基础与建筑物接触部位产生冲刷破坏时，应抬高堤内渠道水位，减小冲刷水流流速。对可能产生的建筑塌陷，应在堤防临水面修筑挡水围堰或重新筑堤。

2.1.11　接触流土

接触流土是指渗流垂直于渗透系数相差较大的两相邻土层的接触面流动时，将渗透系数较小的土层中的细颗粒带入渗透系数较大的另一土层的现象，在堤防设置的反滤层中最为常见。在堤防工程中，反滤层是一个重要的结构层，也是施工质量较难控制的一个环节，一旦发生接触流土，反滤层排水减压的功能就会减弱，并呈加速度发展，存在整体破坏的危险。

接触流土作为渗透变形的一种形式，通常由接触面两侧粗细颗粒的粒径来判别。有关专家结合实验研究了应力状态对接触流土临界坡降的影响，发现在粗细颗粒的接触带，在同样的水力梯度下，即将流入粗颗粒孔隙之中的细颗粒内部的压应力越大，接触流土的破坏越难发生，且发生接触流土临界坡降随着压应力的增大而增大。由此得出：在控制反滤料颗粒级配的基础上，采取结构措施增大细颗粒内部的压应力，可以使反滤层的运行更加稳定。

2.2 险情严重程度判断

在高洪水位防汛时，一旦遇到土堤发生险情，应抓紧抢早抢小，把风险和损失降到最低。但大量的实践经验也告诉我们，对于不同严重程度的险情所采取的抢护措施、抢护速度和由此而调动的人力、物力和财力，往往差别很大。因此，如何恰如其分地认识把握险情的发展阶段就显得十分重要，这是选用或制定抢护方案的依据，也是设计预案的前提条件。基于此，本节将主要阐述土堤发生险情后如何简单快捷的进行险情严重程度预判，方法包括定性识别和定量分析。定性识别主要基于传统的统计分析和定性分析思路，制订出各种险情严重程度划分表格，依此在险情发生后进行简单及时的预判；定量分析采用模糊识别方法，按最大隶属度原则确定待识别抢险现场测报的险情严重程度，依此制定相应的应急处置对策和方案。

2.2.1 定性识别

对于定性的问题往往采用经验识别的方法，土堤出险与抢护全过程的经验有限。为此，一般通过分析土堤遭遇不同险情时破坏、溃决的机理演变过程，来认识其威胁性大小，归纳为 4 种类型。

（1）在高洪水位的渗流作用下从土堤土体内部一点一粒的流失破坏而逐步扩大穿通，最终造成塌陷而溃决，如管涌与渗漏等即属于此类险情。

（2）高洪水位的水流经土堤土体外部一块一块的洗刷剥离破坏而逐步扩大加深，最终形成倒口而溃决，如风浪冲刷与漫溢冲刷等即属于此类险情。

（3）高洪水位的长时间饱和浸泡，导致局部土体承载力降低，抗拉抗剪力减小，此时外部稍加干扰，就可能造成大块土体被拉裂或滑坡，由微裂到宽裂，由小移到大离，最终失去整体稳定造成倒塌而溃决，如裂缝与滑坡等即属于此类险情。

（4）高洪水位的渗流作用在紧挨穿堤建筑物的土体上，由开始的渗流推动细小颗粒逐步扩大到水流冲刷交界面上的土体，最终造成塌陷而溃决，此接触冲刷险情属于土堤土体内部破坏一类；另一类是建筑物自身遭到破坏，如闸门损坏、涵管断裂、挡土墙破裂倒塌等，建筑物的外部遭到水流或风浪的冲刷而引起一系列破坏，此种冲刷破坏也属于外部破坏。

对于滑坡，无论是堤脚虚空或是堤基松软而产生大块土体移动总是先有裂缝，后有滑动，从时间先后或从对堤身稳定安全的影响大小衡量，滑坡一般划为中期险情，较为严重的，如滑体较大，削减堤身断面达 50%以上时，则为晚期险情。而裂缝则视其部位、性质与量级划分为相对较低一个等级的险情。

对于管涌险情，一般发生在土堤的砂性基础部位。当高洪水位出现时，由于渗透坡降突然增大，在土堤内坡脚覆盖土层不厚的薄弱地方，若超过土层允许坡降，渗流挟带泥沙溢出，即产生管涌险情。其实在土堤地基内部早已有细沙粒在渗透压力作用下缓慢地在粗颗粒间隙移动，其危险性在于日积月累，久而久之得不到制止而形成贯穿式通道，继而造成塌陷、跌窝等更为严重的险情。对于管涌险情，可视其发展阶段选列一些外部症状参数来区别其早、中、晚期。

对于渗漏险情，其情况更为复杂，其诱因包括蚁穴、蛇洞、兽窝、迎水侧堤脚人工构筑物等，以及在堤身填筑时个别部位夹杂的砂层、架空砖石块以及新旧交界处未作清理的柴草腐杂物等。为此，只能抓住不同堤段各自不尽相同的一些主要险情参数，以判别对堤身安全稳定性威胁的大小。

基于传统的统计思路和定性分析，由若干具有丰富抢险经验和水利工程理论知识的专家，采取独立思考、交叉审议的方法，制订出具体堤段各种险情严重程度划分参照表，见表 2.2～表 2.4。

表 2.2　具体堤段险情严重程度判别参照（散浸、裂缝）

险情严重程度	散浸				裂缝				
	散浸面积/m^2	散浸水况	土质松软	洪水位	裂缝方向	裂缝宽度/mm	裂缝长度/m	缝中水况	洪水位
轻度	<20	少量汗珠（<50%）	无感或不显	低于警戒水位	表面龟裂、纵向	<2	<3	未见	低于警戒水位
中度	20～100	大面积汗珠（>50%）	较大面积松软（>50%）	低于危险水位	纵向 横向	3～10 2～5	3～10 2～5	微量	低于危险水位
重度	>100	渗浸水汇聚流动（>10%）	软烂面积很大（>50%）	低于超危水位	纵向 横向	>10 >5	>10 >5	较多	低于超危水位

表 2.3　具体堤段险情严重程度判别参照（滑坡、管涌）

险情严重程度	滑坡				管涌				
	滑体错位/cm	滑体大小/cm	滑弧底渗水情况	洪水位	涌口距堤脚/m	涌口直径/cm	涌水柱高/cm	涌水夹砂量/(kg·L^{-1})	洪水位
轻度	<1	<10	未见	低于警戒水位	>100	<5	<2	<0.1（很少）	低于警戒水位
中度	1～5	10～50	微量	低于危险水位	50～100	5～30	2～10	2～10（较多）	低于危险水位
重度	>5	>50	较多	低于超危水位	<50	>30	>10	>0.2（很多）	低于超危水位

表 2.4　具体堤段险情严重程度判别参照（渗漏、穿孔）

险情严重程度	渗漏				穿孔			
	漏水出口直径/cm	漏水量/(L·s^{-1})	漏水混浊度	洪水位	出水口直径/cm	出水量/(L·s^{-1})	夹泥沙量/(kg·L^{-1})	洪水位
轻度	<5	<0.5	尚清	低于警戒水位	>100	<5	<2	低于警戒水位

续表

险情严重程度	渗漏				穿孔			
	漏水出口直径/cm	漏水量/$(L \cdot s^{-1})$	漏水混浊度	洪水位	出水口直径/cm	出水量/$(L \cdot s^{-1})$	夹泥沙量/$(kg \cdot L^{-1})$	洪水位
中度	5～10	0.5～10	色浓	低于危险水位	50～100	5～30	2～10	低于危险水位
重度	>10	>10	混浊	低于超危水位	<50	>30	>10	低于超危水位

综合考虑各种险情在历史上对具体堤段造成溃决的频率大小、距离溃决的时间长短以及险情抢护的难度大小等影响条件对大堤的稳定安全威胁程度予以早、中、晚期划分（表 2.5）。

表 2.5　具体堤段综合权衡早、中、晚期险情判别参照

险期	险情严重程度	历史溃决频率	自然溃决时间/h	综合抢护难度
早期	轻度	很小（<0.02）	>72	很容易
中期	中度	较大（0.02～0.2）	24～72	较难
晚期	重度	很大（>0.2）	<24	很难

表 2.2～表 2.5 是针对每个具体堤段，一般取 50～100m。该判别条件简化，且具有较高的可信度和可操作性，具有较高的实践参考价值。

2.2.2　定量判断

1. 分析模型

定性分析是引入模糊模式识别方法，采用隶属度概念将险情严重程度的 3 个级别：轻度、中度、重度，用隶属函数表示出来，以此表达边界的模糊状态。表 2.2～表 2.4 中，任何一类险情的严重程度都受多个因素制约，是一个多因素模糊模式识别问题。并且多因素制约下所发生的具体险情组合并非如表 2.2～表 2.4 中所列数据那样规范，实际发生时往往大小交叉，需要加以综合表达。

按最大隶属度原则来确定待识别抢险现场测报的险情严重程度，首先是单因素识别。

若存在：

$$\mu_{\underline{A_{ij}}}(x_j)=\max\{\mu_{\underline{A_{12}}}(x_j),\mu_{\underline{A_{21}}}(x_j),\cdots,\mu_{\underline{A_{n1}}}(x_j)\}\ (j=1,2,\cdots,m) \tag{2.9}$$

则认为 x_j 相对归属于对应的 $\max\mu_{\underline{A_{ij}}}$ (x_j) 的$\underline{A_{ij}}$；再引入权重系数 $\alpha_j(j=1,2,\cdots,m)$，对多因素的影响加以综合。若存在：

$$\mu_{\underline{A_i}}(x) = \max\left\{\sum_{j=1}^{m}\alpha_1\mu_{\underline{A_{ij}}}(x_j),\sum_{j=1}^{m}\alpha_2\mu_{\underline{A_{ij}}}(x_j),\cdots,\sum_{j=1}^{m}\alpha_m\mu_{\underline{A_{ij}}}(x_j)\right\}\quad (i=1,2,\cdots,n) \tag{2.10}$$

则认为 $x=(x_1,x_2,\cdots,x_m)$ 相对归属对应于 $\max\sum_{j=1}^{m}\alpha_j\mu_{\underline{A_{ij}}}(x_j)$ 的 A_i。

式（2.9）和（2.10）中：$\mu_{\underline{A_{ij}}}(x_j)$ 表示待识别模糊集单因素 x_j 对第 i 个标本模式的隶属函数或隶属度；$\mu_{\underline{A_i}}(x)$ 表示待识别模糊集 $x=(x_1,x_2,\cdots,x_m)$ 加权后对第 i 个标本模式的综合隶属函数或隶属度。

2. 案例分析

某土堤堤段发生散浸险情，拟识别其严重程度。描述散浸险情严重程度的包括 4 个主要影响因素（$j=4$），即模糊特征：散浸面积、渗浸水况、土质松软和洪水位。对应 3 个级别的险情严重程度（$i=3$）：轻度、中度与重度，其因素标本模式如下，为简化计算，隶属函数以梯形分布表示：

（1）散浸面积 $\mu_{x1}(x_1)$ 表示为：

$$\text{轻度：}\quad \mu_{11}(x_1)=\begin{cases}1 & (0<x\leqslant 20)\\ \dfrac{50-x}{30} & (20<x\leqslant 50)\\ 0 & (x>50)\end{cases} \tag{2.11}$$

中度：
$$\mu_{21}(x_1)=\begin{cases}0 & (x\leqslant 20)\\ \dfrac{x-20}{30} & (20<x\leqslant 50)\\ 1 & (50<x\leqslant 80)\\ \dfrac{80-x}{30} & (80<x\leqslant 110)\\ 0 & (x>110)\end{cases} \tag{2.12}$$

重度：
$$\mu_{31}(x_1)=\begin{cases}0 & (x\leqslant 80)\\ \dfrac{x-80}{30} & (80<x\leqslant 110)\\ 1 & (x>110)\end{cases} \tag{2.13}$$

（2）散浸水况 $\mu_{x2}(x_2)$ 表示为：

轻度：
$$\mu_{12}(x_2)=\begin{cases}1 & (x\leqslant 1)\\ \dfrac{2-x}{2} & (1<x\leqslant 2)\\ 0 & (x>2)\end{cases} \tag{2.14}$$

中度：
$$\mu_{22}(x_2)=\begin{cases}0 & (x\leqslant 1)\\ \dfrac{x-1}{2} & (1<x\leqslant 2)\\ 1 & (2<x\leqslant 3)\\ \dfrac{4-x}{2} & (3<x\leqslant 4)\\ 0 & (x>4)\end{cases} \tag{2.15}$$

重度：
$$\mu_{32}(x_2)=\begin{cases}0 & (x\leqslant 3)\\ \dfrac{x-3}{2} & (3<x\leqslant 4)\\ 1 & (x>4)\end{cases} \tag{2.16}$$

（3）土质松软程度 $\mu_{x3}(x_3)$ 表示为：

轻度：
$$\mu_{13}(x_3)=\begin{cases}1 & (x\leqslant 1)\\ 2-x & (1<x\leqslant 2)\\ 0 & (x>2)\end{cases} \tag{2.17}$$

中度：
$$\mu_{23}(x_3)=\begin{cases}0 & (x\leqslant 1)\\ x-1 & (1<x\leqslant 2)\\ 1 & (2<x\leqslant 3)\\ 4-x & (3<x\leqslant 4)\\ 0 & (x>4)\end{cases} \tag{2.18}$$

重度：
$$\mu_{32}(x_2)=\begin{cases}0 & (x\leqslant 3)\\ x-3 & (3<x\leqslant 4)\\ 1 & (x>4)\end{cases} \tag{2.19}$$

(4) 洪水位高低 $\mu_{x4}(x_4)$ 表示为：

轻度：
$$\mu_{14}(x_4)=\begin{cases}1 & (x\leqslant 34)\\ \dfrac{35.5-x}{1.5} & (34<x\leqslant 35.5)\\ 0 & (x>35.5)\end{cases} \tag{2.20}$$

中度：
$$\mu_{24}(x_4)=\begin{cases}0 & (x\leqslant 34)\\ \dfrac{x-34}{1.5} & (34<x\leqslant 35.5)\\ 1 & (35.5<x\leqslant 36.5)\\ \dfrac{38-x}{1.5} & (36.5<x\leqslant 38)\\ 0 & (x>38)\end{cases} \tag{2.21}$$

重度：
$$\mu_{34}(x_4)=\begin{cases}0 & (x\leqslant 36.5)\\ \dfrac{x-36.5}{1.5} & (36.5<x\leqslant 38)\\ 1 & (x>38)\end{cases} \tag{2.22}$$

经过现场勘查收集到一组散浸险情特征参数：散浸面积参数 $x_1=75\text{m}^2$，渗漏水况参数 $x_2=4.2$ 级，土质松软参数 $x_3=3.2$ 级，洪水位参数 $x_4=37.9\text{m}$；分别代入标本模式的隶属函数中，得到单因素影响评判结果如下：

$$\begin{aligned}&\mu_{11}(x_1)=0,\ \mu_{21}(x_1)=1.0,\ \mu_{31}(x_1)=0\\&\mu_{12}(x_2)=0,\ \mu_{22}(x_2)=0,\ \mu_{32}(x_2)=1.0\\&\mu_{13}(x_3)=0,\ \mu_{23}(x_3)=0.80,\ \mu_{33}(x_3)=0.20\\&\mu_{14}(x_4)=0,\ \mu_{24}(x_4)=0.067,\ \mu_{34}(x_4)=0.933\end{aligned}\tag{2.23}$$

经过专家论证，给出 4 个模糊特征的权重系数分别为：$\alpha_1=0.20$，$\alpha_2=0.20$，$\alpha_3=0.25$，$\alpha_4=0.35$；对 4 个影响因素采用 $M(\circ,\oplus)$ 运算模型加以综合，则可求得：

$$\begin{aligned}&\mu_1(x)=\sum\alpha_j\mu_{1j}=0\\&\mu_2(x)=\sum\alpha_j\mu_{2j}=0.432\\&\mu_3(x)=\sum\alpha_j\mu_{3j}=0.577\end{aligned}\tag{2.24}$$

按最大隶属度原则，该散浸险情仅就自身严重程度（x）而言，应判定相对归属重度险情范围。但根据 2.2.1 中表 2.2～表 2.5 关于早、中、晚期的定性划分规定，还应当综合考虑另外 3 个判别条件，即溃决频率（P）、距溃时间（t）及抢护难度（d）。对举例堤段依照表（2.2），求得一组隶属度与权重数（A）：

$$\begin{aligned}&\mu(x)=(0,0.423,0.577)\\&\mu(p)=(0.45,0.45,0.10)\\&\mu(t)=(0.45,0.40,0.15)\\&A=(0.35,0.30,0.20,0.15)\end{aligned}\tag{2.25}$$

为突出主导因素的作用，采用广义模型运算中的 $M(\Lambda,\oplus)$ 进行综合，求得归一化后的第二层综合评判向量 $B=(0.28,0.42,0.30)$，这与采用加权平均型 $M(\circ,\oplus)$ 综合结果一致，据此可评定该散浸险情归属中期险情。

对各种险情进行早、中、晚期划分后，便可在抢护措施上和抢护速度上予以区别对待。一般而言，晚期险情的抢护强度要比中期险情的抢护强度高，安全裕度更大；晚期险情的抢护速度比中期险情更快，时间更短；早期险情的抢护要求则较为宽松，甚至只需加强观察而暂不作处理。

2.3 常用隐患排查手段简介

2.3.1 隐患与险情的关系

对于堤防工程来说，正是由于存在各种各样的隐患才会引发各种险情的发生，因此，探究堤防各种险情的类型与成因时，从不同的隐患角度出发更容易得到具体的结果。若堤防堤身、堤基存在大量险点、险段和隐患，洪水期间会导致大量险情迭出；在全力抢护的情况下，一般的险情可能会排除，或发生局部破坏，影响堤防的功能或完整性；而重大险情在抢护不及的情况下，堤防就会发生溃决。堤防安全隐患与堤防险情之间的对应关系见图2.14。

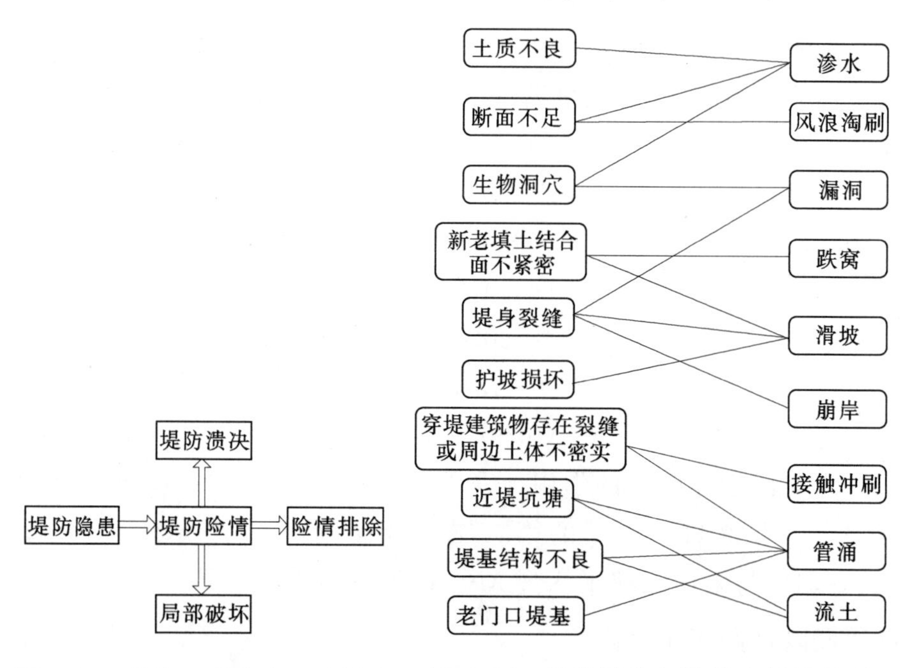

图2.14 堤防工程隐患、险情和堤防破坏的关系

图2.15 堤防隐患与险情之间的关系

堤防险情的发展除洪水因素外，与堤防内部的安全隐患有着直接的关系，一种隐患可能引发多种险情，一种险情也可能由多种隐患引起，各种隐患交织在一起加剧了堤防险情的发展。堤防隐患与险情之间的关系见图 2.15。

2.3.2　堤防隐患或险情排查

如前所述，堤防工程存在很多安全隐患或险情，有些可以通过其外部表征予以判别。有些内部隐患或初起险情，例如生物洞穴、穿堤建筑物结合面裂缝、堤身结构不良等，则需要应用先进仪器设备并结合堤防工程安全评价经验和技术，才能予以判别。国内外已经研发出了一批专业装备，用于辅助探测土堤的各种隐患，提高了工作效率。下面进行简单介绍。

1. 瞬变电磁隐患探测仪

瞬变电磁仪器，属无损检测范围。可应用于堤身和堤基管涌、散浸等险情快速探测，也可应用于堤身和堤基渗透地下河探测和灌浆加固效果检测等。具有分辨率高、探测速度快和操作简便等优点。

中国水利水电科学院研发的 SDC－3 型时间域瞬变电磁隐患探测仪是其中一种，见图 2.16。该仪器是利用堤基地层对一次磁场变化产生涡流强度的不同来探测“目标”，由发射机发射一稳定电流，形成一磁场，然后稳定电流突然关断，磁场快速减弱，在周围的导体内产生电动势，由电动势在导体内产生涡流，涡流强度随时间而衰减，其衰减特性与该导体的电阻率、大小和形态有关。其探测深度可达 30m。

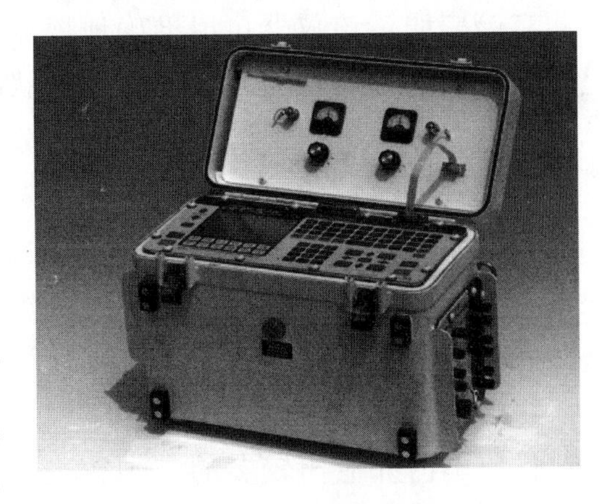

图 2.16　瞬变电磁隐患探测仪

2. 自然电场法隐患探测仪

适用于土堤隐患探测的自然电场法仪器，主要有CTE－1型智能直流电法仪、CTE－2型智能激发极化仪和CTE－3型数值直流电法仪等型号。此类仪器采用了最新微电子、计算机、自动测量和控制等技术，实现了电路的集成化、数字化、智能化。适用于自然电场法、直流电阻率法的测量，可用于土堤隐患探测。

3. 常规电阻率法探测仪

山东省黄河河务局研制的ZDT－I型智能堤防隐患探测仪，属常规电阻率法仪器的一种。它是在电法探测堤防隐患技术的基础上，依据直流电阻率法、自然电场法、激发极化法等电法勘探原理，结合现代电子和计算机技术开发研制的新一代智能堤防隐患探测仪。

该仪器集单片计算机、发射机、接收机和多电极切换器于一体，具有人机对话、数据储存、数据查询、与微机通信等功能，既适应堤防隐患探测的特点和技术要求，又完善并提高了常规电法仪的性能和技术指标。在东平湖围坝、长桓临黄堤等堤防进行的隐患探测实验表明，该仪器可以准确地探测出裂缝、洞穴、松散土层等堤防隐患的部位、性质、走向、发育状况和埋藏深度，同时在堤防总体质量探测分析、堤防渗水段探测分析、压力灌浆验证等方面也取得了较好的应用效果。

1998年8月，在长江九江河段关键堤段，利用该仪器迅速准确地查出了堤内多处渗漏通道，并探明临江存在的14处集中渗漏点，为险情的及时处置提供了重要科学依据。

4. 高密度电法探测仪

目前国内外应用较多的是高密度电法探测仪。此类仪器较多，MIR－IC覆盖式高密度电测仪以及GMD－1高密度电法仪是其中的两种。图2.17为高密度电法探测仪的一种。

(1) MIR－IC覆盖式高密度电测仪。该仪器利用高密度电阻率法探测堤防裂缝、洞穴和软弱层。裂缝探测深度可达10m，并能确定其位置、埋深和产状。洞穴探测分辨率超过1：10（洞径与中

图 2.17 高密度电法探测仪

心深度之比）。对不同隐患可进行二维电阻率成像。

该仪器现已分别在河南、山东沿黄地市推广应用，累计探测堤防长度400多km。应用表明，该仪器可准确、快速地探测出堤防内部的裂缝、洞穴、松散土层、渗水、漏洞等隐患，经开挖验证，探测结果与实际隐患吻合较好。

（2）GMD-1高密度电法仪。该仪器技术核心是智能电极，全部操作在计算机上进行，界面简洁，操作方便，还能适时显示仪器的工作状态和所测参数，并以图形方式显示测试结果。其功能包括了直流电法的各种方法，特别适用于堤防工程的质量检测和隐患探测。

5. 探地雷达

目前我国常用的探地雷达分为两类：①从国外引进；②国内研发。代表国外先进水平的探地雷达是美国GSSI公司的SIR-10A型探地雷达和加拿大SSI公司的EKKO-IV型探地雷达，以及瑞典RAMAC/GPR钻孔雷达。瑞典RAMAC/GPR钻孔雷达见图2.18。

国内脉冲探地雷达的研究与实验开始于20世纪80年代初期，此后国内一些高校和科研单位开展了地下目标探测的研究、测量和脉冲探地雷达的研制工作，并在郑州黄河大堤、钱塘江护堤、连云

图 2.18 瑞典 RAMAC/GPR 钻孔雷达

港西大堤以及长江干堤等处广泛应用。

国产探地雷达产品很多，如中国电子科技集团公司第 22 研究所的 LTD－10 型三维成像脉冲探地雷达、长江勘测设计研究院研发的相控阵探地雷达、北京爱迪尔国际探测技术有限公司开发生产的 CBS 系列探地雷达以及中国桑德 12－C 型多功能探地雷达等。

6. 堤防渗漏探测仪

(1) 堤防渗漏探测仪。该类仪器的基本原理是：利用水流场与电流场在一定条件下数学物理上的某些相似性，建立一个人工特殊波形编码电流场去拟合于渗漏水流场，通过测定电流场的分布来查明水流场的流向和相对流速。这是一种新型物理探测技术，适应快速查找渗漏险情的入口部位。

(2) 97.7LT－A 型堤防漏洞自动报警器。该报警器采用多节式轻质玻璃钢管，一段安装一个特制的探头，另一端安装一个报警系统制造而成。玻璃钢管可根据水深加长或缩短，探头是用直径为 40～60cm 钢镀锌圈附加一层高弹性布幕而制成，布幕与钢圈设有若干个触点。如发现洞口，利用流水动力，即可引发报警器或灯管闪烁。使用方法：如发现背河有漏洞，可在临河大堤偎水处的堤坡水下部位，用该报警器探摸，只要前推后拉、左右移动，即可发现洞口。与传统的糠皮法、鸡毛探测法、夜间碎草法、竹竿钓球法、撒石灰或墨水法对比，探洞率达 95%以上。

上述堤防隐患探测新设备，虽然大都具有科学的设计原理，也不乏成功的工程实际检验，但其中有些目前尚处于研制阶段还需要进一步改进和完善，若要实际大范围应用于堤防工程抢险，还需要大量的科研测试和实际抢险。对于有些工程隐患或险情，需要采用几种不同仪器设备进行对比探测和综合分析。

第3章 土堤失事模式及出险路径分析

所谓失事模式，是指失事的外在宏观表现形式和过程规律，一般可理解为失事的性质和类型。土堤工程失事模式是土堤工程风险分析的起点和基础，必须是能够代表土堤失事破坏的典型，并且考虑失事模式可能产生后果的严重程度以及建立风险数学模型的可能性。因此，不能简单地将土堤失事破坏类型（即险情）的表现形式等同于土堤失事模式。基于此，本章将针对土堤常见的险情类型阐述其典型的失事模式，并分析总结土堤典型的失事路径，以此作为典型险情处置的辅助决策手段。

3.1 典型失事模式

土堤典型失事模式可以分为水文失事模式和结构失事模式两类。水文失事模式分为越浪和漫溢，高洪水位下由于波浪越顶冲刷和洪水漫溢均可导致土堤溃决失事。而结构失事模式可以分为地震险情、岸坡失稳和渗透破坏3类。相应地，地震险情分为岸坡地震失稳和地震液化两类。同时，岸坡失稳模式和岸坡地震失稳模式又分为临水面和背水面的相应失事模式。因此，土堤失事模式可分为3个层次8种分项失事模式，其层次结构见图3.1。

3.1.1 水文失事

土堤是防洪工程的重要组成部分，其防洪能力如何对防洪安全具有决定性的影响，是人们非常关注的一个问题。目前我国土堤工程防洪标准的设计主要是根据《堤防工程设计规范》（GB 50286—

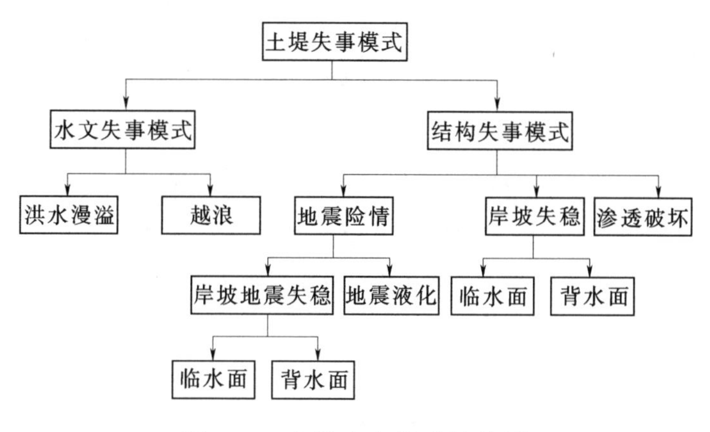

图 3.1 土堤失事模式结构图

2013）中重现期的潮位频率设计方法，超过设计洪水位的频率被广泛视为土堤保护区的安全标准，并被冠以术语“××年一遇”标准。这种方法于当时的社会经济和技术水平是相适应的，也是水利工程中确定防洪标准广泛采用的方法。洪水是一个随机事件，土堤任何设防标准均有可能被特大洪水所超过，致使土堤漫溢溃决。溃决属于水文事件，要完全避免是不可能的。1998 年长江流域大洪水中，长江干堤发生险情 9000 多处，充分暴露出我国土堤防洪标准低这一问题。

土堤水文失事是指土堤在设计、施工和管理运行过程中由于水文因素的不确定或因堤防沉降而引发的失事。土堤水文失事分为洪水漫溢和越浪两种。洪水漫溢是指洪水位已经超过堤顶，直接漫过堤顶造成土堤失稳破坏，见图 3.2。而越浪是指洪水位并没有超过堤顶，而是在高洪水位下，由于风荷载等作用造成波浪爬高，越过堤顶而造成的一种破坏模式，见图 3.3。

3.1.2 渗透破坏

我国大部分江河的堤防工程，都是在与洪水的斗争中逐渐加高培厚而成，堤身质量差，土质复杂，加之因修堤取土破坏了表层防渗层，有的堤内是溃口的渊塘，有的堤下是古河道，有的堤身被白蚁、鼠等动物破坏而形成空洞，这些都是威胁堤防安全的隐患。

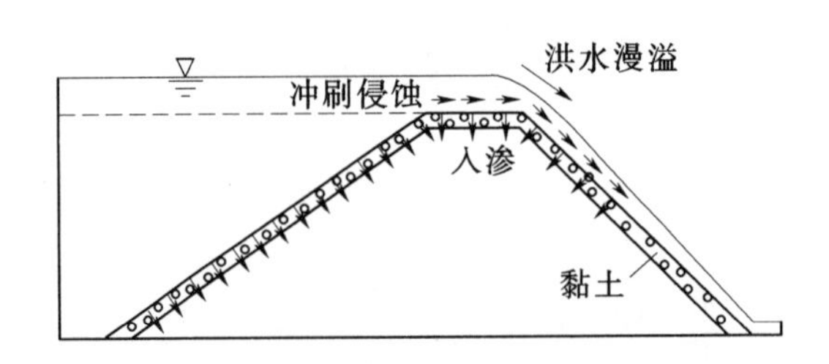

图 3.2　洪水漫溢破坏模式示意图

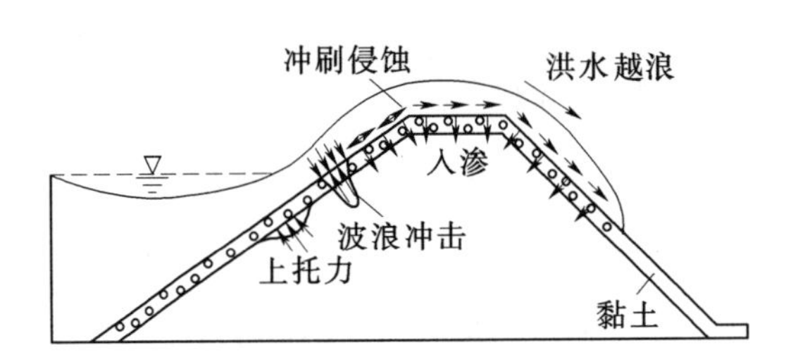

图 3.3　洪水越浪破坏模式示意图

每遇高洪水位时，时常出现管涌、流土、接触冲刷等各种渗透破坏险情，其中绝大部分险情的发生和发展与水的渗流作用有关，且以堤基渗透变形破坏最为严重。大量的洪灾资料表明，管涌对河道堤防破坏危害最大，其发生的数量多，分布范围广，且易诱发重大溃堤险情，是造成土堤失稳破坏的重要原因。因此，渗透破坏特别是管涌问题一直是工程界十分关心的问题，几十年来曾有不少学者对此现象作过研究，提出过一些数学模型。然而，用这些模型所分析的结果与观测到的现象之间有很大出入。这是因为：①土堤地基多为天然地基，堤身施工不规范，土层分布复杂，土质极不均匀，其物理力学特性变异性大；②已有试验资料表明，土体特性参数如颗粒级配、干重度、含水率、渗透特性等，以渗透特性的空间变异最为强烈。

土堤的渗透变形是指在长期渗漏作用下，土体颗粒逐渐流失，导致堤基或堤身变形甚至破坏的现象。工程实践表明，堤基渗透变形可使土体空隙增大，承载力降低，甚至出现管道空洞，导致堤基失稳，在土堤事故中占有很大比例。因此，研究堤基土体渗透变形及其防治措施，是关系到堤防工程安全运行的关键问题之一。

渗透变形是堤防、尤其是江河中下游平原堤防最普遍、最主要的工程水利问题之一。据长江水利委员会防汛办公室的统计资料，1998年长江大洪水期间，长江中下游堤防发生险情总数为73800处，其中因渗透而造成的险情达65100处，渗透险情约占总险情的88%。影响较大的7处溃决中，有5处都是因为渗透变形发展为渗透破坏而溃决。由此可见，分析、研究渗透变形的类型、产生条件，对防止渗透变形的产生、采取应对渗透的控制措施是非常必要的。

1. 渗透变形的类型

在渗透水流的作用下，堤基或堤身土体产生变形的现象称为渗透变形，如果继续发展，则可能发生渗透破坏。通常在土力学或渗流力学中将渗透变形破坏细分为流土、管涌、接触流土和接触冲刷4种破坏形式。

以堤基管涌破坏为典型模式，土堤典型渗透破坏模式见图3.4。

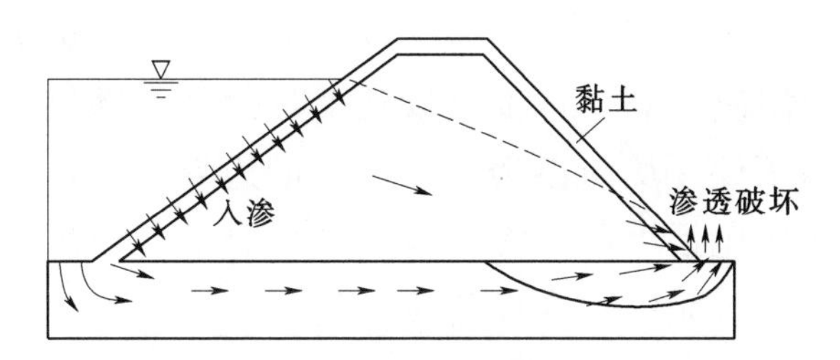

图3.4 土堤典型渗透破坏模式示意图

2. 渗透变形的称谓

每年在汛期，各江河堤防总有渗透险情出现。但在堤基险情的定名称谓上，各地不尽统一，一般多以险情表征现象进行定名，如管涌、管涌群、冒水翻砂、泡泉、土层隆起、大面积砂沸等，多数均以管涌而概括。

但是，堤防工程中的管涌与理论定义的管涌是有区别的。堤防工程管理中的管涌，实际上是渗透变形的总称。以上所述的管涌、管涌群、冒水翻砂、泡泉、土层隆起、大面积砂沸等，均发生在颗粒均匀的砂性土中，按理论定义均属于流土类型，仅是规模、性状有差异。另外，一些接触冲刷，例如堤基与堤身的接触面产生的接触冲刷，同样可以以管涌而概括。

3. 堤基渗透变形产生的条件

渗透变形是土体在渗透水流作用下产生破坏的现象，产生这种现象的条件主要有水力条件、土层土质条件和边界条件。

（1）水力条件。渗透变形的水力条件，主要包括渗流的动水压力及临界水力梯度，实际上是汛期河道中的高水位产生堤内外水头差，这也是产生渗透变形的主要条件。渗流力能够带动细颗粒在孔隙间滚动或移动是发生管涌的水力条件，一般可用管涌的水力梯度来表示。但管涌临界水力梯度的计算至今尚不成熟。

（2）土层土质条件。从土的性质考虑，粉细砂、砂壤土、软壤土、砂卵石等抗渗能力都不高，容易产生渗透变形；从地层结构方面考虑，单层砂性土，双层结构上为砂性土、双层结构上为薄黏性土、多层结构，也容易发生渗透变形；还有一些局部地质缺陷，如人工开挖取土破坏表层土的原有结构、人类活动的历史痕迹、生物洞口以及历史溃决口等，也都是渗透变形的多发部位。

（3）边界条件。堤防渗透变形产生的边界条件，实际上是指其结构特征，主要包括堤防外滩的宽窄、堤身的几何尺寸、表层黏性土的厚薄及其是否完整、穿堤建筑物情况等。

3.1.3　岸坡失稳

土堤岸坡，包含临水面和背水面失稳表现形式多种多样，它可以分为局部失稳和整体失稳两种类型，局部失稳通常可以看作为整体失稳的先兆，而土堤岸坡一旦发生整体失稳，轻者土堤严重破坏，重者造成土堤溃决失事。因此，土堤岸坡稳定性是土堤工程最关心的问题之一，它是土堤工程设计和安全评价的最重要的衡量指标。目前土堤岸坡整体抗滑稳定计算方法多为定值计算的方法，定值设计法是经过长期工程实践证明的一种有效设计方法。但是对于土堤工程这样一个高度不确定性的系统来讲，忽略其固有的不确定性，会造成对土堤工程和安全评价作出偏于危险的估计，这也是实际工程中存在很多堤防抗滑安全系数满足于规范要求而堤防仍然发生滑动失稳现象的原因之一。

目前，国内外对土堤岸坡滑动失稳的研究主要是借鉴边坡工程分析的方法，边坡工程中其应用的理论、方法和手段都存在大量文献，涌现出大批的这方面的研究专家。需要指出的是，土堤工程是一个赋存于一定的水文地质环境之中的复杂系统工程，直接受水的作用，其岸坡滑动失稳破坏与洪水位的特征极为密切，这是土堤岸坡失稳分析与边坡失稳分析一个相当重要的区别。

影响岸坡稳定的主要因素包括：岸坡的地质结构、河道流势、水流状态、岸坡地下水及风浪、行船浪花冲刷等。堤防工程多建于Ⅰ级阶地前缘及漫滩，其中有壤土、砂壤土、粉细砂组成的河岸，在水流条件下极易产生崩岸。在迎着水流和渗水逼岸的河段尤为严重，直接影响堤基和堤防的安全。

土堤岸坡失稳的原因是多方面的，在除险加固前必须对引起失稳的原因进行仔细的分析判断，有针对性地采用相应除险加固措施。除险加固必须以《堤防工程设计规范》（GB 50286—2013）为依据，精心设计和施工，除险加固后堤防的岸坡必须达到设计标准。

不同河流的岸坡结构、河道流势、水流状态、地下水等条件不尽相同。因此，岸坡失稳的发生、发展和形状完全不一样。

据长江典型崩岸的特征调查统计，长江下游崩岸约50%发生在洪水期，22%发生在汛后退水期，而枯水期仅占20%。但在长江中游崩岸的现象全年均有发生。据对长江中下游1800余千米长的河段调查，两岸崩岸的全长达1500km。其中，崩岸强度大的河段，年崩岸可达数百米；而崩岸的分布从中下游河段看是很不均衡的。宜昌至枝城段，河岸比较稳定，很少发生崩岸；荆江河段的下游崩岸多于上游；九江以下的下游河道崩岸，要比九江以上崩岸的现象强烈且分布广，左岸比右岸的崩岸强度大。这些与长江中下游河道的地质地貌条件、河床、河岸的物质组成密切相关。

据有关文献介绍，淮河中下游为广阔的平原，河道比降平缓，河中流速较慢，特别是黄河泛滥夺淮后，造成河道淤塞严重，使淮河“三年一大灾、两年一小灾”成为常态。淮河干流的岸坡总体上比较稳定，但有些堤段岸坡为不稳定的松散砂、粉质土，抗冲刷能力弱；局部河道弯曲、渗水逼岸、迎着主流，易形成冲刷坑及岸坡塌陷，逐渐缩窄滩地，危及堤防的安全。

珠江中游河道中的流速较大，洪水涨落幅度也很大，河岸的岸坡高而陡，除了洪水对岸坡的冲刷外，洪水过后的岸坡滑塌也比较普遍，特别是堤外缺失外滩的迎着主流、深水近岸的堤段，岸坡不稳定性更为突出；珠江下游三角洲河网区众多，不少堤段迎着主流、深水近岸，而堤基岸坡为淤泥、淤泥质土、淤泥质细砂等，强度很低、抗冲刷性能差，岸坡的稳定性必然也差。

因此，土堤岸坡滑动失稳风险率计算模型需考虑临水面岸坡滑动失稳模式和背水面岸坡滑动失稳模式，土堤典型岸坡失稳模式见图 3.5。

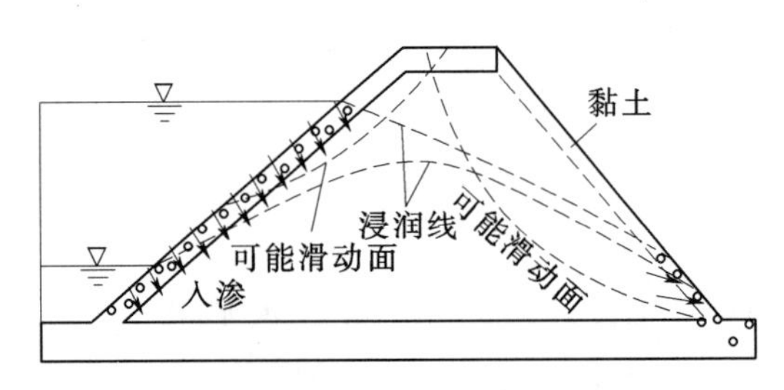

图 3.5　土堤典型岸坡失稳模式示意图

河流凹岸临水岸坡易受水流冲刷侵袭，当岸脚防护设施抵抗不住水流的冲刷力时，岸脚的坡度将逐渐被破坏而变陡，直至失去平衡而破坏。这种破坏多发生在河道弯曲、河势复杂的凹岸堤段，在枯水期和汛期涨水均有发生。

（1）近岸水流的冲刷力。黏土起动试验表明，对于黏性土堤岸，当土体被水流冲动时，是以多颗粒成片或成团的形式起动，即以大小不等的颗粒或泥块为起动单元，冲刷常以局部的“缺陷一扩展一崩溃”的形式出现。对于天然土质河岸，河流冲刷堤岸，岸坡变陡，岸高增加，结果使岸坡发生坍塌，坍塌后的土体在岸坡前淤积，淤积物被水流冲走，又开始新的崩塌和冲刷。

近岸水流的冲刷力，一般可用近岸水流切应力来表示，其值主要与河道的断面形态、宽深比及近岸区的水流结构等因素有关。许多研究工作者在水槽试验中量测了弯道的剪应力分布，但在天然河流中，直接量测剪应力，目前仍有一定困难，因而常采用间接的方法计算剪应力。当前较为常用的间接计算方法是根据纵向流速的垂向分布，利用对数流速分布公式计算水流的切应力。该计算方法计算所得的切应力，在低水位时，较用流速分布计算的切应力大，而在高水位时，则情况正好相反。

对于弯道河岸，最大切应力出现在弯道进口段凸岸一侧及弯道顶点以下的凹岸一侧，这与弯道主流线的变化趋势是一致的。据Hooke在模型中测量的凹岸边壁剪切力表明，当河底为动床时，最大边壁切力出现在水面以下5.0cm深的范围内，再向下受河床表面沙波的影响，其变化很不规则。而当河底为定床时，最大边壁切力在更深处出现。弯道最大切应力的位置和大小取决于横向环流主流之间的相对强弱。在中等流量时，横向环流最强，最大切力区最靠近凹岸和弯顶，随着流量的继续增大，最大剪切力区向下游和河中央移动。

(2) 堤岸土体的抗冲力。河岸土体的抗冲力，一般可用土体的起动切应力来表示。起动切应力与河岸土体的泥沙粒径、级配、颗粒间电化学作用以及边坡坡度等因素有关。要准确确定河岸土体的起动切应力相当复杂，一般采用一些经验或半经验半理论的方法。而对于不同地方土体的土质，在相同水流条件下，边坡上泥沙起动所需的剪切力小于平坡上泥沙起动所需的切应力，即在同水流条件下，岸坡泥沙更容易起动。

(3) 水流冲刷作用下堤岸稳定性。在研究堤岸稳定性中，人们普遍采用的是刚体极限平衡法，仅考虑静力平衡条件和土的摩尔-库仑破坏准则，在忽略渗流影响的情况下建立相应的堤岸稳定性计算模型。

(4) 堤防在河流作用下的冲刷破坏。对堤岸土体而言，当近岸水流冲刷力大于土体抗冲力时，堤岸土体便不可避免地发生冲刷。对于天然土质堤岸，河流冲刷堤岸，岸坡变陡，岸高增加，极易使岸坡发生坍塌，坍塌后的土体在岸坡前淤积，淤积物被水流冲走，又开始新的崩塌和冲刷。对于人工堤岸，河流淘刷堤脚改变了堤脚的几何形状，水流边界条件的变化又反过来影响河势，河势的变化再作用于堤防，堤脚受到进一步淘刷，使堤岸高度增加，堤防发生变形，稳定性降低，当稳定性降低到一定程度后，堤岸在河流动水压力，水流冲刷力等因素的综合影响下，最终发生滑动破坏，威胁堤防安全。

3.1.4　地震险情

地震会使堤身、堤基发生裂缝、坍塌、喷砂、冒水、塌陷等灾害，特别是在汛期会造成堤防溃决、洪水泛滥。

《堤防工程设计规范》(GB 50286—2013) 中指出：位于地震烈度Ⅶ度及其以上地区的 1 级堤防工程，经主管部门批准，应进行抗震设计。而土堤工程地震险情分析作为土堤工程安全鉴定的一种分析方法，在对有抗震要求的土堤进行分析时须考虑发生地震所可能带来的破坏。

岸坡地震失稳模式实际上与静力条件下岸坡失稳模式相似，二者在构建失事模式计算模型存在差异，但在计算给定洪水位条件下破坏条件的方法和手段是相同的。贾超推导了动力作用下土坡的动力安全系数与相应条件下的静力安全系数的关系，探求以数值拟合方法对土坡的失效概率进行计算。

1937 年山东菏泽地震、1966 年河北邢台地震、1969 年渤海湾地震、1975 年辽宁海城地震、1976 年河北唐山地震、2008 年四川汶川大地震等，对堤防工程均有不同程度的损坏。造成这些地震灾害的机理主要包括以下几方面。

(1) 地震产生的惯性力促使堤坡出现塌滑、裂缝。地震惯性力是指发生地震时由地震加速度和建筑物质量所引起的力，地震加速度乘以块体质量等于块体的惯性力。地震加速度可以指向各个方向，惯性力的方向与加速度的方向是相同的。对于较高的堤防，应考虑垂直于堤防轴线的水平惯性力、向上的竖直惯性力。多数堤防工程比较矮，只要考虑堤防滑块最不利的垂直于堤轴线的水平惯性力，这个惯性力加大了堤防塌滑的动力，对堤防的稳定性不利。

（2）中细砂地基震动液化，导致堤基喷砂冒水。级配均匀的中细砂，是容易液化的砂。中细砂发生液化的条件是：①中细砂很松，其相对密度 $D_r \leqslant 0.55$；②中细砂含水量很高，处于饱和状态；③中细砂层顶部没有覆盖，或者覆盖的黏土层厚度不足 1.0～2.0m；④地震烈度越高，越容易出现液化，如果中细砂表面有 2.0m 黏土层覆盖，Ⅷ度地震也不会产生液化；表面有 1.0m 黏土层覆盖，Ⅶ度地震不会产生液化；⑤强烈、持续、快速地震动，如持续强夯、持续爆破，也会使上述饱和中细砂产生液化。

（3）地震加速度过程线是随机的正负波动的加速度曲线，地震波是向各个方向进行的。如果行进波沿着堤防的轴线方向，就会使堤顶发生起伏蠕动，如 1937 年的菏泽地震，部分河堤出现蠕动现象。如果行进波垂直于堤防的轴线，会使堤防向左右方向扭曲摆动成为曲线堤防并产生裂缝。

（4）软土地基上的堤防遇到地震时，软基会发生过大的沉降，地基中软土向堤防的两侧挤出，导致堤防塌陷裂缝。灵敏性黏土地基上的堤防遇到地震时，地基土会发生触变，完全失去承载能力，堤防会出现整体下沉。很松的中细砂地基、软土地基和灵敏性黏土地基，如果位于Ⅵ度以上的地震区，必须认真研究加固措施，才能在其上修建堤防工程。

根据前述分析，单元堤段地震险情失事模式分为岸坡地震失稳模式和地震液化失事模式，土堤典型地震险情失事模式示意图见图 3.6。

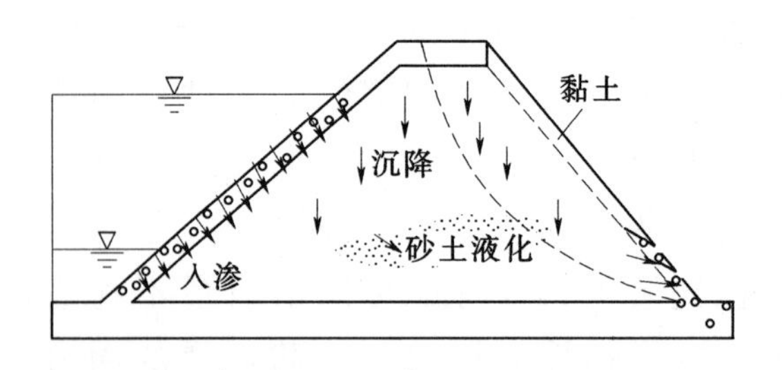

图3.6　土堤典型地震险情失事模式示意图

3.2 土堤出险路径分析

前文分析了土堤在各种因素影响下的典型失事模式，每种失事模式产生后又会由于各种自然条件的变化或人为的干预产生不同的失事路径。本节结合相关的土堤溃决失事情况调研资料，分析总结出土堤主要的失事路径，以此可以作为汛期险情判断和识别的辅助，并可以在识别出险情后，根据分析判断出险路径而制定相应应急抢险或后期除险加固方案。

（1）第一种失事路径见图3.7。

（2）第二种失事路径见图3.8。

（3）第三种失事路径见图3.9。

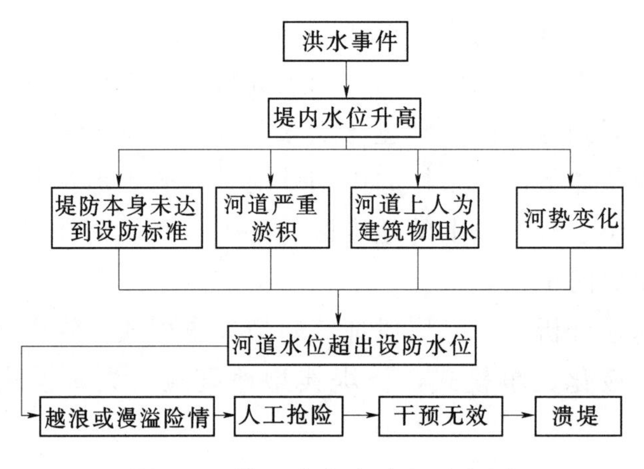

图3.7　第一种失事路径示意图

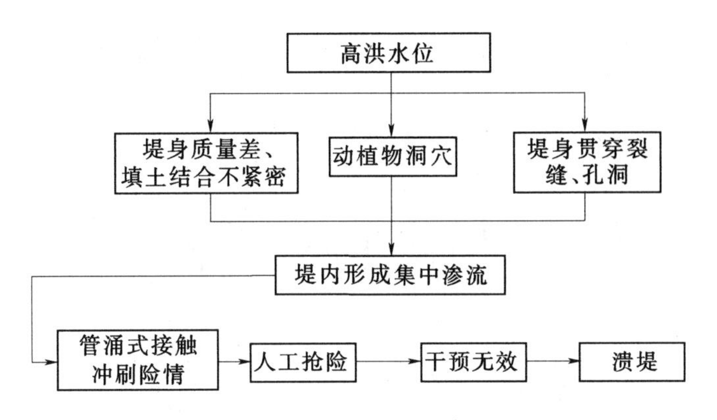

图 3.8 第二种失事路径示意图

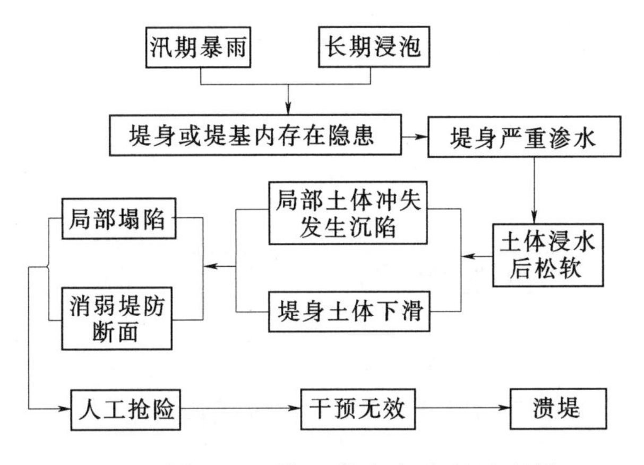

图 3.9 第三种失事路径示意图

(4) 第四种失事路径见图 3.10。

(5) 第五种失事路径见图 3.11。

上面以流程结构图的形式分析了一些工况下土堤出险溃堤的路径，在实际抢险工作中，可针对具体堤段，洪水位与流速、河势、堤基堤身质量、可能存在的缺陷等，利用上述识别方法分析堤防出险模式，据此对可能出现的险情和高风险堤段进行重点防范。同时，还可以根据上述失事路径技术路线，采用可靠度理论、事故树、灰色理论等方法进行堤防失事概率或风险率计算，或辅助进行堤防除险加固决策。

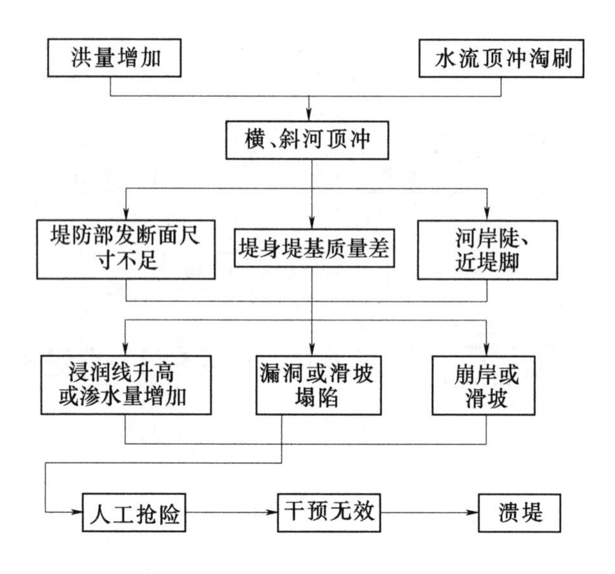

图3.10　第四种失事路径示意图

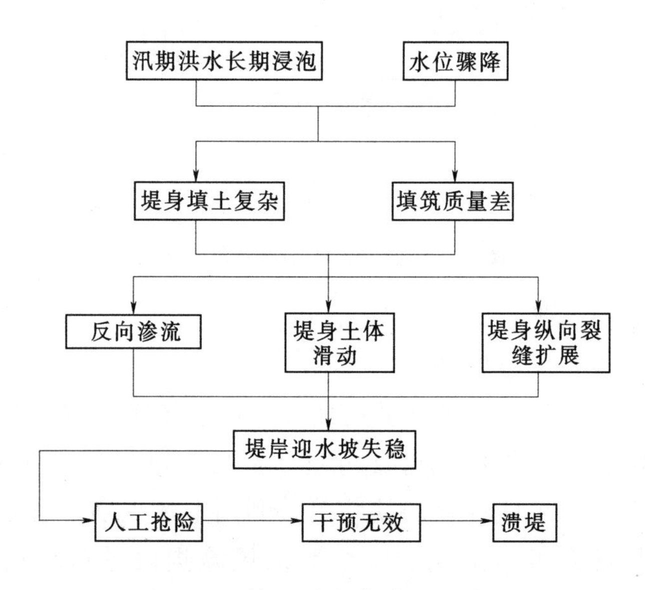

图3.11　第五种失事路径示意图

第4章　土堤溃决特征及应急堵口抢险

在洪水的长期浸泡和冲击作用下，当外力超过土堤的抗力，或者在汛期出险抢护不当或抢护不及时时，将造成土堤溃决。在条件允许的情况下，需进行应急抢险堵口，以免造成更大的损失。在高洪水期进行堵口，技术难度非常大，成功率低，极其危险。历史上，土堤溃决的复堵工作多是在汛后进行，土堤溃决时间过长，造成巨大的洪灾损失。随着社会经济、防洪技术的不断发展，在条件允许的情况下，充分利用新技术、新材料、新工艺对一些重要土堤的决口采取及时有力的措施，制止决口的继续扩展，并实现决口复堵，对减少淹没范围和灾害损失有着十分重要的意义。对一些河床高于两岸地面的悬河决口，及时实现口门复堵，也可以避免河流改道。

本章主要分析土堤溃决特征，阐述其影响因素及发展形态等，并介绍相关的应急对策，包括堵口抢险应急处置工程措施。

4.1　土堤溃决影响因素

影响土堤溃决过程以及溃口尺寸的主要因素有堤防的结构形式、水力荷载、工程质量、筑堤材料种类以及土体的物理指标等。各种因素所产生影响程度不尽相同，本节将针对各种因素的影响进行阐述。

1. 土堤的结构及形态

土堤的主要结构有单一结构和复合结构两种型式。单一结构型式的土堤是指整个堤身用同一种土体填筑而成，即均质土堤；而复合结构型式的土堤主要有如下类型：土堤内部设有黏土防渗墙、堤身外部铺有黏土防渗层以及更为复杂的多层结构。不同的结构型式抵抗水流冲刷的能力、坍塌型式都不同，故溃口发展的过程以及最终的溃口尺寸形态等都有较大差别。复合结构型式的土堤破坏形式将会同时出现表面冲蚀、陡坎冲刷以及结构破坏等，并且其破坏过程还与土堤的密实度以及各层之间的结合程度有关。

同种土堤结构型式，其形态也不尽相同：首先，土堤的坡度，包括临水侧和背水侧坡度存在差异，坡度越缓，堤身越稳定，越不易坍塌，溃口发展相对越慢；土堤表面可能存在的植被保护层也对溃口的发展和形式有影响；土堤还常常设有不同的防渗设施以及岸坡保护措施，可以延缓土堤的破坏。

2. 水力荷载的种类及大小

作用于土堤上的水力荷载的种类在很大程度上影响了土堤溃决的方式。持续的水位条件和变动水位条件对土堤的影响也不尽相同。河流的规模以及土堤所处位置的不同都会导致水流条件的差异，如顺直河段，主流方向平行河岸，基本不存在法向流速，水流对堤防没有顶冲作用，而在弯道凹岸，水流存在法向流速，且水位也较高，从而对土堤有较大威胁，土堤发生漫溢溃决的可能性较大并且溃决的速度也会略快。在河道土堤漫溢溃决中，土堤溃口持续地受到水流冲刷而逐渐扩展。而在海岸土堤中，土堤的漫溢溃决主要是因为受到潮水波浪的冲击作用，涨潮时，溃口不断发展，而在落潮时，由于水位的降低，溃口的发展可能会停止。

3. 筑堤材料的种类

筑堤材料种类对溃决过程有显著影响。筑堤材料通常包括无黏性土、黏性土以及碎石。无黏性土土堤，主要是砂质土堤，溃决速度相对较快。虽然溃决的具体形式和土堤的几何特征有关，但其主要的形式是持续的表面冲刷。随着冲刷不断发展，土堤坡度不断变化，在毛细水压力的作用下，土体内部产生基质吸力，无黏性土表现出类似于黏性土的性质。比如，在溃口形成的过程中，溃口边壁会短暂维持垂直的状态而不是有一定坡度。

黏性土土堤溃决的速度相比于无黏性土堤防要慢很多，而且溃决的过程也有很大不同。溃口发展主要以陡坎冲刷的方式进行，侵蚀面为台阶状，并不断地向上游发展，发展过程中小的陡坎会合并成大的陡坎。这个过程一直持续到冲刷发展至堤顶上游面。

4. 筑堤材料的结构以及状态

土体压实度以及含水率是影响土体尤其是黏性土侵蚀的关键影响因素。比如，在挪威的IMPACT项目中进行的溃堤试验中，将无黏性土夯实筑堤，而黏性土堤在溃决前于水中浸泡使之具有较高的含水率，结果发现黏性土堤反而比无黏性土堤的溃决速度快。这是因为，黏性土的含水率很低时，堆积土体呈固态或者半固态，土体抗剪能力较差，土粒之间比较松散地结合在一起，抗冲能力差；当含水率增加到一定值时，土体周围有弱结合水存在，土体呈塑性状态，土体受外力形状容易改变，外力消失后形状保持不变，此时土体的抗冲性能最佳；含水率继续增大，土中除结合水外，还有相当数量的自由水，土体呈液态，不能承受任何剪应力，抗冲性能很差。

4.2 土堤溃口模式

土堤溃堤原因主要是洪水漫溢、堤基管涌及接触冲刷，土堤溃决模式主要取决于土堤结构型式和材料、堤基类型及导致溃堤的因素。土堤发生决口时，因溃堤洪水冲击力极强，会在堤基中形成比较深的冲坑。在防洪抢险或溃堤洪水分析时，溃决过程模型总体上可分两种：①逐渐溃决模型，即溃口在一定时间 t 内逐渐扩展到最终状态；②瞬时溃决模型，即溃口在瞬间0时间内扩展到最终状态。在堤防溃决洪水计算中，洪水持续时间相对较长，溃口发展时间与之相比极短，无论采用哪种模型，洪水淹没模拟结果不会明显差异。但在制定堵口抢险方案时，需清楚地认识到，在水流冲刷侵蚀作用下，溃口一直在不断地扩展，极大地增加险险难度。

4.2.1　溃口变化影响因素

影响土堤溃口变化的因素很多，主要可归纳为3个方面：①溃口处的水动力因子，如溃口处内、外江水位差、流速等；②溃口处的边界条件，如溃口部位、大小、入流角、堤身堤基土质结构、特性以及含水率等；③高水位持续时间。

对土堤溃口来说，上述3个方面是相互影响和制约的矛盾统一体。当内、外江水位差较大，此时流速大，水流动力因素作用较强，土体难以抵抗水流冲刷时，溃口就迅速扩展，随着溃口断面的不断扩大，水流动力因素作用逐渐减弱，流速减小，此时土堤溃口边界抵抗水流冲刷的能力相对增强，溃口随着粗化保护层的形成而逐渐稳定下来。溃口断面形状则与堤身土体特性和水流作用的时间长短有密切联系。当土堤为砂壤土时，溃口断面极易冲刷扩大，在水流较长时间的作用下，溃口往往会一冲到底，形成矩形溃口断面形状；当土堤为黏土结构时，溃口则较难冲刷，溃口断面往往呈三角形或抛物线形或梯形。当堤身材料级配较均匀时，不易形成抗冲粗化保护层，溃口往往可得到充分的发育；若级配很不均匀，且含有较多的粗颗粒时，往往容易形成抗冲粗化保护层，溃口很容易稳定下来。高水位持续时间或水流作用时间越长，溃口断面越能得到充分的发育。总之，对溃口变化来说，水流作用于土堤溃口边界，溃口边界反过来制约水流；溃口断面的变化及形状主要取决于这二者的具体相互作用。

4.2.2　溃口宽度

(1) 国外的相关统计分析。英国环境署在洪水风险图绘制中对防洪工程溃决参数给出了一套建议值见表4.1。其中，溃口深度为堤顶到堤内坡脚地面的垂直距离。

匈牙利布达佩斯理工大学的Laszlo Nagy博士曾对匈牙利的一些河流做过溃堤案例统计，一些统计结果见表4.2。

表 4.1　　英国环境署推荐采用的防洪工程溃决参数

防洪工程位置	防洪工程类型	溃口宽度/m	堵口历时/h
海岸	土质岸坡	200	72
	沙丘	100	72
	硬化海岸	50	36
	挡潮闸	水闸宽	24
河口	土质岸坡	50	36
	硬化岸坡	20	18
感潮河段	土质岸坡	50	36
	硬化岸坡	20	18
河道	土质岸坡	40	30
	硬化岸坡	20	18

表 4.2　　匈牙利一些河流的溃堤参数

河　流	最大流量 Q_{max}/（$m^3 \cdot s^{-1}$）	溃口宽度/m
多瑙河（Danubu）	10000	110～130
提苏河（Tisza）	4000	100～110
支流河道	600～3000	50～70
小型河流	<600	35

2002年欧洲易北河发生大洪水，造成很多堤段溃决，溃口宽度在20～200m。按照文献统计，溃口宽度符合对数正态分布规律，均值为64m。该值在开展的易北河大尺度洪水风险评价中被采用。Apel等人基于案例报告，认为在下莱茵河堤防，溃口宽度在100～400m，而Kamrath等人则假定该值在50～150m。

（2）国内的相关统计分析。1998年长江和嫩江松花江大洪水期间，发生了大量堤防溃决案例，一些学者对部分案例资料进行了收集整理和初步统计分析见图4.1，其中x为溃口宽度。由统计数据可知，大部分堤防溃口宽度在200～300m。这一经验数据可以在今后为确定溃堤洪水计算的边界条件提供参考。限于案例数量较少，图4.1中没有按照河道流量、堤防结构型式或筑堤材料进行分类统计。

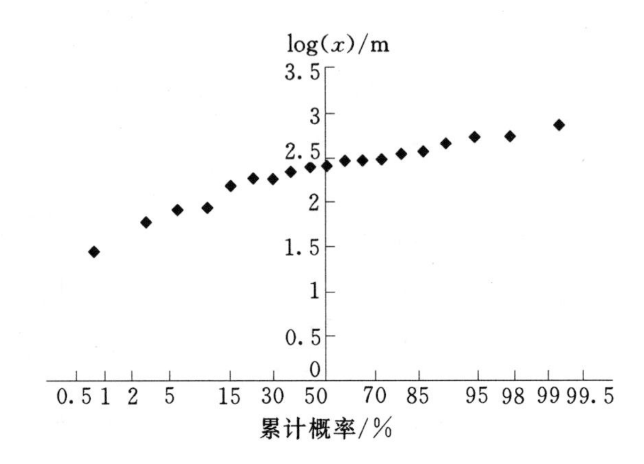

图4.1　我国部分堤防溃口宽度的统计分析结果

4.2.3　溃口发展过程

根据相关研究成果，在堤外无水或水深较小的情况下，漫溢水流运动经历3个不同的流态区：

(1) 水流由静止发展为堤顶上半部分的缓流。

(2) 介于上游缓流区以及下游急流区的堤顶急流区。

(3) 下游坡面上急剧加速的急流。

相应地，土堤的漫溢溃决根据上述水流的不同流态和堤身被侵蚀程度可分为3个区域见图4.2。

冲蚀带Ⅰ，此区域位于堤顶上方偏于河道一侧，水面坡降平缓，流速相对较小，相应的水流切应力也较小，只有极易冲刷的材料所筑成的土堤才会受到冲蚀。冲蚀带Ⅱ，位于堤顶上方靠近堤内一侧，为缓流到急流的过渡带，此区域流速从接近临界流速的缓流过渡到超过临界流速的急流，与冲蚀带Ⅰ相比，尽管此冲蚀带水深变化不大，但水面坡降有较明显的增大，拖曳力也显著增大，在该区堤顶的某些裂隙处，侵蚀时有可能发生，因为该区域的范围很小，一般认为冲蚀发生在堤顶下游边缘。冲蚀带Ⅲ位于土堤下游表

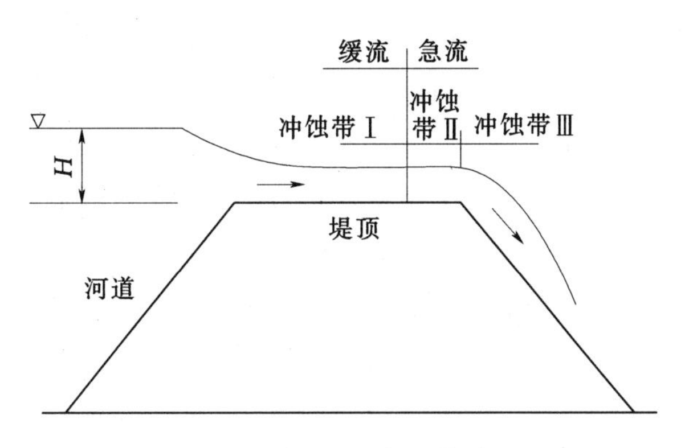

图 4.2　水力及冲蚀带分区

面，此区域底坡远大于前两个冲蚀带，因此水流流速急剧增大，水流由临界流转化为急流，水流紊动加剧，由于水力坡度变化剧烈，水流切应力也随之急剧增大，因此该区域冲刷较严重。此区域通常产生掺气、空蚀等现象，在计算重力的时候需要进行修正以便将掺气的影响考虑在内。

土堤漫溢溃决的发生和发展是一个复杂的水-土动力学过程，以上所述为土堤漫溢溃决侵蚀的简单概括，对于无黏性土堤和黏性土堤，由于两者组成材料的物理性质的差异，其溃口侵蚀过程具有较大的差异。对于无黏性土堤，由于土粒较粗，比表面积较小，在粒间作用力中，重力起主要作用，颗粒之间没有黏性，形成的结构是单粒结构。但是当无黏性土颗粒之间的缝隙存在毛细角边水时，颗粒之间还存在毛细水压力，毛细水压力增加了土体颗粒之间的联结，使土体颗粒之间存在假黏性力，但是这种作用通常是暂时的。而黏性土颗粒通常比表面积大，重量轻，颗粒间的范德华力、库仑力、胶结作用力、毛细压力等占主导地位。因此黏性土常以凝聚体的形态存在，而不是像无黏性土那样以单颗粒存在。因此这两种土堤在发展形式上也有所不同。大量的试验表明，无黏性堤的溃决过程以表面侵蚀后退为主，而黏性土堤的溃决过程则以“陡坎”冲刷模式为主。两种冲刷均表现为侵蚀后退，只是侵蚀的速率和侵蚀面存在差别。两者的溃口发展过程中均存在一种临界状态：侵蚀扩展到土堤顶部上游边缘，导致水流大量漫过堤顶，侵蚀加快，但是这种临界状态出现的时间会因土堤形式以及水流条件不同而有所变化。实际上，陡坎形式的冲刷也可能出现在无黏性土堤溃决过程中，而表面冲蚀亦有可能出现在黏性土堤溃决过程中，不能一概而论。因为溃口发展过程最终取决于土体强度或者抗冲蚀性。而土体强度除与筑堤土体类型有关外，还与土体的压实度以及含水率有关。对于无黏性土，如果压实度比较大，抗冲能力将大大提高；而对于黏性土材料，如果含水率太低或者太高，土体抗冲能力则下降。以下区分的无黏性土堤以及黏性土堤的溃口发展过程仅针对一般情况而言。

1. 无黏性土堤溃口发展过程

无黏性土堤的溃决过程具有一定的代表性，许多学者也都通过试验得到了相似的结论。金家麟将冲蚀带分为 3 部分，分析每部分的水流运动状况，得出冲刷始于溃口下游，并向上游发展；黄金池也通过水槽试验等手段研究了溃口的溯源冲刷现象，其中以 Visser 等人提出的无黏性土堤溃口发展模型最为细致，具有一定的代表性。模型中堤身主要由无黏性土筑成，假设堤身外表的黏性土防护层对溃口发展基本没影响，堤身中不存在心墙等建筑物。

在初始时刻假定土堤表面存在一个初始的冲槽，$t=t_0$ 时刻，水流从堤顶的初始溃口流过，溃决过程开始，溃决过程可分为 5 个阶段，见图 4.3。

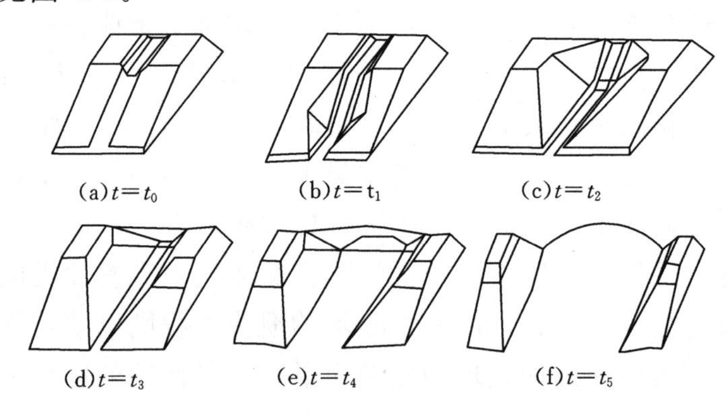

图 4.3　无黏性土堤溃口发展过程

前3个阶段，($t_0 \leqslant t \leqslant t_3$)，漫溢水流较为稳定，流量变化不大。由于漫溢水流的冲刷，溃口表面以一定的角度侵蚀后退，堤身不断后退。第一个阶段，溃口处堤身两侧坡角由初始时刻的 β_0 变为某个临界坡角 β_1 ($t=t_1$)，此后坡角保持不变。第二阶段末 ($t=t_2$) 时，溃口发展至堤顶上游侧，溃口高程迅速降低，溃堤流量迅速增大。$t=t_3$ 时堤身全部被侵蚀，溃口处水流流量急剧增大，因此这一时刻也是溃口发展的转折点所在。

以上3个阶段以溃口垂向侵蚀为主，其溃口剖面图变化见图4.4。第四阶段开始，溃堤水流由急流逐渐变成临界流，溃口的发展在冲深的同时伴有较为剧烈的横向扩宽。之后 ($t=t_4$)，堤内水位不断上涨，并影响溃堤水流，溃口处流量逐渐减小并开始趋于稳定。$t=t_5$ 时溃堤水流流速减小至筑堤材料的起动流速，溃口发展结束，流量趋于平稳。

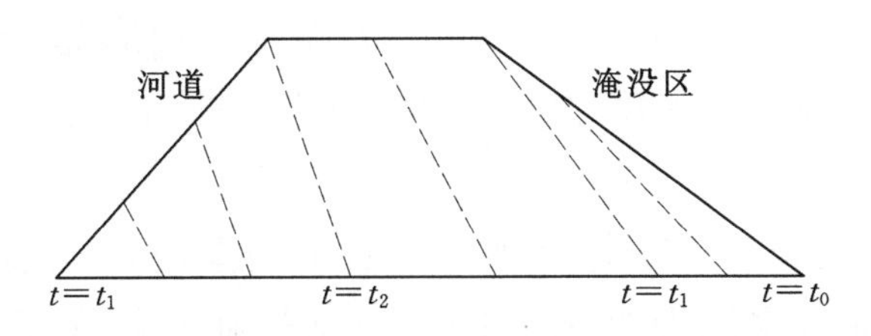

图4.4 无黏性土堤溃口发展过程

除此之外，Chinnarasri 进行了一系列的漫溢溃堤水槽实验，通过测量土堤溃决过程中纵剖面的变化，将上游坡面采取防渗措施的无黏性土堤纵剖面的发展分为4个阶段，见图4.5。

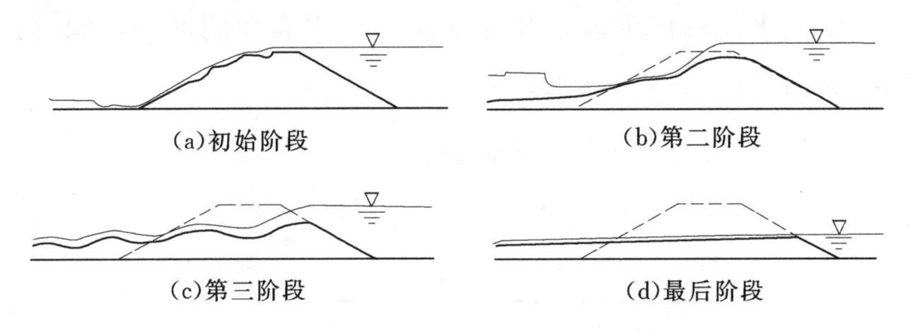

图4.5 无黏性土堤纵剖面变化过程

（1）初始阶段［图4.5（a)］。当上游水位略高于堤顶高程时，水流开始漫溢。初始的纵向侵蚀始于堤顶的下游侧，该部位首先被冲刷，其上游侧没有冲刷；堤顶及背水侧冲刷微弱，水面基本和土堤表面平行，漫溢溃决流量与宽顶堰溢流相符。

（2）第二阶段［图4.5（b)］。随着溃堤流量的加大和流速的增加，土堤冲刷速率也急速增长。通常情况下，土体运动以推移质运动为主，溃堤流量在此阶段达到最大。而堤顶下游侧部分出现滑动破坏，水面开始与土堤表面不平行，水流流经坡脚时形成水跃。

（3）第三阶段［图4.5（c)］。溃决流量和土堤侵蚀速度降低。随着堤顶高程的降低，上下游水头差逐渐减小。土堤侵蚀速度与水流流量以及筑堤材料的抗冲性有关。堤防纵向形态出现沙波。

（4）最后阶段［图4.5（d)］。土堤溃口形态趋于稳定，稳定后的形态为均匀的小坡度平面。水流形态基本为弗劳德数大于1的均匀缓流。

另外，Dupont通过实验观察到的土堤垂向侵蚀过程与上述的观察略有不同。水流漫过土堤以后，首先在土堤顶部渗透进入堤身，在堤顶形成渗流小坑，渗透水流逐渐运行直至下游坡面，在渗流的作用下，下游坡面发生剪切破坏，滑落。该过程从下游不断向上游发展，下游坡面表面随时间围绕某个轴旋转，见图4.6。在该旋转轴以上，坡面冲刷下切，而在其以下的坡面则不断淤积增高。此后，堤顶水流形成射流，从而加剧了土堤表面的冲刷，同时该阶段土堤表面形态也出现沙垄。

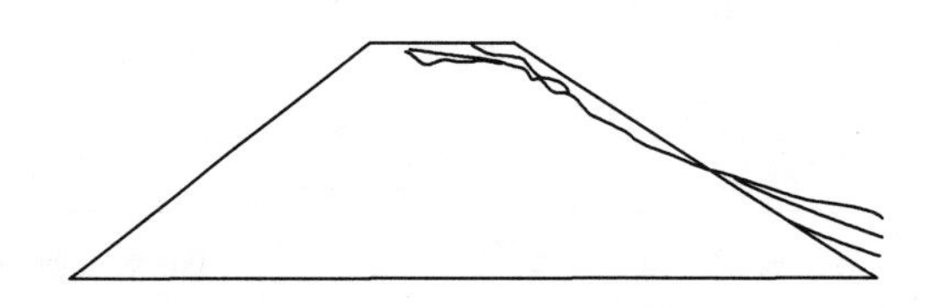

图4.6　无黏性土堤纵剖面变化过程

Visser 提出的溃口发展过程与后面的两种溃口发展过程，侵蚀都是从堤身下游坡面开始，而且都是逐步向上游发展，堤身高程逐步降低。但是也有明显的区别：一是坡面角度的不同，Visser 的模型里，溃口向上游发展的过程中，下游坡面基本上是呈一个不变的角度，而后两种模型下游坡面都是逐步变缓的；另外 Visser 的模型中堤身全部被水流冲走，而两种模型在堤身侵蚀后退的过程中，坡脚呈逐渐淤积的状态。相对来说，后两种溃口发展过程基于试验观测，更为合理和贴近实际。而 Visser 的溃口发展模型是在大量观测资料的基础上经过简化抽象，为建立数学模型而提炼出来的，忽略了很多复杂的要素。

2. 黏性土堤溃口发展过程

在同样的土堤形态以及水力条件下，由于黏性土堤的弱透水性以及土粒间黏结力的存在，其抗冲性相对来说要强于无黏性土堤。由于其透水性低，在下游边坡无渗流逸出，冲蚀开始于下游坝趾，在下泄水流强烈的紊动冲刷作用下沿坡面向上发展。在坡脚遭受底切后，下游坡面的大块土体在张力和剪切力的作用下滑落，并被水流带走，形成陡坎。黏性土堤与无黏性土堤溃口发展过程的最大区别在于“陡坎”冲刷模式的出现。Ralston 和 Powledge 的观测以及 Pugh 和 Dodge 的室内试验表明，陡坎的形成和发展是黏性土堤漫溢侵蚀的最关键的机制。陡坎为地面高程的突降处，水流形态类似于瀑布状。陡坎冲刷模型可以较为合理地描述黏性土堤的溃决过程。陡坎可能始于下游坡面的任何位置，但最常见的是在下游坡面的坡脚附近形成小规模的陡坎，陡坎上的水流产生反向漩涡，侵蚀陡坎基础，使陡坎失稳坍塌，陡坎增大并向上游继续发展。有时也会在土堤下游坡面形成一系列阶梯状的陡坎，小的陡坎在水流作用下逐渐合并为较大的陡坎，陡坎逐渐后退直到堤防完全溃决。此后堤顶高程不断降低，溃决流量增大，反过来加剧溃口的冲深和扩宽。

Temple 等人认为水流冲刷堤防表面，由于溃口下游表面坡降远大于堤顶，因此冲刷首先在此位置出现。冲刷形态表现出具有随机性的小台阶，类似于多个小瀑布，称之为“陡坎”，而并非无黏性土堤防冲刷时所表现出的平行冲刷后退。初次形成的众多小陡坎随后逐渐合并，形成较大的多级台阶状陡坎，如此冲刷逐步进行并向溃口上游发展。据此将黏性土堤的溃决过程划分为如下 4 个阶段，见图 4.7。

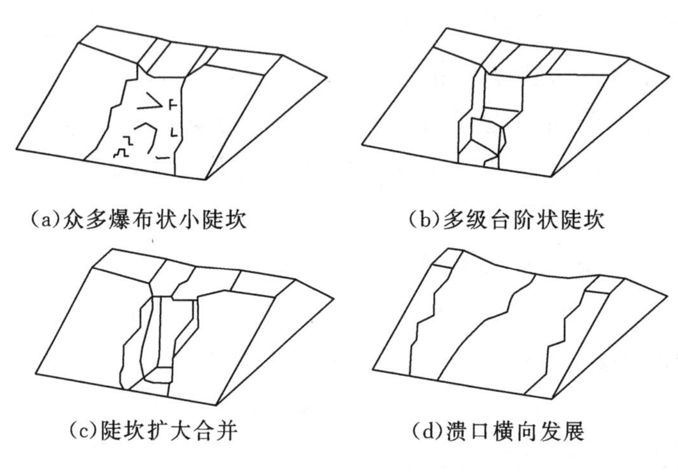

(a)众多爆布状小陡坎　(b)多级台阶状陡坎　(c)陡坎扩大合并　(d)溃口横向发展

图 4.7　黏性土堤溃口发展过程

(1) 第一阶段［图 4.7 (a)］。漫溢水流在下游坝坡形成小瀑布状冲刷，冲刷形态具有随机性。此阶段的冲刷基本上不会影响溃口的流量过程。

(2) 第二阶段［图 4.7 (b)］。第一阶段形成的细小冲沟随着进一步的冲刷产生崩塌，并逐渐扩大合并，形成较大的阶梯状陡坎，在陡坎尚未向上游发展至溃口上游面时，陡坎的崩塌扩大对溃口流量的变化影响不大。

(3) 第三阶段［图 4.7 (c)］。随着陡坎的侵蚀后退，多级阶梯状陡坎扩大合并成为更大的陡坎，并发展至溃口上游面，随着陡坎侵蚀的进一步发展，此阶段末溃口上游面产生崩塌，使堤顶高程急剧降低，水流流量急剧增大，从而进一步加快了溃口的冲深和展宽过程。

(4) 第四阶段［图 4.7 (d)］。溃口处土堤完全冲毁，水流流量急剧增大，溃口处土堤开始展宽，溃口上游水位降低，下游水位快速升高，流量从峰值开始减小直至达到较为平稳的状态，当土堤材料的抗冲能力与水流的冲刷能力相当时，冲深展宽过程停止，溃口发展过程结束。

4.2.4 溃决形式

1. 溃口垂向发展方式

无黏性土堤溃口的形成始于土堤背水侧冲刷沟的形成。冲刷沟形成的原因则是因为背水坡塌陷导致坡面不平整，堤顶以及背水坡出现凹陷，水流漫顶后则汇集到凹陷处并下切背水坡的凹陷处，这使得水流进一步集中，从而出现沿坡面方向的冲沟。此时冲沟纵剖面与初始的土堤背水侧并不平行，沟头处存在小的陡坎，但是不致使水流与坡面分离，冲沟下部分冲蚀，沟头处则有小规模塌落，这导致沟头逐渐向迎水侧延伸，直至抵达土堤迎水面，此时的沟缘比较明显；横剖面形态方面，上窄下宽，上部呈 V 字形，下部呈 U 字形，在沟口即坡脚处的床面上，有部分水流挟带的泥沙淤积。在此之后，由于沟头已无法再向上游延伸，溯源侵蚀停止，冲沟在水流侵蚀作用下仍继续下切，同时侧向侵蚀加剧并伴有侧向的崩塌，溃口不断展宽。另外，由于冲沟的上冲下淤，冲沟纵剖面渐趋平缓。由此可见，冲刷沟的形成具有自后向前、即溯源冲刷的特点，但是冲沟形成以后，溃口的垂向发展则主要通过自上而下的连续下切。无黏性土堤水流典型形态及剖面形态见图 4.8。

黏性土堤溃口发展的主要模式为陡坎溯源侵蚀，发展方向主要是自后向前。侵蚀首先在土堤背水侧坡脚或背水侧坡面其他薄弱部分出现，形成陡坎，并最终形成一个大的陡坎，见图 4.9。溢流水舌下泄，在陡坎底部形成漩滚，侵蚀坡脚，陡坎底部后退，后退速度与水流切应力以及土体抗冲性能有关：水流切应力的影响因素主要有流量、尾水位、陡坎几何形态、渗流和风化作用；黏性土抗冲性能主要与土体含水率和密实度有关。另外，水流刚漫顶时，土体干湿变化，造成土体表面干裂，而且水流紧贴坡面，因此刚开始时冲刷速率较快，之后则稳定在一定值。河床为动河床时，在水流冲击作用下形成冲刷坑，对水流起到缓冲作用，可降低陡坎冲刷速度。陡坎底部后退一定距离后，当上部分土体的自身重力、水流重力以及陡坎上部水流剪切力作用大于土体的黏结力和底部水压力的作用时，土体发生坍塌。陡坎底部冲刷以及上部的坍塌交替，使得陡坎逐渐后退，一直后退至堤防迎水侧，堤防迎水侧被侵蚀殆尽后，垂向发展完毕。黏性土堤溃口的垂向发展过程中，堤顶高程基本不降低，受水流冲刷的影响不大。

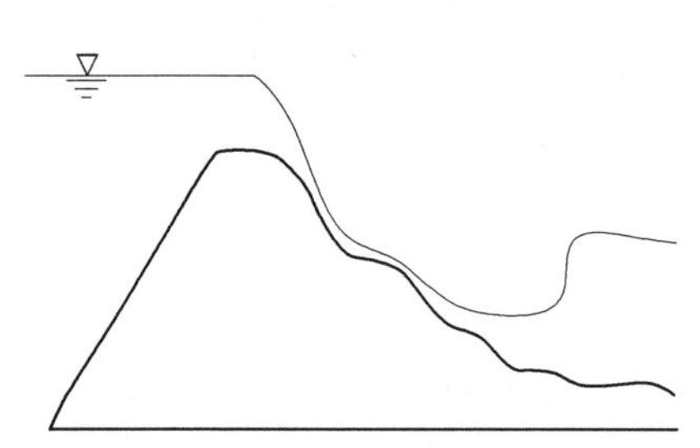

图 4.8　无黏性土堤溃决水流形态

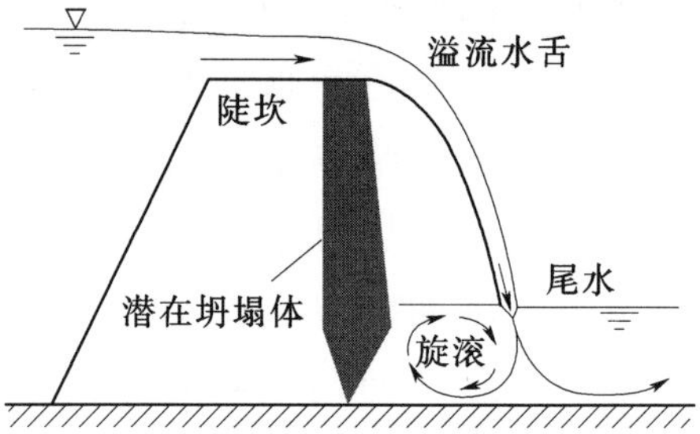

溢流水舌
陡坎
尾水
潜在坍塌体
旋滚

图 4.9　黏性土堤陡坎破坏

无黏性土堤与黏性土堤漫溢溃决垂向破坏方式不同的根本原因是筑堤土体特性不同导致的水土耦合作用的方式不同。对于黏性土堤，由于影响其抗冲力的主要因素为土体颗粒间的黏结力，而通常情况下这样的黏结力也远远大过无黏性土堤土体颗粒的重力作用，导致黏性土堤在溃决时其土体不易起动。正因为如此，溃决初始时土堤基本不受水流侵蚀，使水流沿最初的土堤横断面形态缓缓流下，土堤背水坡面的水流流速大于堤顶流速，且在堤脚处形成紊动。正是这样的水流形态以及土堤较强的抗冲力使得土堤不被大面积冲刷，而只在堤脚或者背水侧坡面薄弱的地方形成了小的冲刷坑，而冲刷坑的出现又导致了陡坎水流形态的出现，陡坎水流则加剧了冲刷坑的侵蚀，侵蚀逐渐扩大后退。而无黏性土堤由于抗冲性差，溃堤初始就很快形成了冲刷槽，从而不会出现黏性土堤溃决中的水流形态，自然也不会出现陡坎冲刷。

2. 展宽特点

由于无黏性堤抗冲能力较弱，而且冲槽形成以后水流就具有较大流速，因此无黏性土堤决口的横向展宽在溃口垂向发展的过程中就开始出现了；而黏性土堤决口由于在垂向发展的过程中，堤顶高程基本不降低，堤顶流速较小，而陡坎水流只对陡坎主体具有较大的破坏作用，对溃口两侧土体作用较小，因此黏性土堤的展宽主要在溃口垂向发展完毕以后才开始出现，在溃口垂向发展阶段，只在背水侧底部溃口两侧土体略有冲刷侵蚀。另外，由于无黏性土堤颗粒间黏结力甚微，在展宽过程中，溃口两侧边壁的水下部分受水流侵蚀以后，相应的水上部分由于无法支撑自身重量而紧接着塌落；但是黏性土堤则不然，水下部分被侵蚀以后，水上部分可以形成较长的悬臂，可以支撑较长的时间。

3. 溃口形态

两种土堤不论在溃决过程中还是最终的溃口形态都不尽相同。发展过程中，无黏性土堤溃口在垂向上为坡度较小的坡面，外江侧较高，内江侧较低，横向上基本不存在悬臂；而黏性土堤垂向上则为陡坎形态，横向展宽过程中存在较长的悬臂。最终的溃口形态方面，无黏性土堤溃口底部呈舌状，有残存的泥沙；而黏性土堤溃口底部中间部位没有残存的泥沙，固定河床出露。

4.2.5　分洪口门最佳位置与尺寸

在高洪水非常时期，对某一河段而言，当上游来水超过本河段堤防所能约束通过的泄量时，为避免出现的不可控局面，经充分评估，可采用应急分流措施。其手段之一是人工破堤，通过分洪口门将洪水导入其他河道或蓄滞洪区。这就需要事先对可能分洪破堤位置和尺寸进行分析，从损失最小角度出发，提出可行方案。

分洪口门最佳位置与尺寸的优选涉及到多方面，主要须考虑的因素有：①分洪口门位置须有利于入流，即分洪入流阻力小，进流效果好，且口门不淤积；②口门开挖、爆破工程量小，有利于迅速分流；③分洪过后的溃口断面有利于复堤；④分洪区的分洪速度与分洪水量恰当，以使分洪区内外的损失降到最小等。

根据长江与汉江已有的分洪口门实际资料分析，分洪口门宜选在堤线与江流主流线成 30°～50°夹角的堤段，这种情况一般多在河流弯道的凹岸。从河流动力学和水力学的角度看，河流弯道凹岸，由于弯道环流的作用，分洪口门不易形成淤积，且水流阻力小，进流条件好。但分流口门位置也不宜选在凹岸堤线与江流主流线夹角垂直处，夹角垂直，迎流顶冲，分洪进流条件虽好，但需考虑防冲设施；同时迎流顶冲，口门扩宽过宽，将给复堤带来不利。此外因势利导，利用外滩或江心洲为分流鱼嘴设置分洪口门，可扩大口门分流效果。分洪溃口位置选在河流的直流段或河流动力轴线的凸岸时，一般情况下，进流效果与口门扩宽均不理想，有的口门还往往会出现淤积，或淤死。

分洪口门最佳断面尺寸确定主要问题是溃口宽度设计和控制。在一定的水头下，当口门水深一定，口门大过流断面大，分洪流量相应也大。但口门过大往往会给分洪区造成较大的损失，且给分洪后的复堤带来困难；而口门过小则达不到分洪降低外江水位要求的幅度。分洪的目的就是要以最小的代价避免可能出现的较大损失，合理的口门宽度应是以最小的溃口过流断面能刚好通过确保外江上下游要求降低水位幅度规定值的流量。基于上述考虑，根据折中寻优的优选法，求得溃口最佳设计口门宽度为：

$$b_u = 0.134358 \frac{\Delta Q}{h_t^{7/6} d^{1/3}} \tag{4.1}$$

式中：h_t 为溃口土堤高度；d 为溃口土堤土壤代表粒径；ΔQ 为外江要求降低水位幅度需分洪的流量。

为保证溃口口门宽刚好达到最佳值，可在计算出的口门宽度线上预先堆放些块石等护岸材料，当溃口冲刷到此处时，岸上堆放的块石等自动掉入水中实施裹头控制保护，使口门不再扩宽。当内外江水位差较大时，可在分洪溃口处的内江底部预先抛些块石护底，以免分洪溃口时形成较深的局部冲刷坑，给复堤带来不利。

4.3 应急堵口抢险处置

4.3.1 应急堵口对策

土堤溃决应急对策是洪水风险控制的重要措施，是风险管理体系的重要组成部分。由于堵口抢险的复杂性，目前的技术成果多集中在历史堵口抢险经验的总结与堵口材料选择上，系统性的溃口应急对策研究成果较少，特别是对一些长期未发生洪水灾害的江河中下游地区，制定抢险应急对策对于应对随时可能发生的洪水灾害具有重要的意义。

1. 制定应急对策的原则

（1）实时性。平原地区土堤溃决会短时间内造成防洪区淹没，造成巨大的生命财产损失。因此，时间是对策制定需要考虑的关键性因素，一旦发生溃口险情，要及时有效地开展抢险救灾工作，最大限度地减少洪灾损失。

（2）系统性。土堤溃口抢险是一个非常复杂的系统性工作，往往是多个部门联合行动，而且由于天气的影响，也会带来诸多不确定性。在制定对策时，要明确目标与责任分工，建立事件处理的联动机制，避免慌乱。

（3）可操作性。要充分利用研究区域现有的防洪工程与非工程措施，制定可操作性强的溃口抢险应急措施，针对制定的溃口应急总体目标，确定总体对策与具体的实施方案。

2. 总体对策

借鉴已有的堤防溃口应急对策，结合目标区域下游防洪形势、堤防特点与风险图绘制成果，提出溃口应急总体对策如下：前期准备，应对溃堤；抢修裹头，控制口门；趁机减洪，及时堵口；风险预警，紧急撤离；排围结合，尽力救灾；灾情评估，展开重建。也可以概括为“裹、减、堵、撤、排、围、建”。

3. 应急对策方案

（1）前期准备，应对溃堤。土堤溃口抢险具有时间紧、任务急、技术性强、地方群众参与等特点，要取得抢险工作的全面胜利，一靠及时发现险情，二靠及时有效的抢险措施，三靠人力、物料和后勤保障跟得上。因此做好土堤溃口应急准备工作显得非常重要，在汛期到来前，要做好以下几方面工作：①宣传教育工作，提高广大群众防汛抗灾的意识；②组织动员工作，组建防汛抢险队伍；③物质准备工作，储备充足的防汛抢险器材和物料；④制定防御洪水预案，优选洪水调度和防汛抢险方案。

在汛期要做好：①洪水预报、预警工作。开展洪水预报、警报和汛情通报工作，掌握水情、雨情、工情和灾情，确保通信畅通和各项防汛信息的上传下达；②堤防险情巡查工作。巡堤查险人员要明确责任，严格按查险制度进行拉网巡查，不漏疑点，及早发现险情，及早采取应对措施。

（2）抢修裹头，控制口门。多数土堤质地较差，溃口发生后，水流从缺口处流出，口门会迅速向两侧展宽和向底部刷深，因此，为防止水流冲刷扩大口门，应及时采取防护措施，对口门两端的堤头或后退适当距离挖断堤身进行裹护，为下一步实施堵口创造条件。具体的操作过程将在下文的溃口应急处置技术中论述。

（3）趁机减洪，及时堵口。利用溃口土堤上游现有的防洪工程或者通过及时抢修引水工程进行拦洪或引洪，以消减洪峰溃口堤段洪水流量，降低口门处水位和通过口门的洪水流速，为口门堵口创造条件。具体减洪措施主要有“拦”：利用上游水库拦蓄洪水；“导”：通过筑挑水坝和挖引河使水流入大河；“分”：利用决口口门上游的分滞洪区或灌溉引水渠分蓄洪水。一般来讲，我国多数干流均有水库进行洪水调节，支流上有调洪水库，同时沿河还有引水闸、排灌闸等分洪工程，分两种情况：①当未发生超标准洪水溃堤时，可以利用水库进行拦蓄洪水、沿河灌溉引水闸进行分滞洪水；②当发生超标准洪水时，为了保证水库安全，必须按照设计出库流量进行下泄。因此，只能采取“分”和“导”的措施。达到减洪目的后，在洪水开始消退到下次洪水到来之前要采用适宜技术和材料及时堵口。

（4）风险预警，紧急撤离。下游地势平坦地区，一旦溃口发生，洪泛区的生命财产就面临着洪水的威胁。因此，必须利用已有洪水风险图或其他资料，评估洪水可能造成的淹没范围、淹没历时与到达时间，开展洪水风险预警，通告当地群众协助救灾人员做好紧急撤离工作。撤离路线可以根据洪灾避险迁移预案等进行制定。同时，也应做好后期降雨、洪水预报等工作，掌握上游的来水情况，为下游的堵口及救灾工作提供基础信息。

（5）排围结合，尽力救灾。及时外排洪水或者将洪水控制在一定范围内，为救灾争取时间，减少灾害损失，也是溃口应急的重要措施之一。“排”的途径主要有：利用洪泛区内现有河道、引水渠等洪水设施和公路、铁路等挡水设施，疏通溃口流路，加修临时堤防，使溃堤洪水尽量外排，以减少洪泛区淹没水深和淹没历时，同时应根据已有的地形资料，筹划洪泛区水流出路，留出水路。“围”的途径主要有：利用地形或已有挡水建筑物加高成临时围堤，采取牺牲局部保护重点对策，保护重点的城市和重要工矿企业。同时也可以利用洪泛区内的高地、公路、铁路、渠堤等建筑物抢修临时挡水工程，达到与“排”结合减少泛区淹没面积和利于排水。

（6）灾情评估，展开重建。灾情发生后，一方面要做好受灾群众的撤离工作，同时还应从物质和精神上安顿好受灾群众，特别是对在洪灾中造成巨大生命财产损失的群众，避免洪灾引起的次生事件发生，包括群众骚乱等，阻碍抢险工作的顺利开展。同时，在洪水稳定后，应及时利用建立的洪灾损失评估模型开展灾情评估，分析此次土堤溃口造成的损失，为展开灾区重建工作做好准备。

4.3.2 堵口抢险技术

溃口险情的发生，具有明显的突发性，因此要采用合适的堵截措施以防止事态扩大。

（1）常规封堵技术。常规的封堵方法为向决口抛石、石笼石串、钢筋笼，或刚溃决时在口门上游沉船或叠放长木料、型钢横截口门，再抛土石料，来堵住决口。堵口方法有3类，即：①口门上打桩架桥后在桥面上或用船抛物料为平堵，②从口门两端堤头同时向中间进堵为立堵；③二者结合使用混合堵的方式。

（2）钢木土石组合坝封堵技术。常规封堵技术中的平堵、立堵与混合堵，对于堵复中小河流的溃堤决口和水浅、流缓或口门窄的决口效果较好，而对于大江大河的决堤或水深、流急、宽口门的溃口很难奏效，一般只有等汛后或洪水过后才能堵口复堤。钢木土石组合坝堵口技术解决了这一难题。因此，不论大江大河、中小河流，都可以使用，应用范围广泛。

4.3.2.1　常规封堵技术

1. 抢筑裹头

堤防一旦溃决，水流冲刷扩大溃口口门，以致口门的发展速度很快，其宽度通常要达到200～300m才能达到稳定状态。如能及时抢筑裹头，就能防止险情进一步发展，减少此后封堵的难度。同时，抢筑坚固的裹头，也是堤防决口封堵的必要准备工作。要根据不同决口处的水位差、流速及决口处的地形、地质条件，确定有效抢筑裹头的措施。主要是选择抛投物的尺寸，以满足抗冲稳定性的要求；选择裹头形式，以满足施工要求。当口门处流速较小时，可采用抛枕垫、土枕、抛石、抛铁丝笼、钢筋笼（内装块石或砂袋）直接裹覆堤头。通常，在水浅流缓、土质较好的地带，可在堤头周围打桩，桩后填柳或柴料厢护或抛石裹护。在水深流急、土质较差的地带，则要考虑采用抗冲流速较大的石笼等进行裹护。

当流速超过3.0m/s时，仅采用人力抛石裹护难以奏效。可采用下述边坡较缓的裹头形式保护，避免采用直立裹头保护。

（1）钢管构架抛石裹头。首先在两侧残堤堤头周围插打钢管直至进入水中不少于2.0m，并用水平联系杆件固接成钢管构架起拦石作用，内抛块石及石袋，稳住门口。

（2）采用螺旋锚方法施工。螺旋锚杆首部带有特殊的锚针，可以迅速下铺入土，并具有较大的垂直承载力和侧向抗冲力。首先在堤防迎水面安装两排一定根数的螺旋锚，抛下砂石袋后，挡住急流对堤防的正面冲刷，减缓堤头的崩塌速度；然后由堤头处包裹向背水面安装两排螺旋锚抛向砂石袋，挡住急流对堤头的激流冲刷和回流对堤背的淘刷。

(3) 采用土工合成材料或橡胶布裹护的施工方案。将土工合成材料或橡胶布铺展开，并在其四周系重物使它下沉定位，同时采用抛石等方法予以压牢，待裹头初步稳定后，再实施打桩等方法进一步予以加固。

(4) 裹头埽施工方案。口门流速较小时，直接在残堤堤头采用宽 7.0～8.0m 的裹头埽裹护。口门流速大时，从残堤头退后到老堤上挖槽，深度应达到背河地面下 1.0～2.0m，边坡 1∶1，槽底宽不小于 4.0m。然后施工裹头埽。

(5) 预填石裹头。在距残堤头一定距离的老堤上挖槽至接近水面（或在未溃决的堤防上游段外坡抛石形成挑流矶头），然后内抛块石或铁丝笼。数量应满足附近残堤冲至稳定坡（不陡于 1∶3），能有不少于 0.5m 的厚块石保护。

2. 截流

(1) 沉船截流。沉船截流在封堵决口的施工中能起到关键作用。沉船截流可以大大减小通过决口处的过流流量，从而为全面封堵决口创造条件。在实现沉船截流时，最重要的是保证船只准确定位。在横向水流的作用下，船只的定位较为困难，要精心确定最佳封堵位置，防止沉船不到位的情况发生。船只拖带到正对决口迎水侧后，采用氧割口或遥控起爆爆破法破口充水沉底。深水急流区通过抛锚固定于缓流区的定位船，收放钢丝绳牵引定位、沉船。为防止被决口水流带入口门内，应采用大马力拖轮拖带；接近龙口时，应抛锚控制下淌速度。首艘沉船长度宜大于决口宽度，满载船只在接近决口处的自稳性较好。应尽可能选用平底驳，以增大沉船接底长度，减少通过船底的过流量。第一艘船接底后，存在的较大的过流缺口，可继续下沉较小船只封堵。沉船越多，沿其迎水外围形成截流戗堤轴线越长。因此，沉船只要求堵住较大过流缺口。

还应考虑到由于沉船处底部的不平整，使船底部难与河滩底部紧密结合的情况，见图4.10。在决口处高水位差的作用下，沉船底部流速仍很大，淘刷严重，必须迅即抛投大量料物，堵塞空隙。在条件允许的情况下，可考虑在沉船的迎水侧打钢板桩等阻水。另外，也可适当采用底部开舱船只抛投料物。这种船只抛石集中，操作方便。在决口抢险时，利用这种特殊的抛石船只，在堵口的关键部位开舱抛石并将船舶下沉，可有效地实现封堵，并减少决口河床冲刷。

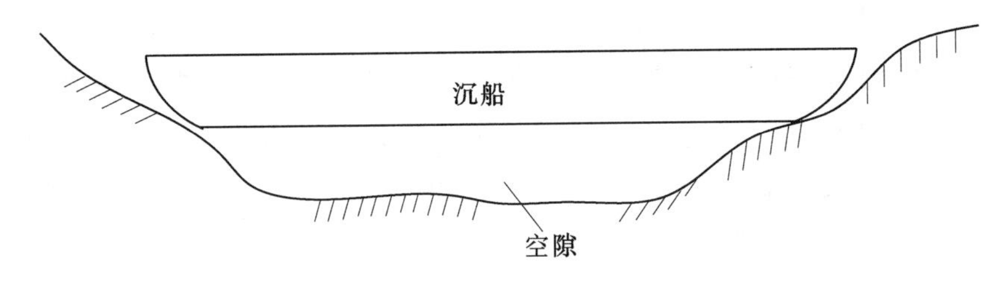

图4.10　沉船底部空隙示意图

（2）装配式箱型结构截流。装配式箱型结构截流技术是依托我国交通战备器材“多用途浮箱”快速拼组大面积高承载力平台的相关技术而设计出的一种具有堵口截流、大幅度减小口门处流速和动水压力的特殊用途器材。用这种器材在决口处实施截流，然后采用土石堵口技术完成后续作业。由箱型单元拼组而成的用于决口处截流的大面积平台称为箱型结构堵口平台。使用时，根据决口处的宽度、深度、流速，并通过对箱型结构及坝堤的计算分析，确定箱型结构堵口平台的尺寸（其长、宽应各大于决口的宽、深），然后利用箱型单元灵活的拼组性能，把数个箱型单元拼组成异型整体或异型平台，以适应不同的河床及坝堤情况，构成堵口平台，达到封挡决口正面水流、缓解水势的目的，为最终封堵决口争取时间，创造有利条件。

3. 进占堵口

在实现沉船截流减少过流流量的步骤后，应迅速组织进占堵口，以确保顺利封堵决口。常用的进占堵口方法有立堵、平堵和混合堵3种。

(1) 立堵法。从口门的两端或一端，按拟定的堵口堤线向水中进占，逐渐缩窄口门，最后实现合龙。采用立堵法，最困难的是实现合龙。这时，龙口处水头落差大，流速高，使抛投物料难以到位。在这样的情况下，要做好施工组织，采用巨型块石笼抛入龙口，以实现合龙。在条件许可的情况下，可从口门的两端架设缆索，以加快抛投速度和降低抛投石笼的难度。堵口时用土和料物，从口门两堤头相对进占，堵到龙门口，最后进行合龙，称为立堵。具体分为以下几种方法：

1) 填土进堵。从口门两端相对填土进堵，逐步缩窄口门，最后达到一定宽度时迅速合龙。具体做法可根据口门水深和流速大小采取不同方法。如在选定的堵口坝线上的静水区或流速较小的地区直接填土进堵。如流速较大，土被冲走，可用席子或土工布缝成略大于水深的大筒，四周用杆子撑开，直立水中，再向筒中倒土进占。如流速再大，则应用打桩、抛枕、抛笼等进堵。至于合龙，在龙口不太宽，水头差不太大的情况下可用下列简单方法合龙：①关门合龙。如龙口宽2.0～3.0m，用比龙口宽度略长的粗桩一根，在桩上捆秸、柳，做成直径1.0～2.0m的抑捆（即秸、柳捆），放在龙口上游一侧，一端固定如同门扇，另一端拴上绳子，在口门对面用力拉，并借水流使由子呈关门形式，横卡在龙口上，拦截绝大部分水流后，再急速抛土袋抢堵合龙。此法必须计划周密，否则容易将由子顺水流冲走。②沉排合龙。用梢料扎成方形或梯形的沉排，放在龙口的上游，沉排方格内填入少量土袋，以排不沉入水中为限，然后用人控制，或用船拉住，使沉排顺水流漂浮至龙口。梯形排应使小头在前，方形排要使一个角先入龙口，待沉排卡在龙口上稳定后，再往排上抛填土袋、石料和秸草等物料，使排沉到河底，直至超出水面，再以土填筑（图4.11）。③横

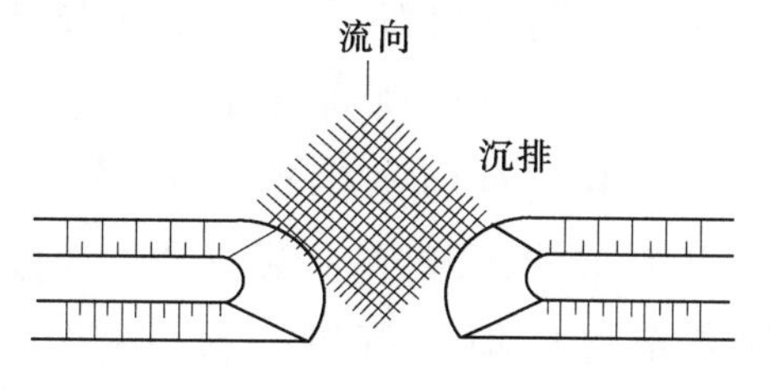

图4.11 沉排合龙示意图

梁法合龙：用直径 20～30cm 以上的木桩两根或一根钢轨做横梁，架在龙口上，两端固定在已做好的龙门口中，横梁前插一排桩（直径 10cm），桩前铺柳笆，柳笆前沉一梢捆，上压土袋，就会逐渐使水断流，见图 4.12。

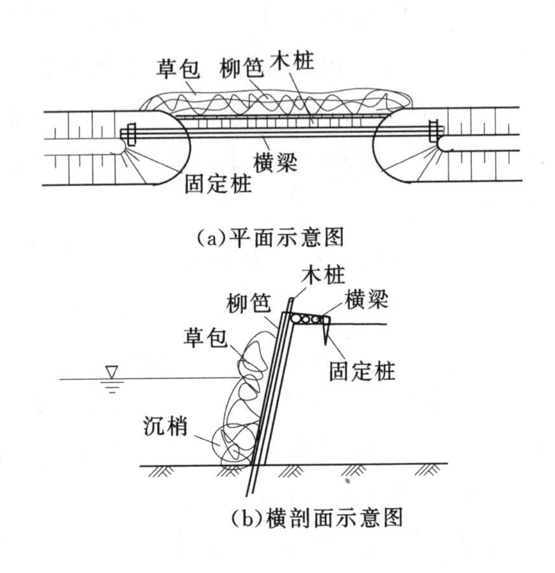

图 4.12　横梁法合龙示意图

2）打桩进堵。①一般土质较好，水深 2.0～3.0m 的口门，从两端裹头起，沿选定的堵口坝线，打桩 2～4 排，排距 1.0～2.0m，桩距 0.5～1.0m，打桩入土深度为桩长的 1/3～1/2。桩顶用木杆纵横相连捆牢。在下游一排桩后，加打戗桩。然后从两端裹头起，在排桩之间压入柳条（或柴），水深时可用长杆叉子向下压柳，压一层柳，抛一层石（或袋土），这样层柳层石一直压到水面以上。随压柳随在排桩下游抛土袋，填土做后戗。排桩上游如冲刷严重，再抛柳石枕维护，直至合龙。如果合龙前口门流速太大，层柳层石前进困难，可采用抛柳石枕或抛铁丝笼装石合龙，用土工布软体排或土袋堵漏，前后填土闭气。②从两端裹头起，按预定堵口坝线打桩一排，桩距 0.5～1.0m（视流速定），桩与桩之间用横梁捆牢，并打戗桩支承。然后从两端在排桩的迎流面，逐段下柳笆或梢帘，并在柳笆前压柴、填土（或土袋），层柴层土压出水面。同时填土做前后戗加固。如果进堵到一定程度，因水深流急，前法不能前进时，可打桩稳住填压的部分，再用抛枕或抛石笼抢堵合龙。

（2）平堵法。平堵是沿口门选定的堵口坝线，利用架桥或船平抛料物，如抛散石、混凝土体、柳石（土）枕、铅丝笼或竹笼装石、土袋等，从河底开始逐层填高，直至高出水面，以堵截水流。

1）架桥平堵。①架桥：沿选定的堵口坝线，做桩式简支桥，一般每隔 3.0m 打桩一排，每排桩 4 根，间距 2.0～3.0m，木桩直径视水深而定（一般 30cm 左右），桩长以设计桥面至口门底的高度，再加打入河底 1/3～1/2 的深度为限。在每排桩上斜加支撑，桩顶连接成桥面，有的还在桥面上铺轻便铁轨，用机动车运料，以增加抛投料物的速度。②铺底。在桥的下游面，在抛料物之前，先用土工布或柴排、钢丝网等，铺于河底，以防冲刷。护底的长度和宽度，按预计的冲刷范围面定。③投料。在桥上运送料物沿线抛投。要随时测量水深，控制料物均衡上升。料物抛出水面后，在坝前加筑埽工或抛投土袋截漏，然后填土闭气。

2）抛料船平堵。①在选定的堵口坝线上设置控制点，树立标杆，以准确控制坝线方向。②沿坝线定位抛石。所有运石船停泊在坝线上，所有船的中心，均对准两端标杆，成一直线。然后集中力量，全线铺开，齐头并进定点抛石料，当堵口坝线抛出许多石堆，高出水面后，再用大船集中抛填石堆之间，使之连成一线，形成拦河坝。运石船以 30～50t 较为灵活方便，抛投效果较好。吨位大的船，定位困难，加上吃水深，块石出仓极不方便，不宜采用。③抛土袋堵漏。截流坝完成后，一般漏水严重，必须抛投土袋等堵漏。抛投土袋前要事先测量摸清块石分布范围，设置抛投标志，要先远后近，先深后浅，先难后易，顺序前进，厚度达到均匀一致，一般填厚 1.0m 左右。④填土闭气。抛土袋堵漏后，如渗水仍然不止，可采取用船迅速在土袋上游填土。填土量要集中，进度要快，循序渐进，填一段保一段，巩固一段，最后达到全线闭气。

(3) 混合堵法。混合堵是立堵与平堵相结合的堵口方式。堵口时，根据口门的具体情况和立堵、平堵的不同特点，因地制宜，灵活采用。如在开始堵口时，一般流量较小，可用立堵快速进占。要缩小口门流速较大时，再采用平堵的方式，减小施工难度。

4. 防渗闭气

防渗闭气是整个堵口抢险的最后一道工序。因为实现封堵进占后，堤身仍然会向外漏水，要采取阻水断流的措施。若不及时防渗闭气，复堤结构仍有被淘刷冲毁的可能。

(1) 水下抛土铺盖。水下抛土体在施工期应具有致密实条件，运行期不被水流及渗透水破坏。为此，抛投区流速应小于0.5m/s，抛土块径不超过10～20cm。抛填土料宜选用一般黏土、粉质黏土及天然含水量较高的塑态肥黏土。

水下抛土铺盖一般布置在堵口堤与截流戗堤之间。在已建成的堵口堤上向水中抛土直至出水面。

(2) 门帘埽。在堵口埽迎水侧作一段长埽，形成门帘埽盖护口门，利用高含沙水流中的泥沙在埽捆中沉积，达到闭气的效果。

4.3.2.2　钢木土石组合坝封堵技术

钢木土石组合坝封堵技术应用条件是决口处水深4.0～6.0m，流速3.2～3.7m/s，地质为壤土或砂壤土（如备料时，将钢管一头由圆形改为锥形，即使在黏土或更坚硬的地基上也能应用）。其主要有以下特点：

(1) 节省物料。由于应用钢木土石组合坝技术堵口，是向钢木框架内充填土石料袋，与常规的向水中投抛物料比避免了物料被洪水卷走而带来的损耗；且构筑的钢木土石混合坝体外型规整，大大节省了堵口用料。据测算，用该技术堵口相比用常规方法可节省0.5～1.5倍，甚至更大。

(2) 可以不用大型机械设备，便于特殊条件下施工。用钢木土石组合坝技术堵口，除了运送土石料袋和一定车辆外，可以不用大型机械设备。对堵复堤身窄，交通不便的决口，施工特别方便。

（3）构筑的堤防稳定性好。用钢木土石组合坝技术堵口由于构筑坝体时，在堤基中植入钢木框架；充填土石料后，形成的钢木土石坝又具有重力坝的特点，因此比用常规抛投方法构筑的坝体稳定性好。钢木土石组合坝示意见图 4.13。

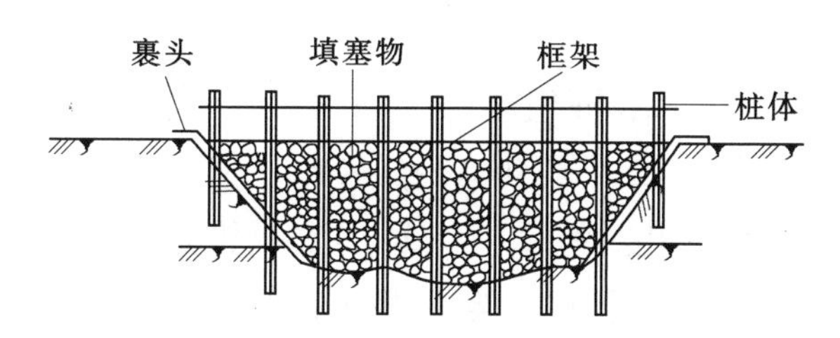

图 4.13　钢木土石组合坝示意图

在具体实施中，主要按照以下步骤进行。

1. 护固堤头

护固堤头按以下顺序分 3 步实施：①木桩组从决口两端堤头河内侧开始，围绕堤头顺水流密集打筑木桩，木桩之间用 8 号铁丝牢固捆扎，形成固护堤头的木桩圈；②从河内侧开始沿打好的木桩外侧加挂树枝，将水流理顺，减少洪水对堤头的冲击；③在打好的木桩内填塞石子袋，使决口两端堤头各形成一道坚固的保护外壳，制止决口进一步扩大，为封堵决口建立可靠的“桥头堡”。

2. 框架进占

（1）在决口口门的上游侧布置拱形轴线，框架沿轴线进占。

（2）框架“架头”的设置。为使框架稳固可靠，框架应从原坝头 4m 处开始设置。其方法是：首先在决口两端纵向各设置两根标杆，控制坝体轴线方向。然后将钢管（前后间隔 2.0m，左右间隔 2.5m）打入堤体 2.0m 以上，顶部露出 15cm，然后纵横两向分别用数根钢管连接，作为钢木框架的架头。

（3）框架的设置。第一步，作业员依托打好的架头，两手握钢管上下运行，利用惯性将钢管植入河底中，6根钢管前后间隔1.0m，左右间隔2.5m，入土深度1～1.5m，水面上留出1.0m作护栏，形成框架轮廓。第二步用10根钢管作为连接杆件，分别用与钢管配套的卡扣围绕6根钢桩上、下和前后等距离连接，形成第一个框架结构。当完成两个以上框架时，用钢管每隔2.0m与框架呈45°角植入河底，作为斜撑桩，并与框架连接固定，最后在设好的框架顶层搭上木板或竹排，形成作业平台，供人员展开下一步其他作业。

(4) 木桩打筑。木桩组下设3个小组，其中一个作业准备小组，两个值桩小组。每小组由4～6名作业员组成，分两步作业：

1) 作业准备小组：将木桩一端加工成锥形后运至坝头。

2) 植桩小组：先沿钢框架上游边缘线植入第一排木桩，桩距0.2m；然后沿钢框架中心线紧贴钢桩植入第二排木桩，桩距0.8m；木桩入土深均为1.0～1.5m。完成上述作业后，根据钢框架的进占情况，依次完成木桩设置。

(5) 连接固定。连接固定组用铁丝将打筑好的木桩排连接固定在钢框架上，使之形成整体，并顺序完成固定作业。

(6) 填塞护坡。预先将填好的土、石子袋运至坝头，适时在设置好的首段钢木框架内由河内侧至外侧错缝填塞，填塞高度约1.0m时，两边同时展开护坡，当物料填至坝顶后即为首段钢木土石戗堤。整个堵口工程即逐段设钢木框架，再填塞石子袋，直至最后封堵口门实现合龙。

3. 导流合龙

合龙是堵口的关键环节，直接关系到堵口的成败。应严密组织、科学筹划。作业通常分5步进行：

(1) 设置导流木排。当龙口宽10～15m时，在上游距离原坝头30m处与原坝轴线呈36°角，成抛物状向下游方向设置一道导流木排（木排长度视口门宽度而定）。导流排用4.0～6.0m的木桩植入土中1～1.5m，用铁丝连接，并在木桩上加挂树枝等材料，分散冲向口门的流量，减轻合龙洪水压力。

（2）加密支撑杆件。导流排设置完毕后，为稳固新筑坝体，保证合龙顺利进行，钢框架结构中，下游斜撑杆件间隔由2.0m变为1.0m，增强钢框架抗力。

（3）加大木桩间距。合龙时水流更加湍急，为减小水流对钢框架的冲击力，加快合龙进度，木桩间距增大，第一排桩距为0.6m，第二排桩距为1.0m，第三排桩距为1.2m。

（4）理顺龙口水流。在钢木架外侧加挂树枝和竹排，使水流顺其流淌，进一步减缓口门的水流。

（5）加快填塞进度。合龙前，口门两端提前备足填料，运至口门两端处。合龙时，两端同时快速填料直至合龙。

4. 防渗固坝

对钢木土石戗堤进行上下游护坡后，在其上游侧的护坡上铺两层土工布中间夹一层塑料布，作为新筑堤体的防渗层。当口门水深不超过3.0m时，该防渗层两端应延伸到口门外原堤体8～10m范围，并用袋装土、石料压坡面和坡脚。压坡脚时，决口处不小于4.0m，其他不小于2.0m。

4.3.2.3 土工包堵口技术

前文所述的堵口进占技术采用散抛石价格较高，柳石结构作为临时工程过于浪费，同时需要砍伐大量树木，且需要大量的人力，劳动强度大，进占速度慢。而土工包进占技术主要材料为土工包，其结构简单，主要是用土工布缝制成一定体积的包，使用时在包内装入土后封口抛入水中形成占体。土工布一般为单层聚乙烯纺织布，价格较低，有一定的抗拉强度。

1. 技术经济优势

（1）成本较低，能够节省工程投资。土工包进占与传统的柳石结构进占相比，生产成本较低，能够节约工程投资。见表4.3和表4.4：每100m^{3}土工包占体成本为3371.18元，每100m^{3}柳石结构占体成本为9136.94元，两者比较100m^{3}占体可节约成本5765.76元。

表4.3　　每 $100m^3$ 土工包的施工成本

编号	名称及规格	单位	单价/元	数量	合计/元	备　注
1	直接费				3371.18	
1.1	人工费				53.04	
	工长	工时	4.91	5.0	24.55	
	初级工	工时	2.11	13.5	28.49	
1.2	材料费				3084.84	
	土	m^3	13.00	118.0	1534.00	运距2km以内
	土工布	m^3	2.50	608.0	1520.00	土工包体积为3.5m×2.5m×1.2m，体积利用率为50%
	其他材料费		3084	1	30.84	
1.3	机械使用费				233.40	
	装载机 $3m^3$	台时	224.50	0.65	145.93	
	推土机88kW	台时	141.74	0.33	46.77	
	手提式缝包机	台时	18.50	2.2	40.70	

表4.4　　每 $100m^3$ 柳石结构的施工成本

编号	名称及规格	单位	单价/元	数量	合计/元	备　注
1	直接费				9136.94	
1.1	人工费				973.44	
	工长	工时	4.91	16	78.56	
	中级工	工时	3.87	144	557.28	
	初级工	工时	2.11	160	337.60	
1.2	材料费				7917.50	
	柳料	kg	0.25	14400	3600.00	
	块石	m^3	80.00	25	2000.00	运距2km以内
	铅丝	kg	5.00	20	250.00	

续表

编号	名称及规格	单位	单价/元	数量	合计/元	备　注
	木桩	根	10.00	20	200.00	
	麻绳	kg	8.30	225	1867.50	
1.3	机械使用费				246.00	
	三轮车	台时	18.00	12	216.00	
	机船	台时	30.00	1	30.00	

（2）施工速度快、工期短。土工包进占工艺简单，能够利用大型机械进行施工，减少了人力投入；而传统柳石结构进占必须按照规定程序操作，使用大量人力施工、工作效率低下。土工包进占主要材料为土料、土工布取材便利，施工一般不受材料供应及场地限制的影响，而传统柳石结构进占主要材料为块石和柳料，需要大量柳料，同时施工还需占用较大施工场地，施工易受材料供应不足及施工场地限制的影响。

（3）加强工程环保，减少生态破坏。土工包主要材料为土工布，土工布为土工织物，从市场直接购买，有利于工程环保；而传统柳石结构以柳料和块石为主要材料，施工时需砍伐大量树木，影响工程环保，破坏生态环境。

综上所述，土工包较之传统的堵口抢险技术有诸多优点，在汛期土堤发生溃决险情后，将土工包抛填在决口处，利用土工包包体大、包重、抗冲稳定性强等特点，可以阻止河床和堤头的持续冲刷，快速完成进占，封堵溃堤口门。

2. 作业方法

（1）作业流程。土工包堵口作业流程见图 4.14。

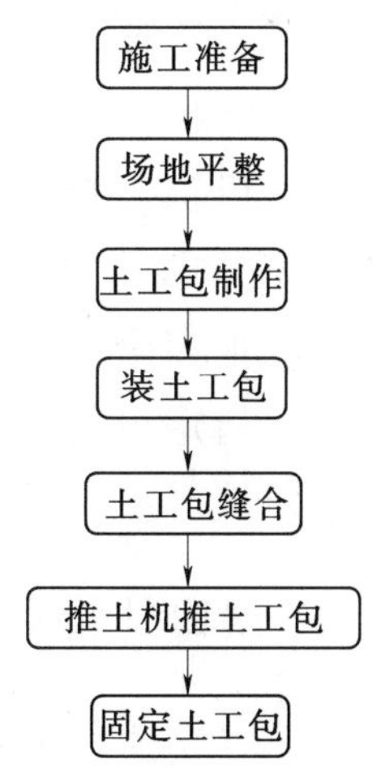

图 4.14　土工包堵口作业流程示意图

（2）土工布选择。土工布选择原则：首选具有一定强度、价格较低、市场上料源丰富的聚乙烯双复合塑料彩条布为原材料，也可以使用其他可做成大体积布袋的土工合成材料。

（3）土工包尺寸确定。土工包尺寸确定的原则：①满足施工要求。主要考虑装载机铲斗和推土机铲的宽度，达到装土、推包方便的目的；②尽量降低单位体积土方的用布量，并在合理范围内增加包的体积，减少单位体积土方用布量，兼顾布幅，降低材料损耗量。

根据工程常用装载机斗宽3.0m、大型推土机铲宽3.5m的情况，确定土工包的长度应大于3.0m，否则装载机不宜装土。土工包长度不宜超过3.5m，如果长度超过3.5m，宽度超过2.5m，推土机推土工包时容易把土工包两头缝合处推裂。推土机的铲高为1.2m，考虑手提缝纫机缝合施工便利因素，土工包装载高度为1.2m。

（4）装包。装包分为取土场直接装包和在现场装包。在取土场装包一般用装载机配合人工进行装填，完毕后封口，自卸车转运至堵口现场，这种方式适用于抢险现场无法获得大量土方或者受场地限制等条件。若现场具备直接装土条件，即可在现场装土，省时省力。

（5）推土工包入水。土工包运至堵口处时，用推土机将土工包推入水中，需要注意：①铲刀不能直接推土工包，否则极易使土工包破裂，需提前在地面铺设30cm厚的土体，使土工包侧面不会直接受推土机铲刀挤压而破裂；②土工包要一个一个排垒，达到缓慢入水、充分排气的目的。③当水深、流速较大时，为防止土工包流失，可以把多个土工包用麻绳连接在一起推入指定部位，这样不易被水冲离指定位置，起到稳固作用，连接方法是用大绳将每个包用织簸法连接。

4.3.3　溃口处置兵力及装备配置

上文介绍了应急堵口抢险处置的两种作战技术，不同技术所需专业工种及装备材料也不同，兵力和装备配置与具体险情和任务时限有较大关系，对于典型土堤溃口处置需要的专业工种和装备类型列举见表4.5～表4.8。

4.3.3.1 常规封堵技术兵力及装备配置

1. 主要装备类型需求

见表4.5。

表4.5 主要装备类型需求

序号	装备名称	型号规格	单位	备注
1	推土机	SD16或SD32	台	
2	反铲挖掘机	1.3～1.6m^3	台	
3	工程自卸车	15t	台	
4	轮式装载机	0.5～0.8m^3	台	
5	油罐车	10t	台	
6	抛石船	30～50t	艘	带自动装置

2. 主要兵力工种需求

见表4.6。

表4.6 主要兵力工种需求

序号	工种名称	数量
1	指挥人员	根据实际需求配置
2	推土机、挖掘机、装载机操作手	具体数量根据所配置的装备按照人员和设备2∶1的比例配备
3	自卸车驾驶员	具体数量根据所配置的装备按照人员和设备2∶1的比例配备
4	其他人员	根据实际需求配置

4.3.3.2 钢木土石组合技术兵力及装备配置

1. 主要装备类型需求

见表4.7。

表4.7 主要装备类型需求

序号	设备名称	型号规格	单位
1	自卸汽车	15～20t	台
2	运兵车	5t	台
3	油罐车	10t	台
4	打桩砸		个

2. 主要兵力工种需求

见表4.8。

表4.8　　主要兵力工种需求

序号	工种名称	数　量
1	指挥人员	根据实际情况配置
2	模板工	根据险情情况、工期要求配置
3	自卸车驾驶员	具体数量根据所配置的装备按照人员和设备2∶1的比例配备
4	浇筑工	根据险情情况、工期要求配置

第5章　土堤渗透破坏特征分析

从历史堤防险情统计可以看出，80%以上的汛期堤防险情是由渗流引起的，是威胁大堤防洪安全的主要因素。其中的堤基管涌险情居各种险情之首，也是汛期防洪抢险的主要关注点。基于此，为了从本质上了解土堤渗透破坏的特征，本章对土堤渗透破坏的发生、发展过程等特征进行详细阐述，为下文渗透破坏险情应急处置技术的选择奠定理论基础。

5.1　渗透变形的实质

土堤渗透破坏首先是从渗流出口开始，此处水力坡降很大，是出现砂沸或喷砂等渗透变形破坏险情的薄弱点。但此时尚未贯穿破坏，而是管涌险情初级阶段，进一步的破坏是形成集中渗流通道并上溯的过程。

集中渗流通道上溯的尖端，通道内流量较小，但砂土内水力坡降较大，而在出口处水流量最大。通道与砂土的交界面由于渗透水力坡降大，砂颗粒从土体中松动脱离，在通道的尖端由于坡降最大表现得最明显。而后在水流冲刷下，松动的砂粒沿通道向渗流出口方向滚动。通道与砂土的交界面砂粒处于平衡交换状态，流速大则砂粒被冲动，流速小则砂粒就会沉积。

由于流速与通道内的过水断面成反比，砂粒冲动则断面增大，流速降低；砂粒沉积则断面减小，流速增加，在过水流量稳定时会达到断面稳定，对应的流速由砂土的抗冲刷能力决定。因此通道的规模受水力坡降大小的控制，也受周边土体抵抗冲刷能力的控制。

相关的试验表明，当渗流强度大到使土体破坏松动，还不足以使集中渗流通道上溯，形成砂粒在集中水流作用下冲蚀平衡的条件，但砂沸出现后土颗粒能在水的作用下移动。总体来说，渗透破坏发展过程是两个作用的组合：①在渗流作用下土体结构的破坏，实质是达到土体的极限强度；②集中水流作用下，土体表面砂粒的冲刷平衡，主要运动形态为滚动，已属于泥沙运动力学范畴。

集中渗流通道对于通道内的水、砂而言是过水运砂的管道，对于周边砂土而言，是临空的边界，对土中的水而言是渗流的出口。集中渗流通道本身应满足水力学关系，通道以外的土中水应满足渗流控制方程，通道的边界由水压连续、水量平衡、砂土量平衡等关系控制。

5.2　渗透变形的特点

5.2.1　堤基结构和堤身结构的复杂性

1. 堤基结构复杂

江河堤防多数是在自然河岸上天然形成或者人工建成，堤基是长期江河沉积改道形成的，大多数含有砂层。堤基比较典型的结构为一元结构、二元结构和多元结构，更复杂的结构也常有出现。

一元结构堤基的土层渗透性单一，可以是单一强透水层堤基，也可以是单一弱透水层堤基，结构形式见图5.1。

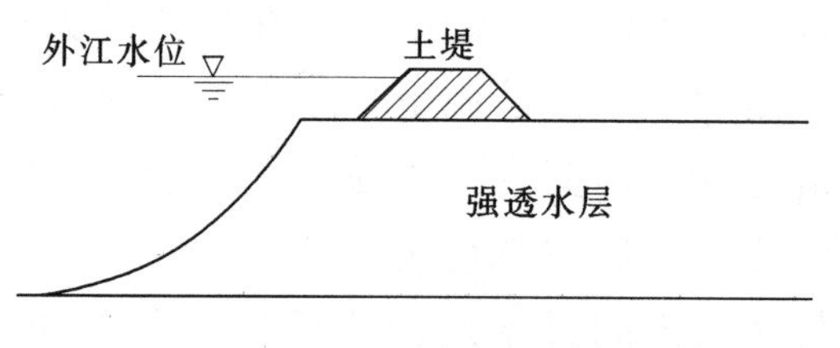

图5.1　一元结构堤基示意图

二元结构堤基是指堤基上部土层为相对弱透水层，下部为较厚的相对强透水层，中间还可能有夹层或者透水体，见图5.2。如长江堤防，堤基主要坐落在第四纪冲积平原上，堤基表层相对弱透水层一般只有 1～10m，下部通常为深厚的砂层及砂砾石层。这种堤基抗渗透稳定性不良。

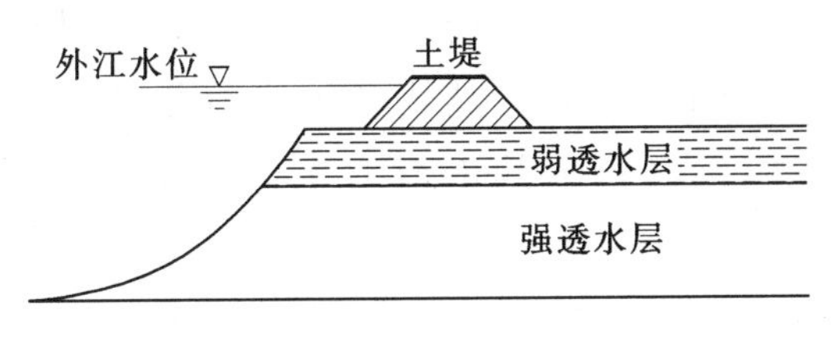

图 5.2　二元结构堤基示意图

多元结构堤基是指由多层渗透系数相差悬殊的土间隔排列组成的堤基，强透水层的位置对于堤基的抗渗透稳定性影响十分明显。其结构形式见图 5.3。

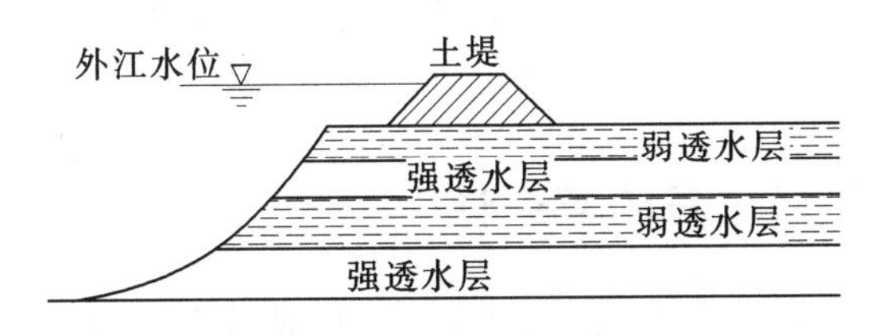

图 5.3　多元结构堤基示意图

一元堤基结构单一，相对而言在机理研究和工程处理方面都较为简单；二元堤基分布最广，由于堤防总是沿江河而建，江河两岸由于历史上河流冲刷、淤积和改道等地质成因，大部分区域都有着深厚的强透水层，经过后期细颗粒沉积等变化，变形成了典型的二元堤基，这种堤基形式最为常见，分布在广大的江河中下游地区，是堤基渗透破坏研究的重点；多元堤基在渗透破坏方面的分析往往可以归并入一元或二元堤基。二元堤基除在地理分布上最广外，其在安全问题上，也是最容易出险的地质结构。因此本文阐述的内容多为二元地基结构的土堤。

在二元堤基区域，当外江水位升高时，堤后区域的水力坡降也随之升高，当高过一定的限值后，堤后覆盖层薄弱处就会被高水头冲破，即形成了渗透破坏，在水流出口处往往伴随有剧烈的喷砂冒水，随着渗透破坏的发展，堤基内的砂颗粒逐渐流失，渗透破坏区域逐渐增大，严重威胁着土堤的安全。

2. 堤身结构复杂

我国江河堤防历史悠久，历朝历代对其都有过加固、改建和维修，堤身经过多次的变动后，结构变得十分复杂，并且建筑质量一般不佳。这种材料和结构上的不均匀性直接导致了复杂的堤身受力变形特性和渗透特性。

堤后往往坑塘较多，存在土层缺陷。一方面，人们在历次的抢险过程中，往往堤后就近取土，形成坑塘；另一方面，由于堤防历史上可能多次溃口，形成堤后冲坑、渊塘。这些坑塘分布、深浅不定，往往是堤防渗透变形险情的重要诱因。

堤前环境也往往十分复杂。由于岸坡和堤防迎水坡经常受到水流的浸泡和冲刷，其结构和受力往往难以定量甚至定性分析，因而也难以控制。

5.2.2　渗透变形过程的复杂性

堤基、堤身结构的复杂性决定了土堤渗透变形过程的复杂性。前文中提到，工程中往往将土堤的渗透变形通称为“管涌”，这种提法在严格意义上是不准确的。一般情况下，土堤的渗透变形不是单一的流土、管涌或者接触冲刷，而是这几种渗透变形状态的组合。

在二元堤基条件下，渗透变形过程往往是：首先，在下游堤脚相对弱透水土层中发生局部流土，之后渗透水流沿着强弱透水层的交界面冲蚀砂土并逐渐向上游发展，这个过程实际为接触冲刷。以1998年“九江溃堤”为例，决口地段的地层是比较典型的二元堤基条件，强透水层在下，弱透水层在上。土堤的最终溃决正是由于接触冲刷沿着强弱透水层之间不断发展而造成的。

5.3　渗透破坏的分类

由于渗流条件和土体条件的不同，渗透破坏的机理、发展过程及后果也不一样。从渗透破坏发生的机理角度，可以将渗透破坏分为 4 种类型。

（1）流土。在渗透力作用下，土体中的颗粒群同时起动而流失的现象称为流土。这种破坏形式在黏性土和无黏性土中均可以发生。黏性土发生流土破坏的外观表现为：土体隆起、鼓胀、浮动、断裂等。无黏性土发生流土破坏的外观表现是：泉眼、砂沸、土体翻滚最终被渗透托起等。

（2）管涌。在渗透力的作用下，土体中的细颗粒沿着土体骨架颗粒间的孔道移动或被带出土体以外，这种现象叫管涌。它通常发生在砂砾石地层中。

（3）接触冲刷。渗流沿着两种不同介质的接触面流动并带走细颗粒的现象称为接触冲刷。如穿堤建筑物与堤身的结合面以及层面结合缝隙的渗透破坏等。

（4）接触流土。渗流垂直于两种不同介质的接触面运动，并把粒径较小一层土颗粒带入较大颗粒层的空隙中去的现象称为接触流土。这种现象一般发生在颗粒粗细相差较大的两种土层的接触带，如反滤层的机械淤堵等。

对于黏性土，一般存在流土、接触冲刷或接触流土三种破坏形式，而无黏性土，则四种破坏形式均可发生。

5.4 渗透变形的发展机理

5.4.1 渗透变形的发展过程

相关的试验研究表明，土堤渗透破坏最终是形成一集中渗流通道，通道的水平截面相对较小，但其尺度远大于土颗粒尺寸，土堤渗透变形发展过程就是这一集中渗流通道向高水头方向上溯的过程。

以二元堤基为例，渗透破坏发展过程一般如下。

1. 堤后覆盖层薄弱处在渗透水头作用下开裂，发生流土

在渗透水头作用下，土堤下游侧覆盖层，一般为弱透水层，发

生局部开裂。此时，集中渗流出口产生，砂在水中不停翻腾，犹如沸腾的水，因此被称为“砂沸”。从堤基中冲出的砂土颗粒会堆积在通道口周围，此常被称为“管涌口”。流出口形成后，必须满足一定的水头条件，才能发生流土破坏，即土体整体破坏，渗流出口是堤基渗透破坏发展的必要条件。

通过观察表明，见图5.4（b），初始发生砂沸，可以发生在渗流出口的任何方向，即下游侧同样可以发生砂沸腾，砂沸点处于游移状态。

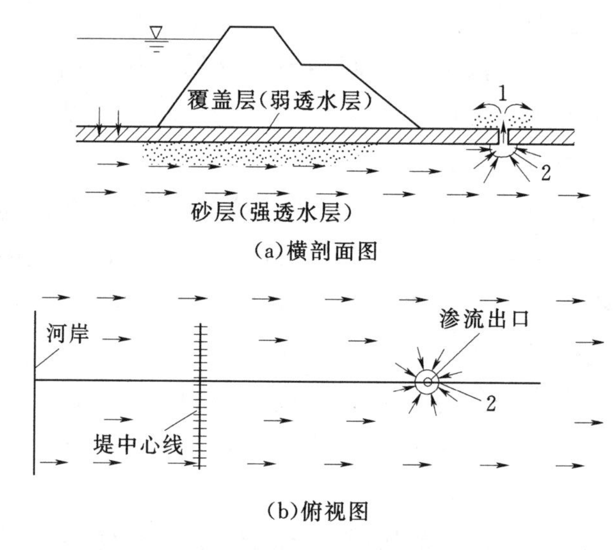

(a)横剖面图

(b)俯视图

图5.4　渗流破坏第一阶段

2. 集中渗流通道向上游发展

研究表明，土堤渗透破坏形成的集中渗流通道必然沿着弱透水层和强透水层之间形成，并且沿最小渗径延伸。

随着水位的进一步提高，原处于游移状态的砂沸点逐渐固定在渗流出口上游侧。在覆盖层和下卧砂层之间上游一侧，透水层土体结构破坏，见图5.5（a）和图5.5（b），砂在水流作用下剧烈翻腾。

图5.5（c）为集中渗流通道横剖面示意图，从图中可以看出，渗流破坏形成集中渗流通道，通道两侧较狭长，中部近似圆形。因

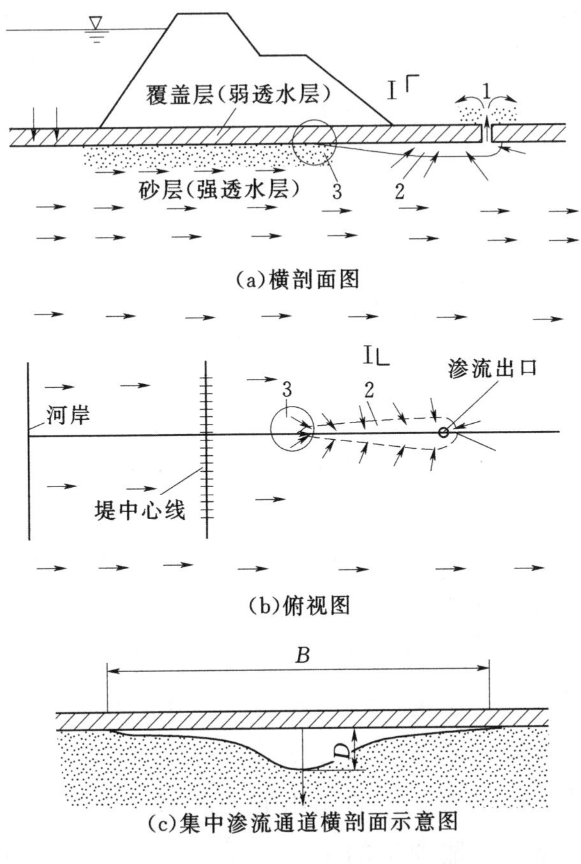

(a)横剖面图

(b)俯视图

(c)集中渗流通道横剖面示意图

图 5.5 渗流破坏第二阶段

此，可以将渗流集中通道看成是一个近似的半圆通道。

集中渗流通道在上游侧渗透力集中，导致局部土颗粒突破界面的约束力而剥离，水流进入裂隙内的。同时，以充填承压水膜袋模拟覆盖层试验研究表明，集中渗流通道向前发展受表层弱透水层制约，与表层弱透水层接触性质相关。

在集中渗流通道内的土颗粒，由于水流在通道内流速较大，被冲走、带出。集中渗流通道在试验并不是沿最短渗径直线前行，而有一定的偏移。主要原因是集中渗流通道的发展是沿渗透破坏平衡条件最薄弱的方向前行。因此，仅从渗透力分析集中渗流通道前行方向是不足的。

3. 集中渗流若持续发展接近上游，堤基被击穿

见图 5.6，由于大部分水流从集中渗流通道流动，水流流速极快，通道尺寸迅速扩展，土堤下沉，最后溃决。

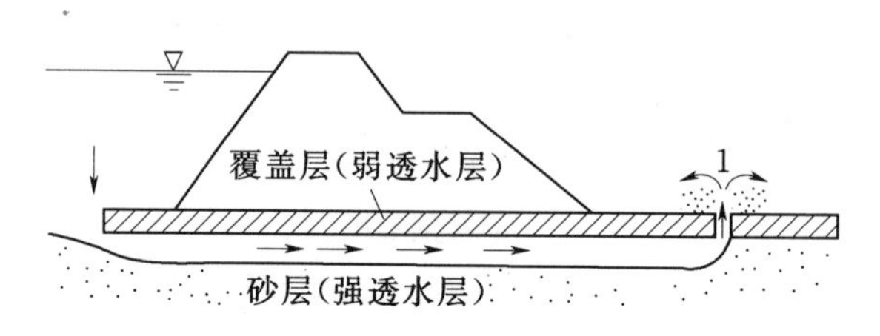

图 5.6　双层堤基渗透破坏第三阶段

通过对堤基渗透破坏发展过程的分析可知，发展中的集中渗流通一般由砂沸段（集中渗流通道出口区）、运输通道、集中渗流通道前进尖端区三部分组成。因此集中渗流通道能否向前发展，就在于以下这 3 个阶段的形成：

（1）渗流出口的形成。此段在渗透水头作用下，覆盖层土体性质和地貌特征对其开裂的影响决定着渗流出口的形成。

（2）集中渗流通道尖端区，即集中渗流通道前进尖端向前发展。通道尖端土体在渗透力的作用下，脱离土体结构，向前发展。

（3）集中渗流运输通道的平衡。是当集中渗流通道较长，集中渗流通道内水量较小时，土颗粒就会在通道内沉积，渗流出口就出现只有水流出而无颗粒流土。

以上 3 点是制约堤基渗透破坏能否形成和向前发展的关键点，其中，出口是堤基渗透破坏的必要条件。

图 5.4 和图 5.5 表明，临近集中渗流通道区域，流线向通道集中，而远端渗流场几乎没有影响。因而，整个渗流场可视为以渗流出口开始，沿集中渗流通道走向为轴的轴对称渗流场。

5.4.2　堤基各区域的物理状态

渗透变形发展过程中的堤基，不同的区域分别处于不同的物理状态，满足各自的物理方程。以二元堤基为例，当集中渗流通道发

展至一定阶段，堤基可以被划分为两种类型的区域。

1. 未发生渗透变形的区域

此部分土体结构完好，渗透水流在土中处于层流状态、满足达西定律，水头分布满足拉普拉斯方程。

2. 集中渗流通道

集中渗流通道中充满高速运动的水流。碎散的土颗粒被水流冲走、带出。此区域满足水力学纳维-斯托克斯方程（Navier-Stokes方程）。

若进一步细分，集中渗流通道中可另分出两种区：

(1) 集中渗流通道尖端土体。此区域土体受渗透力影响较大，结构性已经遭到一定破坏，表层土颗粒随时有脱离的可能。通道尖端土体的破坏方向决定了集中渗流通道的发展方向。

水平方向集中渗流通道扩展示意图见图5.7。

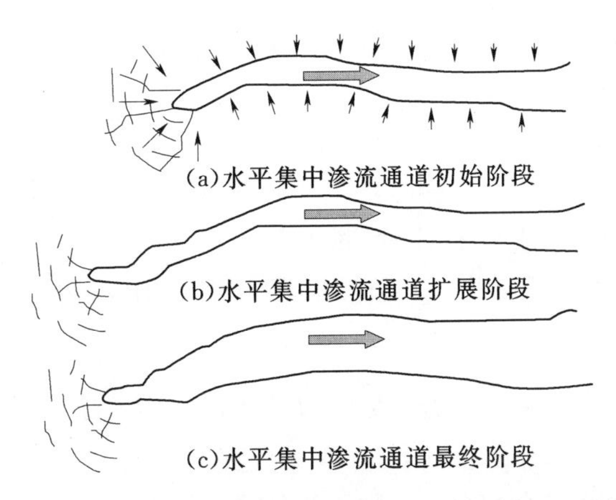

图5.7 水平方向集中渗流通道扩展示意图

当通道尖端到达某位置，此处土体受力状态会发生变化，存在应力释放的现象。由于集中渗流通道尖端尺寸较小，土体有一定的结构性，在渗透力作用下，会有类似于“拱效应”的现象发生。由于土颗粒间彼此的摩擦、咬合，通道尖端土体可以承受一定的渗透水压力。

当渗透力达到一定值，局部土颗粒便会失稳，脱离土体进入水中。局部的缺陷会引起通道尖端渗流状态变化，进而造成通道进一步向前发展。

通道发展方向即为局部失稳土体的方向，每一步通道发展步长为定值。通道发展进入下一步后，通道截面面积不变；尖端形状与前一步类似，仍为半圆形；发展过程也与上一步类似。其破坏过程见图 5.8。

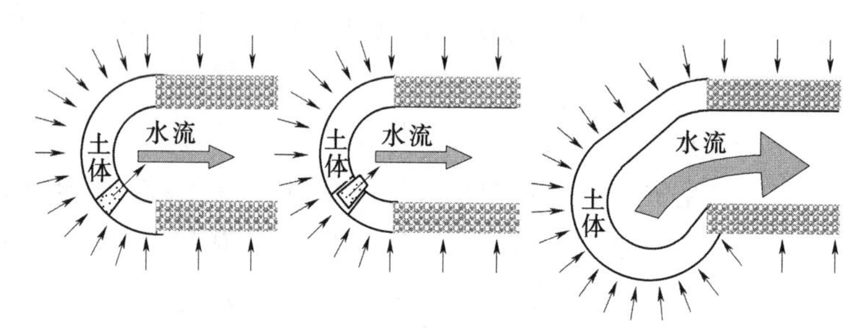

(a)通道发展第一阶段　(b)通道发展第二阶段　(c)最终发展形态

图 5.8　集中渗流通道尖端土体破坏过程示意图

(2) 集中渗流通道出口处。一般来说，在集中渗流通道垂直段，包括通道出口以及一部分通道下弯段，水流中土颗粒所占比例较高，水流会带动土颗粒上下翻滚，水的表观容重也大大增加。土颗粒对于水流的作用以及土颗粒间的相互作用不可忽略。

5.5　渗透破坏的防治

为确保江河安全度汛，使国家和人民生命财产不受损失或者将灾害损失降到最低程度，必须采取行之有效的措施，遏止重大堤防险情发生，杜绝堤防决口。对于堤防渗透破坏，特别是致灾性渗透破坏，要坚持预防为主，及时治理的原则。治理过程中首先要查明隐患、判别可能产生的险情；其次是根据问题的严重程度因地制宜、不失时机地采取针对性的治理措施。堤防渗透具有隐蔽性、突发性的特点。初期渗透对堤防的破坏是逐渐发生的，当渗透破坏到达一定程度时就会加速发展，形成管涌、脱坡而严重危及堤防安全。因此，堤防渗透破坏的防治，要根据历史资料，充分利用现代探测设备和技术及早发现隐患，如老口门、生物洞穴、软弱夹层、裂缝及其他薄弱环节，探明地层土体分布情况，查明隐患部位，然后通过方案比较，选择最佳方案进行治理。

堤防渗透破坏的治理应从两方面入手：①提高堤身和堤基自身抵抗渗透破坏的能力。如采取提高堤身密度，消除堤身堤基隐患，放缓边坡，设置贴坡排水，透水后戗或盖重等措施；②降低渗透水流的破坏能力。即降低渗流出口的比降和堤身的浸润线，这方面应遵循“前堵后排”的渗流控制原则，并根据工程地质条件、出险情况和堤防的重要程度选择合理的渗流控制措施。“前堵”就是在堤防临水侧采取防渗、截渗措施，如防渗铺盖、防渗斜墙和垂直防渗帷幕等；“后排”是在堤防背水侧采取导渗和排水减压措施，如导渗沟、排水褥垫、排水减压沟、减压井等。另外，对于淤积比较严重的河流堤防采取淤背的加固措施，不仅使河道淤积的泥沙得到清除，而且加宽了堤防，或做成“超级堤防”，延长浸润线的长度，降低了渗流出口和堤基发生管涌的可能性，非常有利于河道的长治久安，也是一种较为理想的防渗措施。

5.5.1 堤身防渗措施

预防和治理堤身渗透破坏是巩固堤防、确保堤防安全的重要组成部分，应根据堤身渗流发生部位、产生的原因、危害程度等不同，有针对性地采取措施予以防治。堤身防渗应把握好三个环节：①利用非汛期便于实施的有利条件查明隐患，及时治理；②汛期高度戒备，从严巡堤查险，把隐患消灭在萌芽状态；③研究和制定各种抢险预案，一旦出险立即按预案组织人力物力抢险，避免因临阵慌乱而造成被动不利的局面。

（1）散浸冲刷的防治。散浸的防治原则是“前堵后排”。“前堵”即在堤防临水侧用透水性小的黏性土料或土工膜做防渗斜墙，或在堤身内部做一个透水性较小的心墙，降低堤内浸润线。常用的防治技术有抽槽回填、斜铺塑技术、劈裂灌浆技术；“后排”即在堤防背水坡做反滤排水设施，让已经渗出的水有控制地流出，不使土粒流失，增加堤坡的稳定性。具体做法为：①放缓边坡，使堤坡背水侧及堤基表面逸出段的渗流比降小于允许比降；②采用贴坡排水、水平排水、透水后戗、暗管排水等疏导性措施，使堤防浸润线不致暴露在堤坡外，这种措施对于新建堤防操作性较强。另外，还可以在堤防背水侧做淤背处理。

(2) 穿堤建筑物渗透破坏的防治。为保证穿堤建筑物的渗透稳定性，使之不产生渗透破坏，主要应从减少渗透水流比降和增强接触冲刷部位允许比降两个方面考虑，即通过工程措施减小渗流强度和增强抗渗强度。减小渗流强度通常采用设置刺墙和止水，以延长渗径的办法来解决，只要能保证足够而有效的渗径，就可达到减小渗流强度的目的。为保证渗径长度，在设计中首先应根据上下游水头差和基土或填土性质合理地选择渗径系数；为保证渗径长度的有效性，首先要保证止水的可靠性，对穿堤建筑物而言，止水的可靠性十分重要，止水一旦失效，有效渗径长度就得不到保证。有效渗径长度和填土与建筑物接触面填土密实程度有关，应对建筑物回填土提出严格质量要求，并严格按照质量要求进行施工控制。在渗径长度控制上，还应考虑建筑物底面和两侧长度的协调性，如底部渗径长度过长，而两侧渗径过短、互不协调，其结果会使易发生渗流的两侧产生渗流破坏。提高抗渗强度主要从提高抗渗比降入手。通常采用的办法是在出口设排水反滤。

(3) 生物潜蚀引起的渗流破坏防治。生物潜蚀发生在堤身部位。主要是某些生物为栖身生存而筑的巢穴，这些巢穴在汛期高水位下易缩短渗流通道，产生集中渗流，可诱发跌窝、散浸、漏洞、流土、管涌等，从而造成重大险情。关于生物侵蚀的防治，首先是开展调查，摸清情况；其次是因害设防，对症下药；再次，采取找标灭杀、诱杀；工程措施是采用锥探灌浆堵洞技术或采取垂直防渗技术和劈裂灌浆技术等进行除险加固，消除堤防隐患。

(4) 漏洞的防治。对于已经探明的原有漏洞，主要采取堵截的方法处理，与生物潜蚀洞的处理措施类似。但是，许多漏洞是在汛期到来之后才逐渐表现出来，慢慢形成的，因此，漏洞防治的重点是在汛期。汛期要加强查险力度，注意漏洞形成的初期。要有时间观念，因为漏洞在形成和发展的前期扩展较慢，是抢堵的最有利时机。在抢堵过程中应尽量延缓漏洞的发展，控制好漏洞内的水流速度。采取“临堵”和“背导”措施，“临堵”故为根治措施，可降低洞内流速也可降低洞内压力；而“背导”则只能降低洞中流速，在背河一侧距出口一定距离打设一排或两排透水钢板桩，或在出口设置反滤围井，人为地增加洞内局部水头损失，对于延缓漏洞发展也是很有效的临时措施。为使抢堵的漏洞不再出现新的险情，封堵后必须做好闭气加固工作，做到不再发生新的渗透变形。另外，在洪水到来前，降低堤身浸润线的上升速度，培厚时在原堤脚处埋设导水花管，避免人为地增加堤身含水量，对于预防汛期漏洞的形成也很有效果。

5.5.2 堤基防渗措施

在堤基渗透破坏中，最常见、最普遍、致险率最高的是堤基管涌。堤基管涌的除险加固，首先应采取填塘平坑措施，但要进一步消除管涌险情，还须采取“临水截渗、背水压盖或减压”的方法进行整治。“临水截渗”包括外滩铺盖和临水侧堤脚附近垂直防渗措施；“背水压盖或减压”是指背水侧压盖或减压井措施。

垂直防渗适用于透水层较薄，隔水层较浅的情况。对透水层很厚的堤基，垂直防渗技术不经济时，采用背水侧压盖加减压井相结合的方法治理堤基管涌，实践证明防渗效果较为理想。随着施工技术装备的发展。当前很多堤防防渗加固工程采取混凝土防渗墙方案。按照防渗墙是否完全阻断透水层，可将其分为三种结构型式：悬挂式、半封闭式和全封闭式。形成垂直防渗墙的技术有薄抓斗成槽造墙技术、射水法成槽造墙技术、锯槽成墙技术、液压开槽机成墙技术、振动沉模成墙技术、高压喷射灌浆成墙技术和多小头直径深层搅拌桩截渗成墙技术及 TRD 工法、SWM 工法等技术。

第6章 土堤失事风险评估和风险管理

《堤防工程设计规范》(GB 50286—2013) 明确指出："堤防的安全鉴定是所研究地段的防洪能力的综合检验和评价，是堤防加固设计前工作的重要组成部分。"因此，堤防的安全评价或鉴定成果是堤防加固设计的重要依据。1998年长江流域发生特大洪水后，我国在大规模进行现有堤防加固和新建的同时，广泛开展了堤防工程设计、安全管理和评价的研究，但堤防险情的形成机理和预测技术方面的研究基本上停留在对现象的观察和监测数据的整理分析阶段。目前我国缺乏堤防工程在复杂环境下运行的风险分析和安全评价理论体系和实用模型，这就使得我们无法利用现在技术对堤防在汛期的系统行为进行分析并做出安全性评价，因此我国的抗洪抢险总是处于紧急被动的局面，同时也影响堤防工程除险加固工作的科学论证。因此开展堤防工程风险性分析和安全性评价研究是保障我国经济发展所迫切需要进行的一项工作，将传统经验型的堤防安全评价和管理方法转变成为预测型的风险管理体系，通过较为合理的计算模型和分析方法找出潜在危险点和事故生成途径，以更好地掌握堤防存在的险情类别和失事规律，并对事故后果进行预测和评价是发展方向。

以往的传统经验型的堤防安全评价和管理方法常常使堤防防洪处于紧急被动的局面，以哪里有险情就去哪里救的方式存在，而不是以预测型为手段预先做好防护措施。而通过计划、组织、协调、控制等过程，综合、合理地运用各种科学方法对堤防风险进行识别、估计和评价，提出应对办法，随时监测堤防工程运行情况，注视风险动态，妥善地处理风险事件造成的不利后果。对堤防工程在复杂环境下运行进行风险分析和风险管理的理论和实践研究，可以警示人们居安思危，提高风险意识，积极贯彻“预防为主，防重于抢”的方针，采取有效措施，做到防患于未然，避开或消除、减免洪水风险，达到保护人类生命财产安全的目的。基于此，本章对堤防工程在各种因素下单元堤段失事风险和综合失事风险、超标准洪水下运行进行风险分析，通过较为合理的风险计算模型和风险分析方法找出潜在危险点和事故生成途径，掌握堤防存在的险情类别和失事规律，并根据此对事故后果进行预测和评价，最终进行科学的风险应对方案和风险管理决策。研究并科学地解决这些问题，可以全面反映堤防系统的安全性，也可为堤防运行管理和风险管理提供有效的建议，也会带来巨大的社会效益和经济效益。

6.1 土堤失事风险分析

土堤的安全稳定决定着整个堤防系统的可靠性，因此，本节将对土堤的可靠性进行量化分析，分别阐述单个因素的风险模型，并综合各种因素提出综合风险计算模型。

若将整个土堤的可靠性问题视为一个系统，则该系统由3个子系统构成：水文失事可靠性子系统、土堤抗渗稳定可靠性子系统和土堤整体抗滑稳定可靠性子系统。运用系统可靠性分析的基本原理，将土堤的失效概率与各子系统的失效概率，乃至与各种极限状态的失效概率，建立某种联系，从而可以在土堤遭遇某种洪水灾害时，提供可靠性评估，评估其在外界条件变化的情况下，发生某些破坏形态的可能性，为抢险做好相应准备。

按照前文所述，土堤失事风险主要分为水文失事风险和结构失事风险。水文失事风险包括洪水漫溢风险和越浪风险；结构失事风险主要包括渗透破坏风险和岸坡滑动失事风险等。

6.1.1 土堤失事风险率评价方法

目前，对土堤失事风险评价的方法有3种：历史资料回归分析法、事故树法和模型定量计算法。

（1）历史资料回归分析法。历史资料统计法是指对结构、材料与功能类似的土堤评估它们过去的溃决概率，并假设它们随着时间的变化功能也是类似的，然后利用这些历史资料来评价要分析的土堤的溃决概率。这种方法一般只用于筛选风险评价和初步风险评价，用来校核事件树法，而不能用来做详细风险评价。

（2）事故树法。事故树法是根据一些规则用图形来表示由某些激发事件可能引起的许多事件链以追踪事件破坏的过程和评价系统的可靠性，随着事件数目的增加，这个图形表示法就像一棵树的枝叶一样展开，这就是事故树名称的由来。

事故树法在土堤防洪风险评价中的应用可以表述为从某一荷载状态或工况出发，采用追踪方法，对构成土堤荷载的各要素进行逻辑分析，分析在该荷载状态或工况下导致土堤溃决的条件，从而评价土堤总体的溃决失事概率。在采用事故树方法确定溃堤概率过程中需要解决两个关键问题：①事故树的构建，需要确定土堤可能的失事路径，根据土堤的地质条件、河道洪水威胁来确定全部的失事可能。在实际评价过程中，可以根据资料条件、危害程度分析、实际防洪需要考虑主要的失事模式对事故树进行简化；经验丰富的专家也可根据土堤存在问题画出事故树，还可以先对土堤进行失事路径分析，然后根据失事路径画出事故树；②分支概率的计算，即确定各种可能出现的荷载及其频率。一般可以通过上述提到的历史资料统计法、模型定量评估法进行评价计算，也可以由专家予以评价和赋值，但专家赋值法存在着较大的不确定性，只有在土堤失事资料详细、专家经验丰富的情况下，概率的确定才能准确。目前采用较多的还是历史资料统计法、模型定量计算法。

某一土堤风险分析的简单事故树模型见图 6.1。该堤段的设计洪水重现期为 1000 年。在该事故树中，大洪水是导致堤防风险失事的初始事件。根据流量或洪水频率的区间划分，可将事故树做首次分支。在一定的洪水条件下，来流洪水位可能超越堤顶，亦可能不超越堤顶。这就形成了事故树的第二次分支。洪水漫溢情况下，堤防可能失事，也可能在抢护及时有效的前提下不失事；同样，洪水不漫溢条件下，可能会发生渗透管涌或边坡失稳等土工结构失事事件，也可能不发生失事，这样，形成了事故树的第3个分支。

这一事故树的分析方法按照堤防失事破坏的逻辑过程，可用计算概率的子事件相交和相加的组合，求出风险率。

事故树中每一分支中，每一事件均以它前面事件的发生为条件，导致系统最终失效事件的概率是该枝所有概率的乘积。在图6.1中，遭遇$T<100$年洪水时，漫溢失事风险率为0.00×0.99，而土工结构失事风险率为$0.0001\times1.00\times0.99$；遭遇$100$年$<T<1000$年洪水时，漫溢失事风险率为$0.30\times0.02\times0.009$，而土工失事风险率则为$0.002\times0.98\times0.009$；以此类推计算。合计该堤段洪水漫溢失事的年均风险率$P_1=0.000209$，土工结构失事的风险率$P_2=0.000270$，总计$P=0.000479$。

事故树分析方法的优点在于它具有模拟具体堤防工程安全特性的能力，可以模拟工程各种可能失事状态发展的逻辑过程以及分析实施干预的可能性。避免了在分析失事原因过程中的逻辑混乱。

（3）模型定量计算法。影响土堤失事的不确定性因素很多，如水位、土质的物理力学指标、土堤的结构尺寸、施工质量等，土堤在运行过程中，这些不确定性因素对土堤的综合作用比较复杂，因此，对土堤的防洪安全评价成为可靠性分析问题中的难题，过去一般以定值安全评价方法得到土堤的安全系数，该方法不能完全确切地表征工程的安全程度，而且与土堤实际运行存在的不确定性不符。随着洪水演进数值模拟技术、可靠性评价方法的不断发展，建立以概率论和可靠度为基础，并借助数值模拟技术考虑河道水文、水力不确定性的土堤防洪安全评价模型成为定量计算堤防风险的重要方法。

对于土堤失事风险，可以概化为当洪水位超过某一界限时，防洪堤的荷载超过抗力，导致其失效的概率。防洪堤所受荷载用Z表示，它可以是土堤前的最高挡水位、防洪堤边坡的滑动力矩，也可以是堤身在水力作用下的渗透坡降。防洪堤的抗力用Z'表示，

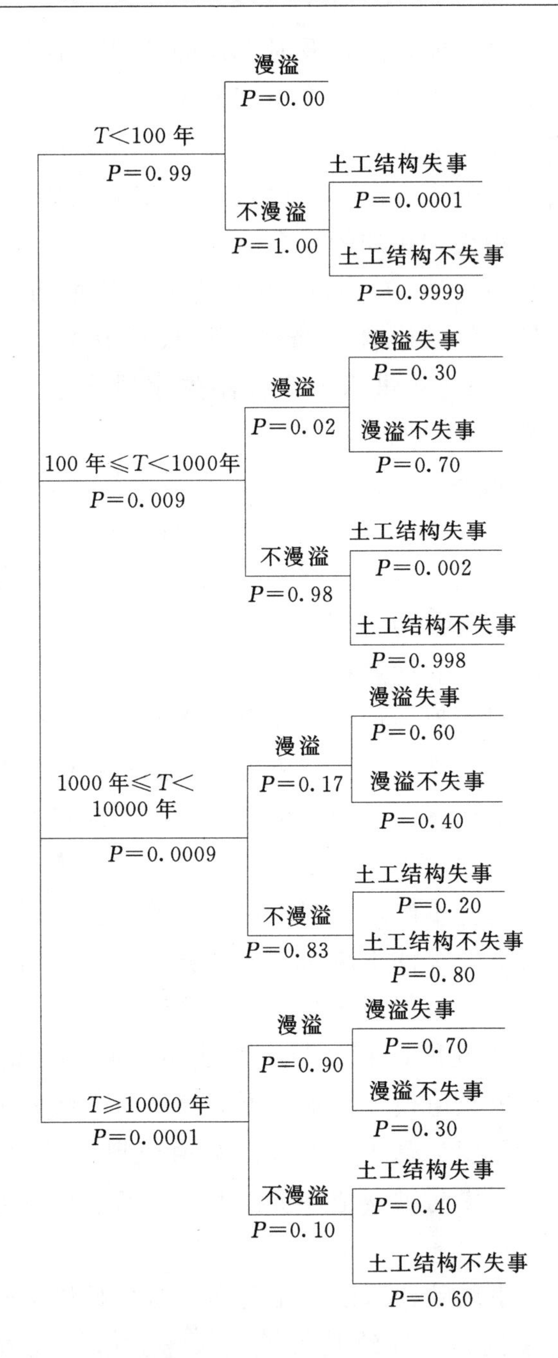

图6.1　土堤防洪风险率分析的简单事故树评价模型

它可以是堤顶高程或设计水位、堤边坡的抗滑力矩，也可以是堤身土体的抗渗能力。防洪堤失事的风险大小用风险度 R 表示，则有：

$$R=P(Z>Z') \tag{6.1}$$

式中：Z 和 Z' 均是随机变量，对于不同的土堤失事模式，都有相应的公式进行计算。

模型定量计算法一般针对某一特定的土堤失事模式风险评价，通过考虑失事模式的不确定性因素，建立相应的风险度评价模型，其评价结果一般为单一土堤失事的风险概率，也可以作为事故树法评价的辅助方法。

基于以上几种针对土堤风险评价方法的优劣和实用性，主要采用模型定量计算法对土堤各种破坏模式进行风险评价。下面将分别对土堤水文失事风险、渗透破坏风险、岸坡失稳风险、地震险情失事风险和综合失事风险进行评价，以获取土堤在非常洪水时期的失事风险概率，为提前做好相应准备工作提供数据支撑。

6.1.2 土堤单元堤段分项失事风险

6.1.2.1 水文失事风险

土堤水文失事模式可以分为洪水漫溢和越浪，这一点在前文的土堤险情形态模式分类中已经提出。一般认为，洪水漫溢事件发生就意味着土堤溃决失事，故可认为洪水漫溢事件概率对土堤水文失事概率贡献权重为1。而对越浪事件来讲，越浪会造成堤顶的冲刷破坏，甚至会造成较大的破坏，但它并不一定会造成堤防的溃决失事，也即越浪事件概率并不能等同于越浪失事风险率，必须对越浪事件造成土堤失事的可能性也即越浪对土堤水文失事风险率的贡献权重加以考虑。事实上，越浪事件造成土堤失事的可能性也即越浪对土堤水文失事风险率的贡献权重这个问题非常复杂，涉及到具体土堤的结构状况以及水力冲刷条件等等，为简单起见，仅将越浪对土堤水文失事风险率的贡献权重看做为洪水位的函数。

为了考虑越浪事件对水文失事风险的贡献，引入一个贡献权重函数 $K(h)[0\leqslant K(h)\leqslant 1]$来近似考虑这种关系。这个函数必须是洪水位的函数，由于洪水位越接近堤顶高程，越浪对土堤造成的破坏就越大，这种关系也不是线性关系，为简单起见，假定其为指数函数，即 $k(h)=e^{h-h_0}$，$0<h<h_0$。其中 h 为防洪堤临水面洪水位，h_0 为堤顶高程。

因而考虑了漫溢事件、越浪事件以及越浪事件对水文失事风险贡献权重概念的土堤单元堤段水文失事风险率计算模型可表示为：

$$P_{水文}=P_{漫溢}+P_{越浪}=P\{Z_{漫溢}<0\}+P\{Z_{越浪}<0\} \tag{6.2}$$

式中：$P_{水文}$ 为水文失事概率；$P_{漫溢}$ 为水文失事概率中的漫溢概率；$P_{越浪}$ 为水文失事概率的越浪风险概率；$Z_{漫溢}$ 为洪水漫溢失事模式的功能函数，根据洪水漫溢的定义，可得 $Z_{漫溢}=h-h_0$，其中 h 为防洪堤临水面洪水位；h_0 为堤顶高程；$Z_{越浪}$ 代表越浪失事模式的功能函数。

采用推导的方法可将土堤单元堤段水文失事风险率计算模型表示为：

$$\begin{aligned}P_{水文} &= P_{漫溢}+P_{越浪}\\ &=\int_{h_0}^{+\infty} f(h)\mathrm{d}h+\int_{h_l}^{h_0} p' f(h)k(h)\mathrm{d}h\\ &=1-F(h_0)+\int_{h_l}^{h_0} p' f(h)k(h)\mathrm{d}h\end{aligned} \tag{6.3}$$

式中：h 为防洪堤临水面洪水位；h_0 为堤顶高程；h_l 为计算起始水位；$f(h_0)$ 为洪水位概率密度函数，即为洪水位的概率密度曲线；$F(h_0)$ 为洪水位的概率分布函数；$p'(h)$ 为越浪失事模式的条件概率密度分布函数，是洪水位的函数；$k(h)$ 为越浪事件对水文失事风险的贡献权重函数，$k(h)=e^{h-h_0}$，$0<h<h_0$。

越浪失事条件概率分布函数 $p'(h)$ 可通过建立土堤越浪失事模式的功能函数，用可靠度计算方法模拟不同给定洪水位下的越浪失事条件概率，进而推求 $p'(h)$。

根据土堤越浪破坏的定义，可建立起土堤越浪事件的功能函数为：

$$Z=G(h_0,h_s,e)=h_0-h-h_s-e \tag{6.4}$$

式中：h_0 为堤顶高程，在越浪失事概率计算中看作为随机变量，m；h 为防洪堤临水面洪水位，m，根据前述，在推求越浪失事模式的条件概率分布函数过程中 h 作为确定量对待，此时为给定的计算条件洪水位；h_s 为波浪爬高，作为随机变量处理，m；e 为风壅高度，作为随机变量处理。

6.1.2.2 渗透破坏风险

土堤渗透破坏失效模式是最常见的。事实上，发生土堤渗透破坏并不等于土堤渗透破坏失事。但由于土堤渗透问题非常复杂，从安全角度出发，认为土堤发生渗透破坏即为土堤发生渗透破坏失事。

土堤渗透破坏的发生是多方面的因素综合造成的，如堤外洪水位、堤身断面、堤身填土性质、堤基地质条件、土层结构和性质、地形条件等，但最主要是堤外洪水位和其特定的堤基结构及性质。在建立土堤单元堤段渗透破坏风险率计算模型时必须考虑到洪水位对应的频率。

渗透破坏风险率的计算模型为：

$$P_{渗透} = \int_{h_1}^{h_2} F_J(h) f(h) \mathrm{d}h \tag{6.5}$$

式中：h_1 为计算土堤失事风险时规定的最低水位，m；h_2 为计算土堤失事风险时规定的最高洪水位，其上限为堤顶高程 h_0，m；$F_J(h)$ 为给定洪水位 H 时，渗透坡降 J 大于临界渗透坡降 j_c 的概率，即渗透破坏条件概率分布函数。

需要注意的是，根据一些研究可知，土堤渗透破坏发生并不等于渗透破坏失事，渗透破坏属于过渡失效模式，该事件发生后往往伴随着继发灾害，从渗透破坏发生到土堤溃决失事，究竟是几小时、几天还是几周，目前这方面的研究进行的较少。在对管涌失事进行详细研究基础上看出，管涌失事发展非常快，由首次发现集中渗漏到土堤溃决的时间大多数都在 6～12h。总之，渗透破坏扩展是一个非常复杂的问题，而鉴于渗透破坏特别是管涌对河道土堤破坏危害之大、发生之频繁、分布之广，工程中出于安全考虑，通常采用渗透稳定状态的判断办法来判断土堤是否发生渗透破坏。

而采用式（6.5）作为土堤渗透破坏失事风险率计算模型，其中也隐含着渗透破坏一旦发生，就会立即导致土堤溃决失事，土堤渗透破坏失事风险对土堤结构失事风险的贡献权重为1，这也是一种偏安全的分析方法。

渗透破坏失事条件分布概率函数 $F_J(h)$ 是土堤临水面洪水位 h 的关系函数，可通过建立起土堤渗透破坏失事模式的功能函数，用可靠度计算方法模拟不同给定洪水位下的单元堤段渗透破坏失事条件概率，进而推求 $F_J(h)$。

土堤产生渗透破坏的条件可以描述为：在土堤结构一定的情况下，随着堤外洪水位的上升，防洪堤内水力坡降不断提高，当该水力坡降超过了堤身堤基土质的抗渗临界坡降时，渗透破坏现象就发生了。据此渗透破坏的基本原理，可以建立土堤渗透破坏的功能函数为：

$$Z=G(J_{\max},j_c)=j_c-J_{\max} \tag{6.6}$$

式中：$J_{\max}$为土堤背水面的最大水力坡降；j_c 为土堤抗渗临界水力坡降。

土堤背水面最大水力坡降和土堤抗渗临界水力坡降 j_c 是评定土堤渗透稳定性的主要依据，其计算结果是否正确，数值选用是否合理，直接关系到土堤的造价与安全。因此，渗透破坏失事条件概率分布函数 $F_J(h)$ 计算关键是对土堤背水面最大水力坡降 $J_{\max}$和土堤抗渗临界水力坡降 j_c 的统计特征的合理确定。显然，土堤背水面最大水力坡降 $J_{\max}$主要取决于土堤上下游水位差、土堤结构以及渗透系数，在给定洪水位这个条件下，对结构既定的土堤，其背水面最大水力坡降 $J_{\max}$就是渗透系数的函数。通过分析认为渗透系数服从对数正态分布。而土堤抗渗临界水力坡降 j_c 取决于堤身堤基土的物理力学性质、施工质量以及受力状态等因素，相对复杂，但考虑到其本质性质与背水面水力坡降相同，故亦可假定其服从对数正态分布。

6.1.2.3 岸坡滑动失稳风险

从土堤历史实践来看，同一单元堤段同时发生临水面岸坡滑动失稳和背水面岸坡滑动失稳很少见，二者不存在关联，这是因为临水面滑动失稳常发生在上游低洪水位或水位骤降时，而背水面滑动失稳常发生在上游高洪水位时。故可将单元堤段岸坡失稳模式分为临水面岸坡失稳模式和背水面岸坡失稳模式，同时可假定这两种失事模式相互独立。

岸坡失稳是土堤工程中相当普遍的一种破坏失事方式，其失事后果与洪水位关系密切，后果严重，其往往也是其他失事模式的最终表现形式。故此可认为土堤岸坡失稳风险对土堤结构失事总风险的贡献权重为1。

基于上述分析，考虑临水面岸坡滑动失稳模式和背水面岸坡滑动失稳模式的土堤岸坡失稳风险率计算模型推导方法可表示为：

$$
\begin{aligned}
P_{滑动} &= P_{背水面} + P_{临水面} \\
&= P\{Z_{背水面} < 0\} + P\{Z_{临水面} < 0\} \\
&= \int_{h_1}^{h_2} F_S^1(h) f(h) \mathrm{d}h + \int_{h_1}^{h_2} F_S^2(h) f(h) \mathrm{d}h \\
&= \int_{h_1}^{h_2} [F_S^1(h) + F_S^2(h)] f(h) \mathrm{d}h
\end{aligned}
\tag{6.7}
$$

式中：$Z_{背水面}$为单元堤段背水面岸坡滑动失稳功能函数；$Z_{临水面}$为单元堤段临水面岸坡滑动失稳功能函数；$F_S^1(h)$为背水面滑动失稳的条件概率分布函数，它是堤外洪水位 h 的函数；$F_S^2(h)$为临水面滑动失稳的条件概率分布函数，它是堤外洪水位 h 的函数；h_1 为计算土堤失事风险时规定的最低水位；h_2 为计算土堤失事风险时规定的最高洪水位，其上限为堤顶高程 h_0，m；$f(h)$为洪水位概率密度函数，即为洪水位的概率密度曲线。

岸坡失稳条件概率分布函数 $F_S^1(h)$ 和 $F_S^2(h)$ 均是土堤临水面洪水位 h 的函数，可通过分别建立起单元堤段背水面和临水面的岸坡失稳失事模式的功能函数，用可靠度计算方法模拟不同给定洪水位下的单元堤段背水面和临水面的岸坡失稳的条件概率，进而推求

$F_S^1(h)$ 和 $F_S^2(h)$。

6.1.2.4　地震险情失事风险

单元堤段地震险情失事模式分为岸坡地震失稳模式和地震液化失事模式。地震液化失事模式会导致继发灾害，岸坡地震失稳即为其中一种堤防地震液化失事模式所导致的继发灾害，但岸坡地震失稳不一定是由于砂土地震液化引起的，它也可能是由于地震所产生的惯性力而引起的。因此，土堤岸坡地震失稳和地震液化失事模式之间存在着一定的相关关系。但为简单起见，从安全角度考虑，假定这两种失事模式，即岸坡地震失稳和地震液化是相互独立的。同时参照前文土堤静力条件下岸坡失稳失事模式的分析，将单元堤段岸坡地震失稳失事模式分为背水面和临水面岸坡地震失稳失事模式。则单元堤段地震险情失事模式的风险率可表示为：

$$\begin{aligned} P_{地震} &= P^e_{滑动} + P^e_{液化} \\ &= P^e_{背水面} + P^e_{临水面} + P^e_{液化} \\ &= P\{Z^e_{背水面} < 0\} + P\{Z^e_{临水面} < 0\} + P\{Z^e_{液化} < 0\} \end{aligned} \tag{6.8}$$

式中：$P_{地震}$ 为单元堤段地震险情失事风险率；$P^e_{滑动}$ 为单元堤段岸坡地震失稳失事模式的风险率；$P^e_{液化}$ 为单元堤段地震液化失事模式的风险率；$P^e_{背水面}$ 和 $P^e_{临水面}$ 分别为单元堤段背水面和临水面岸坡地震失稳失事模式的风险率；$Z^e_{背水面}$ 和 $Z^e_{临水面}$ 分别为单元堤段背水面和临水面岸坡地震失稳失事模式的功能函数；$Z^e_{液化}$ 为单元堤段地震液化失事模式的功能函数。

在式（6.8）中，各分项失事模式的功能函数 $Z^e_{背水面}$、$Z^e_{临水面}$ 和 $Z^e_{液化}$ 中应包含临水面洪水位和地震这两个基本因素。若以 $Z(X;h,e)$（h 为临水面洪水位，e 表示地震）表示这 3 种功能函数，以 P_i 表示这 3 种功能函数对应的失事模式，则有：

$$\begin{aligned} P_i &= P\{Z(X,h,e) < 0\} = \iiint\limits_{Z<0} f_{X,h,e}(X,h,e)\,\mathrm{d}X\mathrm{d}h\mathrm{d}e \\ &= \iiint\limits_{Z<0} f_X(X \mid h,e) f_E(e) f_h(h)\,\mathrm{d}X\mathrm{d}h\mathrm{d}e \end{aligned}$$

$$=\int_{-\infty}^{\infty}\left(\iint_{D_e} f_{X,h}(X,h \mid e)\mathrm{d}X\mathrm{d}h\right)f_E(e)\mathrm{d}e$$

$$=\int_{-\infty}^{\infty}\left(\int_{-\infty}^{e}\left(\int_{-\infty}^{L(h,e)} f_X(X \mid h,e)\mathrm{d}X\right)f_h(h \mid e)\mathrm{d}h\right)f_E(e)\mathrm{d}e$$

$$=\int_{-\infty}^{\infty}\left(\int_{-\infty}^{\infty}\left(\int_{-\infty}^{L(h,e)} f_X(X \mid h,e)\mathrm{d}X\right)f_h(h)\mathrm{d}h\right)f_E(e)\mathrm{d}e$$

$$=\int_{-\infty}^{\infty}\left(\int_{-\infty}^{\infty} F_X(h,e)f_h(h)\mathrm{d}h\right)f_E(e)\mathrm{d}e \tag{6.9}$$

式中：P_i 为某一上述三种失事模式的失事概率；$F_X(h,e)=\int_{-\infty}^{L(h,e)} f_X(X \mid h,e)\mathrm{d}X$ 为地震条件下上述三种失事模式的条件概率分布函数；$f_E(e)$ 为地震的概率密度函数；f 为相应的概率密度函数。

上式推导过程中应用了 $f_E(e)$，相当于地震发生的年概率密度函数，但实际上由于地震是作为一种偶发事件，其发生的可能性相当低，要统计得到其年概率密度函数几乎是不可能的。工程实践中可采用重现期的频率分析法，将地震发生率看作为一个常数，以 P_e 表示。

由前述对失事模式分级可知，地震液化属于过渡失效模式，其失事后果严重程度取决于它所诱发的继发灾害的严重程度，要将地震液化纳入地震险情失事模式中，必须考虑到地震液化失事模式对地震险情模式的贡献。显然，地震液化失事模式诱发的继发灾害事件的后果严重程度，除取决于堤身地基条件和地震烈度大小外，还与作用的洪水位直接相关。引入一个贡献权重函数 $K(h)[0<K(h)\leqslant 1]$ 来近似考虑地震液化风险对地震险情风险的贡献。该函数是洪水位的函数，由于洪水位越接近堤顶高程，发生地震液化造成的损失就越大，这种关系也不是线性关系，为简单起见，假定其为指数函数，即 $k(h)=\mathrm{e}^{h-h_0}$，$0<h<h_0$，其中 h 为防洪堤临水面洪水位，h_0 为堤顶高程。

则单元堤段土堤地震险情失事模式的风险率计算模型可表示为：

$$
\begin{aligned}
P_{\text{地震}} &= P^{e}_{\text{滑动}} + P^{e}_{\text{液化}} \\
&= \int_{h_1}^{h_2} F^{1}_{se}(h) f(h) P_e \mathrm{d}h + \int_{h_1}^{h_2} F^{2}_{se}(h) f(h) P_e \mathrm{d}h \\
&\quad + \int_{h_1}^{h_2} k(h) f_L(h) f(h) P_e \mathrm{d}h \\
&= P_e \cdot \int_{h_1}^{h_2} [F^{1}_{se}(h) + F^{2}_{se}(h) + k(h) f_L(h)] f(h) \mathrm{d}h
\end{aligned}
\tag{6.10}
$$

式中：$F^{1}_{se}(h)$ 和 $F^{2}_{se}(h)$ 分别为单元堤段背水面和临水面岸坡地震失稳模式的条件失事概率分布函数，它是堤外洪水位 h 的函数；$f_L(h)$为给定洪水位下，单元堤段的地震液化失事模式的条件概率分布函数；P_e 为土堤场地地震发生频率，常数；$k(h)$为地震液化失事风险对地震险情失事风险的贡献权重函数，$k(h)=\mathrm{e}^{h-h_0}$，$0<h<h_0$，其余符号意义同式（6.9）。

需要指出的是，土堤地震险情包含着岸坡地震失稳和地震液化两种失事模式，这两种失事模式的风险率是否纳入土堤综合失事风险率中取决于具体土堤工程的等级以及具体场地水文地质条件。对有抗震设防要求的土堤，若经初步判断后土堤场地土不会发生液化，地震液化失事模式就不计入土堤地震险情失事风险率计算中；地震液化失事模式仅在当经初判后场地土可能发生地震液化时才予以考虑。

6.1.2.5　单元堤段分项失事事件间的相关性

单元堤段失事时间的相关性是由相关系数体现的，要直接确定单元堤段失事事件间的相关系数是比较困难的。由于单元堤段失事是复合事件，它包含着多种分项失事模式；且对于不同分项失事模式由于其随机因素各不相同，因而其在各单元堤段间的相关程度也不同，因此要分析各单元堤段失事事件之间的相关性，就必须先分析分项失事模式在各单元堤段之间的相关性，然后再综合考虑各单元堤段失事事件间的相关性。

实际工程中，相邻堤段或相邻基本单元之间的随机变量是有一定相关性的，而相距很远的完全不同的堤段的随机变量之间相关性可以认为较差，或者是不相关的。可见，不同堤段间的相关性取决于它们之间的距离。

因此，分项失事模式在各单元堤段间的相关性可借助于空间随机场理论的相关函数来描述。从应用角度讲，假定土堤场地为均匀高斯场，它是空间随机特性统计描述一个非常有用的工具，用两点间距离函数描述的两点间的相关系数计算公式就是基于高斯相关模型而建立的。高斯相关模型可以表示为：

$$\rho(\Delta z)=\exp\left[-\left(\frac{\Delta z}{d}\right)^2\right] \tag{6.11}$$

式中：Δz 为两点之间的距离，看作两个单元堤段中心的纵向距，m；d 为波动范围与相关距离 θ 有关的参数，其中 $\theta=\sqrt{\pi}d$，m。

显然，不同分项失事模式在任两个单元堤段间的相关性是不同的，单元堤段失事事件之间的相关性可以归结为两个方面的因素：洪水位的自相关性以及土堤结构特性和材料特性的自相关性。根据前面分析，土堤失事事件可以分为水文失事模式和结构失事模式。对水文失事模式来讲，不同单元堤段间洪水位的自相关性是水文失事模式在此二单元堤段间的相关性的原因；而对结构失事模式来讲，不同单元堤段间土堤结构特性和材料特性的自相关性是结构失事模式在此二单元堤段间相关性的原因。相关距离是用以描述自相关特性的指标，采用相关函数模型式（6.11）将相关系数问题转化为相关距离 θ 的问题，要精确估计相关距离 θ 是非常困难的，因为其所涉及到的问题非常复杂，需要根据已有资料凭借工程经验确定。

土堤系统的洪水都遵从一定的水力模型，不同单元堤段间的洪水位都受整个土堤断面流量控制，因而相邻单元堤段的水文失事事件之间必然存在很强的自相关性，也即其相关距离很大。众所周知，土堤洪水位受制于上游来水量和区域降水量，一些学者通过对南水北调引水总干渠河北省段区域暴雨洪水一致区之间的相关性进行了统计分析，结果显示相邻一致区最大24h暴雨系列的相关系数为0.718～0.946，相邻一致区间的平均距离超过10km。因此，对于某一河段相应的土堤系统，相邻单元堤段水文失事事件间的相关距离应取1～10km，具体可根据所分析的工程对象确定。

同样，单元堤段结构失事事件间也存在着自相关性，考虑到单元堤段结构失事模式失事的风险率除了与洪水位直接相关外，也与堤身堤基材料的物理力学特性的变异性相关。相关研究显示，同一土层，不同土壤特性参数之间具有十分接近的相关距离值。一些学者对太原地区典型土：粉质黏土、粉土和粉砂以及杭州地区典型土：淤泥质粉质黏土、粉质黏土和淤泥质黏土的土壤特性水平向相关距离进行了研究，各土层的水平向相关距离均值在35～48m，变异系数在0.15～0.20。考虑到这些研究中，对土壤特性的水平向相关距离研究是三维空间中的问题，而单元堤段结构失事事件间的相关距离是纵向水平向的相关距离，而受横向水平向的约束较小，因而其相关距离应该大于上述学者的研究结果。因此，对于某一河段相应的土堤系统，相邻单元堤段结构失事事件间的相关距离应取50～500m，具体可根据所分析的工程对象确定。

对于某一土堤系统，依上述假定可分别确定单元堤段水文失事事件间和单元堤段结构失事事件间的相关距离为θ_H和θ_S，依式(6.11)可分别确定两个单元堤段水文失事事件之间和结构失事事件之间的相关系数。

6.1.3　土堤单元堤段综合失事风险

土堤工程是一个复杂的系统工程，它也是个典型的平面应变问题，单元堤段分项失事风险率的计算就是基于二维的土堤横断面而进行的，认为该典型断面的评价指标代表了整个单元堤段的相应指标。实际土堤工程常常绵延数十上百千米，不同河段实际上并不是完全相互独立的离散体，不同的河段失事事件之间是具有很强空间相关性的连续体。因此，土堤系统综合失事风险率的计算必须考虑到单元堤段综合失事风险率之间的相关性。

土堤工程可以看作为一个复杂的串并联系统，在对其进行定量风险分析的过程中，假定土堤系统是由不同的单元堤段组成，每个单元堤段又包含着多种分项失事模式，因此土堤系统风险是各单元堤段综合失事风险的某种组合，而单元堤段综合失事风险又是其所包含的分项失事模式失事风险的某种组合。

因而土堤系统综合失事风险率求解思路为：先求取各单元堤段综合失事风险率，将各单元堤段失事事件看做基本事件，建立各单元堤段失事事件间的相关关系，进而求取土堤系统综合失事风险率。

土堤系统综合失事风险率基本计算式：

设土堤系统由 n 个单元堤段组成，以 E_1、E_2、…、E_n 表示各单元堤段失事事件，则整个土堤系统综合失事风险率可表示为：

$$P_f^T = P\{E_1 \cup E_2 \cup \cdots \cup E_n\} \tag{6.12}$$

显然土堤各单元堤段失事事件 E_1、E_2、…、E_n 不可能是互不相容的，则上式亦可表示为：

$$P_f^T = \sum_{i=1}^{n} P(E_i) - \sum_{1 \leqslant i < j \leqslant n} P(E_i E_j) + \sum_{1 \leqslant i < j \leqslant n} P(E_i E_j E_k) + \cdots + (-1)^{n-1} P(E_1 E_2 \cdots E_n) \tag{6.13}$$

式中：$P(E_i E_j)$ 为单元堤段 i 和单元堤段 j 同时失事的概率；$P(E_1 E_2 \cdots E_n)$ 为单元堤段 1、单元堤段 2，…，以及单元堤段 n 同时失事的概率。

由于土堤单元堤段的失事概率一般都较小，考虑两个单元堤段同时发生失事破坏的概率相对更小，因而 3 个或 3 个以上的单元堤段同时发生失事破坏的概率就会非常小，对土堤系统综合失事风险率 P_f^T 几乎没有贡献，也就失去了其研究意义。因此，土堤系统失事综合风险率式（6.13）分析式可简化为：

$$P_f^T = \sum_{i=1}^{n} P(E_i) - \sum_{1 \leqslant i < j \leqslant n} P(E_i E_j) \tag{6.14}$$

由于单元堤段失事事件又包含单元堤段的分项失事模式，因而单元堤段失事事件应看做复合事件。从可靠指标的定义知，单元堤段失事风险率服从正态分布，因而可假定任意两个单元堤段 i 和单元堤段 j 的二维联合概率分布也服从正态分布，则土堤系统失事综合风险率可表示为：

$$P_f^T = \sum_{i=1}^{n} P_{fi}^d - \sum_{1 \leqslant i < j \leqslant n} \Phi(-\beta_i, -\beta_j, \rho_{ij}) \tag{6.15}$$

式中：P_{fi}^d为单元堤段i失事的综合风险率；β_i为单元堤段i失事的综合可靠指标，$\beta_i = \Phi^{-1}(P_{fi}^d)$；$\Phi(-\beta_i, -\beta_j, \rho_{ij})$为二维标准正态分布函数。

当各失效模式的失效概率较小且相近时，上式可以给出较好的结果，由于各单元堤段失事综合风险率较小，故上式适合于土堤系统失事综合风险率计算。将上式代入式（6.15）可推导出堤防系统失事综合风险率的近似计算公式：

$$P_f^T \approx \sum_{i=1}^{n} P_{fi}^d - \sum_{1 \leqslant i < j \leqslant n} \{(q_i + q_j)[1 - \arccos(\rho_{ij})/\pi]\} \tag{6.16}$$

利用上式估算土堤系统失事综合风险率存在的一个困难是如何确定单元堤段失事事件间的相关系数。在确定了单元堤段失事事件之间的相关系数后就可以利用上式计算土堤系统的综合失事风险率。

6.2　土堤系统失事风险评价

在汛期防洪过程中，存在着堤防失事造成重大事故的危险，虽然概率较小，但在超标准洪水下，堤防一旦失事，将会造成严重的生命财产损失与不利影响。因此，将传统的经验型的堤防管理方法转换为预测型的实时风险管理体系的研究工作对提高防洪能力具有重要的意义。堤防失事风险评价与管理是集合堤防风险分析、评价、预防和处理堤防失事的一项复杂的系统工程，可以分为风险分析、风险评价和风险控制 3 个方面内容，是对风险和承受者的脆弱度进行分析并作出相应对策的综合体系。前文针对土堤综合失事风险进行了分析，本节将着重阐述堤防系统失事风险评估的方法，并了解堤防系统失事后的后果估算。

6.2.1 堤防失事后果

1. 失事后果的构成

堤防系统失事可能发生在低洪水位下，此时一般不会引发洪灾损失，但堤防结构可能发生破坏，失事后果即等同于堤防重建费用；堤防系统在高洪水位下失事会引发洪灾，此时失事后果包含着洪灾后果和堤防重建费用，而洪灾后果较为复杂，包括洪灾引起的经济损失，人员伤亡，对环境、社会、文化等带来的损害等。需要指出的是，堤防系统重建费用比起堤防失事所诱发的洪灾损失来小得多，因而失事后果的研究主要是指对洪灾损失的研究。

洪灾损失评估是防洪减灾研究领域的一项基础性研究工作。洪灾损失从总体上说可以分为有形损失和无形损失，洪灾有形损失可用货币形式直接来表示，它又可以分为两种类型，即为直接经济损失和间接经济损失，直接经济损失可定义为由于洪水冲击所造成的经济损失，而将间接经济损失定义为由于洪灾区和非洪灾区间的经济联系导致的经济损失。洪灾无形损失则是不能用货币形式表示的，主要就是指人员伤亡、健康、心理损害等。例如荷兰洪水风险指标大体上分为两类：从经济损失角度来讲的经济风险指标与从无形损失角度来讲的个人风险指标和社会风险指标，与上述洪灾损失分类相一致。

洪灾无形损失是一个很复杂的问题，对洪灾无形损失的量化涉及到很多领域许多因素，是极其困难的。洪灾引起的人员伤亡是衡量洪灾后果的一个重要方面，但洪灾伤亡定量评估模型的研究还只是初步的。考虑到由堤防系统失事造成的洪灾后果一般是可用货币形式直接表示的有形损失，所引起人员伤亡率极低，无形损失更多情况下是采用定性化方法来加以考虑，因此，对堤防系统失事风险分析中洪灾后果的研究重要是针对洪灾经济损失的研究。

2. 洪灾损失经济评估

洪灾损失经济评估是灾害经济研究领域一个相当重要的课题。许多国家的学者建立起了洪灾损失评估模型，我国学者也在洪灾损失经济估算模型方面开展了大量的研究。其中，根据面上综合洪灾损失指标计算的模型较为简单实用。

洪灾造成的经济损失大小，受洪水特征、自然地理环境、经济发展水平以及社会环境等诸多因素的综合影响，是一个很复杂的问题，对造成洪灾损失的众多影响因素逐一做出定量分析是很困难的。因此，工程实践中为简单起见，常采用根据面上综合洪灾损失指标计算的模型。

面上综合洪灾损失指标有3种表示形式，即人均损失（元/人）；单位耕地面积损失值一亩均损失（元/亩）；单位受淹面积洪灾损失值（万元/km^2）。预估农村洪灾损失一般用亩均损失指标；预估城镇洪灾损失一般用人均损失指标；也可以都用单位面积洪灾损失指标预估洪灾损失。面上综合洪灾损失指标计算公式可表示为：

$$D_P=(1+K)D_d+C_p=(1+K)\beta_i A+C_p \tag{6.17}$$

或

$$D_P=(1+K)n_i N+C_p \tag{6.18}$$

式中：D_P 为一次洪灾总经济损失，元；D_d 为一次洪灾造成的总直接经济损失，元；C_p 为抗洪、抢险、救灾、转移、安置、救济等费用，可调查统计求得，元；K 为综合洪灾间接损失系数，%；β_i 为亩均损失值或单位面积损失值，元/亩；A 为淹没耕地面积或淹没面积，亩；n_i 为人均损失值，元/人；N 为受淹人口数，亩。

3. 洪灾损失与水位的关系

一次洪灾的可能损失是基于历史洪灾损失信息、问卷调查以及模型试验等得到的，这也是世界各国普遍应用的传统洪灾损失估计方法。堤防系统失事后果严重程度与淹没范围、淹没水深、淹没历时、流速以及各类承灾体易损性等密切相关，而淹没范围、淹没水深、淹没历时、流速又与堤防失事的洪水特征密切相关，因此堤防系统失事后果是堤防系统洪水位的非线型函数。

采用式（6.16）和式（6.17）可近似估算堤防系统某一级洪水位下失事引发的洪灾经济后果，为了得到堤防系统失事后果与洪水位的关系函数，可引入洪灾损失系数，洪灾损失系数是面上综合洪灾损失值与其可能最大损失值的比例系数，与淹没深度有关，来考虑不同淹没深度下洪灾经济损失。根据洪灾记录、问卷调查、模型试验甚至一维、二维非恒定流计算确定水位与淹没深度的函数关系，进而可推求洪灾损失系数与水位的关系函数。基于式（6.17）和式（6.18）计算堤防系统失事后果的可能最大值 D_P，利用所推求的洪灾损失系数与水位关系函数，根据下式可得到堤防系统失事后果 D 与水位的关系曲线。这一过程可见图 6.2。

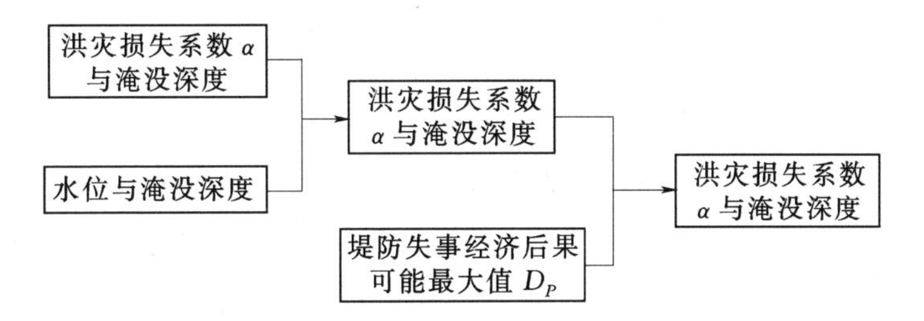

图 6.2 堤防失事经济后果与水位关系计算示意图

6.2.2 堤防失事评价

根据工程界对风险的普遍定义，可知堤防综合失事风险可表示为：

$$R = P_f^T \cdot D \tag{6.19}$$

式中：R 为堤防综合失事风险；P_f^T 为堤防系统失事综合风险率；D 为堤防失事经济后果。R、P_f^T、D 的单位可表述为：$[R]$＝元/年、$[P_f^T]$＝1/年、$[D]$＝元。

用［R］来表示堤防综合失事风险，可以看做是堤防考虑失事经济后果和失事概率的风险值，它在堤防设计方案决策优化以及堤防洪灾保险方面有着重要的意义，但是对于堤防安全评价来说该值的物理意义过于抽象，不便于应用。

对堤防工程来讲，堤防系统失事综合风险率以及失事后果经济损失都直接受洪水位的影响，因此用堤防综合失事风险率 P_f^T 与洪水位 H 的关系曲线和堤防失事后果经济损失 D 与洪水位 H 的关系曲线来表征堤防安全性更具有实际意义，进而获得堤防失事后果经

济损失 D 与综合失事风险率 P_f^T 的关系曲线，可为堤防工程汛期运行管理提供更多的支持。同时根据式（6.19）可分别求出不同计算上限洪水位下堤防系统失事风险 R，形成堤防系统失事风险 R 与洪水位 H 的关系曲线。依据堤防综合失事风险率 P_f^T 与洪水位 H、堤防失事后果经济损失 D 与综合失事风险率 P_f^T 和堤防系统失事风险 R 与洪水位 H 这三条曲线可从风险分析角度对堤防的安全性作出评价，给堤防运行管理特别是汛期运行管理提供建议，具有非常重要的意义。该转化过程见图6.3。

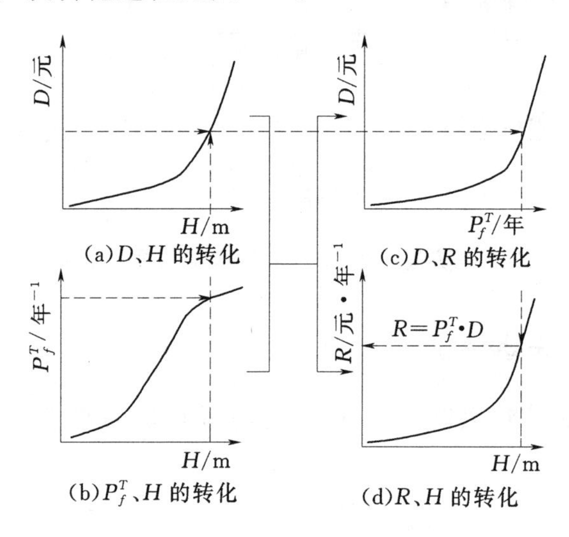

图6.3　D_P 与 P_f^T 曲线、R 与 H 曲线转化图示

在堤防工程风险分析中，由于堤防失事后果的量化是极其困难的，建立图6.3需要作大量的调查研究分析，是一项工作量浩大的任务，因而实际堤防工程风险分析中常以风险率或失效概率来作为风险分析结果表述。因此，在堤防工程风险分析实践中，究竟是采用狭义风险表述还是广义风险表述，可根据堤防工程实际情况以确定。

6.3　超标准洪水土堤失事风险

1. 超标准洪水

堤防工程界对超标洪水概念的定义比较模糊，有将它定义为超出对堤防稳定安全构成的威胁的起始洪水位，也有专家将超标洪水直接理解为设计洪水和校核洪水。从目前堤防工程的研究进展来看，各种不同定义的产生的背景与其研究目的是有关联的，研究目标的不同，也就导致对超标洪水的理解也不尽相同。

设计洪水是堤防工程设计中的一个标准，将超标洪水理解为设计红水和校核洪水，或者简单地理解为对安全构成威胁的洪水都是有失偏颇的。经过分析，认为超标洪水应理解为超出设计洪水位以外的洪水。这种定义便于理解，不会与其他诸如设计洪水的概念发生冲突。

2. 超标准洪水下堤防失事风险

根据以上所述，堤防系统综合失事风险分析中，堤防失事可能发生在任何理论上存在的洪水位下，因此，堤防系统综合失事风险包含了所有理论上存在的洪水位下的堤防失事风险，超标洪水下堤防失事风险是堤防系统综合失事风险的一部分。根据超标洪水的定义可将堤防系统失事风险分为设计洪水下堤防系统失事风险和超标洪水下堤防系统失事风险。显然，设计洪水下堤防系统失事风险和超标洪水下堤防系统失事风险也都由水文失事风险和结构失事风险构成，堤防系统水文失事风险在超标洪水下堤防系统失事风险中占了很大比重，而相对地在设计洪水下堤防系统失事风险中所占比例较小。

同堤防系统失事风险分析一样，超标洪水下堤防系统失事风险也包含相应的风险率计算和失事经济后果计算。现分述如下：

（1）超标洪水下堤防系统失事风险率。若堤防系统失事风险率的计算成果可以表示见图 6.3（b），在图中读取洪水位为设计洪水位所对应的堤防系统失事风险率 $P_{设计}$，即为设计洪水下的堤防系统失事风险率，则超标洪水下堤防系统失事风险率 $P_{超标}$ 可表示为：

$$P_{超标}=P_f^T-P_{设计} \tag{6.20}$$

（2）超标洪水下堤防系统失事经济损失。若堤防系统失事经济后果的计算成果可以见图 6.3（a），在图中读取洪水位为设计洪水位所对应的堤防系统失事经济后果 $D_{设计}$，即为设计洪水下的堤防系统失事经济后果，则超标洪水下堤防系统失事经济损失 $D_{超标}$ 可表示为：

$$D_{超标}=D_f-D_{设计} \tag{6.21}$$

式中：D_f 为洪水位在堤顶高程时堤防系统失事经济损失，元。

（3）超标洪水下堤防系统失事风险。根据工程界对风险的定义，可知超标洪水下堤防系统失事风险 $R_{超标}$ 为：

$$R_{超标}=P_{超标}\cdot D_{超标} \tag{6.22}$$

如果在堤防系统失事风险分析成果生成了图6.3（d）图，直接从图中读取洪水位为设计洪水位所对应的堤防系统失事风险 $R_{设计}$，即为设计洪水下的堤防系统失事风险，则超标洪水下堤防系统失事风险 $R_{超标}$ 亦可表示为：

$$R_{超标}=R_f-R_{设计} \tag{6.23}$$

式中：R_f 为洪水位在堤顶高程时堤防系统失事风险，元/年。

以上对堤防工程失事风险分析的模型和理论进行了相关阐述，将堤防系统分为若干个单元堤段，分别对单元堤段失事模式、风险率计算模型、综合失事风险率计算模型进行了分析，在此基础上，探讨了堤防系统综合失事风险率计算、堤防系统失事经济后果评价、堤防系统风险成果表述以及超标洪水下堤防系统失事风险计算等问题，这些理论对于正确运用概率风险方法评估堤防工程安全性有着重要的理论和实践意义。

6.4 土堤失事风险管理对策

洪水风险管理理论和技术在防洪工程安全管理领域的应用日益广泛。主要在于可以根据工程失事风险分析结果，合理地划分堤防安全风险等级，确定威胁堤防安全的隐患或薄弱环节，在此基础上进行防汛资源调配，确定运行管理工作重点，制定除险加固方案等。

（1）划分堤防安全风险等级。根据《堤防工程设计规范》（GB 50286—2013）的规定，堤防工程划分为五个级别。依据前文对堤防综合失事风险概率计算，将失事风险率划分为若干等级，如此便可将堤防工程划分为相应的安全风险等级。

（2）采用工程措施。根据堤防工程失事风险评价结果，制定堤防进行加固、维护决策，达到风险规避、风险转移、风险缓解等目的。如对于应对堤防水文风险的除险工作，首先要复核堤顶高程，检查其是否满足规范规定的要求。若不满足规范要求需对其进行加固、加高。同时，为了消除汛期风浪对堤顶和堤坡的冲刷险情，应对堤顶和堤坡未设护坡堤段进行防护加固。

（3）加强信息化建设。目前国内正在大力进行水利信息化建设，如降雨、洪水堤防监测，以堤防信息管理系统、堤防工程风险分析系统等为堤防工程风险管理提供了有效的技术手段。

（4）建设堤防工程安全监测系统。为弥补传统的拉网式检查的不足，争取防汛查险的主动性，为“抢早抢小”提供条件，在重点堤防和堤防重要部位布置相应的自动化监测仪器，以逐步实现监测的自动化和监测资料的实时分析，如对堤防重点堤段的临河水情、堤身滑坡、渗漏、穿堤建筑物位移、底板扬压力、土石接合部渗漏等进行监测。在论证监测方案时，考虑实用性和先进性的要求，利用人工智能技术以及现代计算机软硬件技术，开发相应的监测资料评估系统，实现对监测资料的科学管理和实时评估。

（5）通过科学调度，实现洪水资源化。在洪水期，加强点（水库、闸坝）、线（堤防）、面（蓄滞洪区、田间、地表）工程的联合调度，工程措施和非工程措施并重，蓄、泄、滞、引、补相结合，可以在保证防洪安全的前提下，充分利用雨水和洪水资源，达到防洪减灾和增加可用水资源量，改善生态环境的目的。

（6）实施堤防工程的保险。保险作为风险转移的一种方式，是应对工程项目风险的一种重要措施。美国从 20 世纪 50 年代就开始研究洪水保险，并制定出一系列的法规，以确保洪水保险的顺利实施，这对控制和减轻洪灾及帮助灾区恢复等起到了很好的作用。我国从 20 世纪 80 年代开始研究洪水保险，我国目前堤防工程保险大体可分为 4 种类型，即通用型洪水保险、定向型洪水保险、集资型洪水保险和强制型全国洪水保险。因此，针对堤防工程的特点制定并选择其相应的保险也是一种重要且有效的风险应对措施。

第7章　土堤险情的应急处置

近年来，因全球气候变化，加之剧烈的人类经济社会活动，给水利水电工程带来了安全风险和潜在威胁。部队进行抢险和抢修抢建任务已成为常态。洪水灾情影响因素多，情况瞬息万变，技术复杂对部队的应急能力响应提出了更高的要求，要履行好新时期职能使命，参战人员就必须准确理解把握应急处置和应急技术的本质内涵，才能做到有的放矢，实现安全打胜仗。

本章在前文对土堤险情机理及特征分析的基础上，针对部队今后参与土堤各种险情抢护，从水情、工情、险情、环情、军情、社情、市情等几方面具体分析其对抢险技术和方案的影响，同时对各种险情处置原则和处置技术作简要的阐述，为详细阐述各种险情处置技术做铺垫。

当代社会发展日新月异，新技术、新设备、新材料、新工艺“四新”技术发展迅速，已经广泛应用到堤防抢险工程中，本文也针对性地总结了一些“四新”技术。在实际应用中，根据当时的人力物力条件，因地制宜，就地取材，先尽快稳住险情，不使其继续发展、扩大，然后综合性地制定进一步抢险措施，新老技术结合运用，消除险情。

7.1　应急处置及应急技术

7.1.1　应急处置

应急处置的定义：就是对突发险情、事故、事件等采取紧急措施或行动，进行应对处置，本质上凸显的是“应急性”。水利水电设施应急处置就是以最大的力量、最快的速度、最短的时间，控制灾情或消除灾情影响，其有如下特点：

（1）从作战对象看：自然灾害，如暴雨、洪水、地震、滑坡、泥石流、台风、风暴潮、干旱、恐怖袭击和战争等是带来灾害的“危险源”；江河堤防、水闸、水库、水电站、变电站等水利水电设施是“危险点”。

（2）从作战方式看：在危险源对危险点造成损毁的情况下，处置方式主要分为抢险、抢修和抢建。

（3）从作战环境看：情况突然，形势复杂、困难、艰巨、严峻，原生灾害与次生灾害叠加，主观因素与客观因素交织，集中表现出无序、突发、随点，无水、无电、无路、无信息，高危、极难、极险的特点。

（4）从作战类型看：分为除险和防护两种。

（5）从作战形式看：其作战行动的整体或基本表现形态为机动阵地战。

（6）从作战样式看：主要依据战场环境和损毁情况的不同而实施的抢险、抢修抢建；技战法的运用要依据水文、气象、地形、地貌、地质、水工建筑工况、安全等，主要采取挡、截、封、导、疏、固、蓄、分、泄、堵等战法或组合战法。

（7）从作战标准看：抢险要在应急期内对险情实施有效处置、快速解除风险。抢修抢建要基于彻底根治灾情，确保长治久安。

（8）从作战要求看：要实现快速、精准、有效、安全。根据不同作战需要及社会发展，水电部队作战力量使用应该是以我为主，军警民合力制险。对一般规模险情处置要起到完胜的作用；中等规模险情处置要起到主体作用；大规模险情处置要在政府主导的大体系救援模式中起到核心作用。

7.1.2　应急技术

1. 应急的定义

“应急”的定义：就是对突然发生的事件而采取的紧急应对（应对突然发生的需要紧急处理的事件）。应急技术就是为紧急应对所采取的综合技术手段和措施，它是以常规技术为基础，具有快速可行、安全合理、时段有效、不惜代价等特点，偶有突破强制性技术条款，与常规技术有着不同的特点和规律：

（1）从常规技术与应急技术的区别看，一个是“利水”，一个是“治水”，这是根本区别。常规技术施工一般是建设水利水电设施，主要是利用水资源；而应急技术主要是对水利水电设施灾害的治理与预防。

（2）从作业环境看，常规施工一般是“无水”情况下作业，而应急处置是“有水”情况下作业，作业面上一般有水，甚至伴随着降雨，应急技术要充分考虑作业环境的不同。

（3）从作战过程看，①要做好无路、无信号情况下战场快速到达的技术应对；②做好到达现场后快速处置的技术应对；③要做好处置过程中态势变化带来的技术应对。

（4）从技术方案实现途径看，最大的制约有3个方面：①人的技能；②装备的利用；③对材料的选择。

（5）从“三抢”与规程规范的把握看：①长效与有效的把握，抢险是有效性的把握，抢修抢建是长效性的把握，带来的进度和质量管理是不一样的；②经济性与合理性的把握，除险具有安全合理的不惜代价性。

2. 风险度与应急期

风险度(R)＝事件发生的可能性(L)×严重后果性(S)。危险等级越高风险度越高，比如堰塞湖的危险等级就分为极高危险情、高危险情、次高危险情3种。

应急期就是灾情发生后实施除险的最佳时限。除险，关键在抢，如果险情得不到及时有效控制，损失也就不可避免的产生或扩大，所以除险必须把握好应急期。不同的险情，应急期也不尽相同。比如地震灾害中的生命搜救，应急期为黄金72小时，超过这个时间，伤员的存活率极小。江河抗洪抢险，它的应急期就是最大洪峰到达前的合理时间，堤防漫溢除险应急期就是洪水超过产生溃堤前的水位。

3. “反常态与破程序”

“反常态与破程序”是对熟知常规作业、遵守规范、熟练掌握程序的前提下，在现场临机处置的一种较高境界的综合简化程序的指挥手段。这就要求各级指挥员和工程师有较高的综合能力，在现场紧急情况下，难以避免要采取这种“反常态与破程序”的快速处置。如“三抢”有时在指挥程序上，实行“一句话命令加补充指示”的方式，包括作业流程没有按程序化实施。应急技术也是科学技术，只不过现在没有得到大多数人的接受，有待于进一步研究达成共识。抢，不管是抢险还是抢修抢建，讲究的是应急期内最优的技术与技能，包括当地材料利用、资源调配、方案替代、四新技术应用等。

应急技术的应用会受到各种情况制约影响，有单方面因素影响，有综合因素影响。行动中，必须准确分析把握各种情况，做好甄别研判，因情施策，综合施策。

7.2 情 势 分 析

影响应急技术应用的因素有很多，但总的来说主要有“七情”：即水情、工情、险情、环情、军情、社情和市情。

7.2.1 水情

水情：即指江河湖泊的状况、特征，如流量、水位、流速、库容等。

1. 江河水情参数

江河水情的技术参数包括：河道最大泄量、水位流量关系、洪峰流量、设防水位、警戒水位、保证水位、流速、集雨面积、最大降水量、年平均降雨量、多年平均径流量、汛期等。

（1）河道最大泄量：是指河道在保证水位时能够安全宣泄的最大流量。

（2）洪峰流量：当发生暴雨或融雪时，在流域各处形成径流，当流域大部分高强度径流汇入时，河水流量增至最大值，称此时流量为洪峰流量，单位为 m^3/s。

（3）设防水位：是指汛期河道堤防已经开始进入防汛阶段的水位，即江河洪水漫滩以后，堤防开始临水，需要防汛人员巡查防守。

（4）警戒水位：指江、河、湖泊水位上涨到河段内可能发生险情的水位，在超过警戒水位时，就要加强防范。

（5）保证水位：保证水位高于警戒水位，但低于堤防设计最高安全水位。它是防洪工程所能保证安全运行的水位。

（6）水位流量关系：河道中某断面的流量与水位之间的对应关系。

（7）流速：是指水流质点在单位时间内所通过的距离。靠近河（渠）底、河边处的流速较小，河中心近水面处的流速最大。

防汛水位三个等级（设防水位、警戒水位、保证水位）之间的关系见图 7.1。

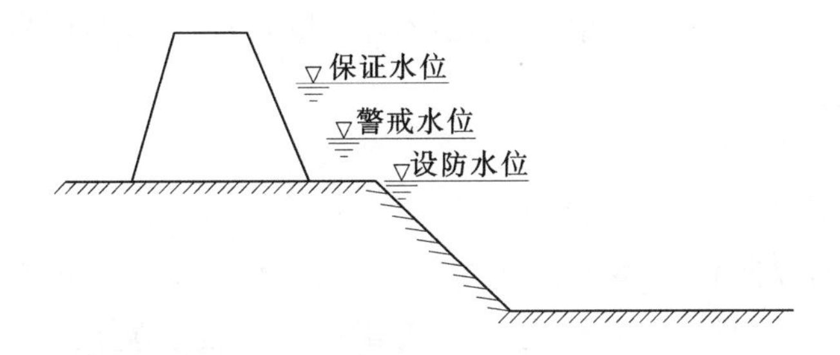

图 7.1　堤防防汛水位关系示意图

2. 水情参数对应急技术影响分析

（1）水位影响分析。达到设防水位时，表明此时进入防汛阶段，应组织对汛前抢险准备工作进行检查。达到警戒水位时，堤防往往会出现散浸管涌、渗流破坏等现象，堤防防汛进入紧急阶段。这时要密切注意水情、工情、险情发展变化，在防守堤段或区域内增加巡逻查险次数，开始日夜巡逻，由有关领导组织防汛队伍上堤，做好可能出现更高水位的防洪抢险人力、物力的准备工作，制定相应的管涌、塌岸、滑坡、塌陷等险情应急处置预案；当江河水位超过保证水位，防汛部门将依据《中华人民共和国防洪法》动员全社会力量抗洪抢险，加高加固堤防，使河道处于强迫行洪状态。根据对上游水势和本地防洪工程承受能力的分析，应急技术处置方案也可采取向蓄、滞洪区有计划分洪、滞洪、缓洪，清除河障、限制沿河泵站排泄等非常措施，目的是牺牲局部顾全局，减少更大的洪灾损失，争取防汛工作的主动权。

（2）河道最大泄量、洪峰流量、水位流量关系影响分析。根据河道最大泄量、洪峰流量、水位流量关系三者关系，来分析河道是否出现险情，或出现险情的大小，从而确定应急处置技术方案。有时在某个较短的时段内出现两个洪峰过程，两个洪峰过程在某个位置就有可能叠加，从而河道内出现较大的洪峰过程，相应的应急技术处置方案可能就不同。

（3）流速影响分析。流速是选择河岸防冲刷技术方案时的重要参数，直接影响选择什么技术方案、选用什么材料。如在堤防决口封堵除险过程中，龙口流速是龙口合龙材料选择和大块体尺寸大小的重要参数，流速的大小也直接影响决口封堵材料的使用量。

7.2.2　工情

1. 工情重要技术参数

工情即堤防设施本身的工况，主要技术参数有：堤防结构、堤防材质组成、堤防形体参数（堤顶高程、长度、宽度）、水库泄洪技术参数、泄洪闸门技术参数、建造年代、存在的薄弱环节等。

2. 工情参数对应急技术影响分析

（1）堤防结构、堤防材质影响分析。堤防结构、堤防材质不同出现的险情就不同，技术方案选择就有不同。比如混凝土堤防一般会出现裂缝、漫溢险情，而土堤出现的险情有漫溢、管涌、渗水、崩岸、滑坡、裂缝、跌窝、溃决等险情。混凝土堤防可以允许越浪或极少量漫溢，但漫溢水会对堤脚产生淘刷，导致混凝土结构稳定性降低或倾倒险情。一般情况下，土堤不会因越浪而破坏，但此时危险性极高，一般不允许土堤出现漫溢，一旦出现漫溢就有可能出现溃堤。

(2) 堤防形体参数影响分析。比如采取子堤加高除险方案时，堤防顶面长度对技术方案选择何种材料、何种设备有很大的影响。如堤防总长度过长，在短时间内是否可以完成除险任务，这就是技术方案选择时要考虑的重要因素；堤防顶面宽度直接影响子堤加高的结构形式、材料、施工工艺。

(3) 泄洪闸门技术参数影响分析。如因溢洪道闸门及闸门启闭设备故障而影响水库泄洪能力，导致出现水库险情，除险方案要根据闸门型式和尺寸、闸门启闭设备的完好程度来选择是通过修复还是拆除来排除险情。

(4) 建造年代影响分析。建造年代的不同，直接影响建筑物的质量。由于新中国成立初期国家经济困难，施工技术低下，没有重型装备，大多数堤防施工都是靠人工建造，因此施工质量难以保证。有些堤防建造年代久远，年久失修，蚁穴、鼠洞众多，农民耕作破坏严重，如险情出现在这种病险较多的堤防的情况下，应急处置方案就要考虑堤防的稳定性，必要时还要提前疏散下游群众。

(5) 存在的薄弱环节影响分析。有些建筑物在施工时基础处理不到位、堤体两侧填筑时处理不好，河堤某处挡水体较薄、或年久失修、蚁穴、鼠洞众多、农民耕作破坏严重的河堤处，这些都是薄弱环节，在应急处置技术方案选择时，首先考虑薄弱环节的处置。

7.2.3 险情

1. 险情种类

由水情或地震等对工情的作用产生不同的险情。对于土堤来讲，常见险情有渗水、翻砂鼓水、管涌、裂缝、漏洞、跌窝、漫溢、崩塌、滑动失稳、决口、风浪破坏等。不同险情，破坏机理和形态不同，采取的技术应对也就不同。

2. 各种险情对应急技术影响分析

(1) 渗水险情。

1) 险情机理：堤防在汛期持续高水位下，堤防断面不足，堤防内土质透水性强，防渗体单薄或其他有效地控制渗流的工程设施与堤体结合不实等均能引起渗水。渗水险情处理不及时，就可能发展为管涌、滑坡或漏洞等险情，造成溃堤灾害。

2）技术方案选择：渗水险情因水而生，因渗致险，处置方法上则以“临水截渗，背水导渗”为原则。若堤防背水坡出现散浸，应先查明发生渗水的原因和险情的程度。如浸水时间不长而且渗出的是清水，应及时导渗，并加强观察，注意险情变化；若渗水严重或已开始渗出浑水，则必须迅速抢护防治，防止塌陷滑坡、管涌等大险发生。

（2）翻砂鼓水险情。

1）险情机理：堤防基脚和保护带为砂卵石透水层，在水压力作用下，细颗粒被渗流冲动，发生翻沙鼓水。翻砂鼓水可发展成为管涌，造成堤防溃决。

2）技术方案选择：翻砂鼓水因水而生，因沙致险，处置方法则以“减势抑砂”为原则，主要采取反滤围井法、反滤铺盖法、透水压渗法、蓄水反压法等方法，即将渗水导出而降低渗水压力，鼓水而不带沙以稳定险情。

（3）管涌险情。

1）险情机理：在外河高洪水位或水库高水位的水头作用下，堤防内的细颗粒被堤防体内渗流水带至出口流失，贯穿成连续通道形成管涌，如不及时抢治，容易引发决堤险情。

2）技术方案选择：管涌处置方法与治渗水和鼓水翻砂原理相同，做法相似，以“反滤导渗、控制涌水、留有出路”为原则，先抛石筑围消刹水势，再做滤体导水抑砂，一般在背水面处置。因管涌已快速破坏堤身，因此必须急抛石（块石、混合粗卵石）以杀水势，速堆反滤体阻土粒带出。

（4）裂缝险情。

1）险情机理：裂缝产生机理大体有4种：①堤防水位低或水位快速下降时，引起临水坡半月形滑动，容易产生裂缝；②高洪水位时，背水坡由于抗剪强度降低，引起滑坡裂缝，特别是背水坡脚有塘坑、堤脚软弱时，更容易发生；③堤防坡度较陡，暴雨渗入堤身，堤坡面下沉，引起裂缝；④受地震影响，堤防产生滑动，也容易产生裂缝。

2）技术方案选择：裂缝因水而生，因裂致险，处置方法以“表面涂刷、凿槽嵌补、缝隙灌浆”为原则，先判明成因。属于滑动性或坍塌性裂缝，应先从处理滑坡和坍塌着手，否则达不到预期效果。如仅系表面裂缝，应堵塞缝口，以免雨水进入。横向裂缝多产生在堤端和堤段搭接处，如已横贯堤防，水流易于穿越、冲刷扩宽，甚至形成决口，如部分横穿，也因缩短了浸径，浸润线抬高，使渗水加重，造成堤防破坏。因此，对于横向裂缝，不论是否贯穿，均应迅速处理。主要处置方法有灌堵裂缝、开挖回填、横墙隔断等。

（5）漏洞险情。

1）险情机理：出现漏洞的原因很多，主要是堤防内有隐患所形成。例如，堤内埋有阴沟、暗涵、屋基、棺木、蚁穴、兽洞等；或者涵洞周围填土不实，在高水位作用下，渗水冲动带走泥土，就形成了漏洞，或者闸门穿孔。

2）技术方案选择：漏洞因漏而生，因水致险，处置的原则以“前堵后导，临背并举”为主，强调要抢早抢小，一气呵成，主要采取临水截堵、背水导滤、抽槽截洞等方法。在抢护时应首先在临水找到漏洞进水口，及时堵塞，截断水源；同时在背水漏洞出水口采取滤水的措施，制止土壤流失，防止险情扩大。

（6）跌窝险情。

1）险情机理：跌窝又称陷坑，一般在汛期或暴雨后堤防突然发生局部塌陷而形成。产生主要原因：堤防内有鼠、蚁、防空洞等洞穴，堤防两端山坡接头，两工段接头填土不实等人为洞隙；堤防内部涵管断裂，因渗透水土流失而形成跌窝。这种险情既破坏堤防的完整性，又常缩短渗径，有时伴随涌水、管涌或漏洞同时发生，严重时有导致堤防突然失事的危险。

2）技术方案选择：以“抓紧翻筑抢护，防止险情扩大”为原则，根据险情出现部位，采取不同措施。如跌窝处伴有渗水、管涌、漏洞等险情，采用填筑反滤导渗材料的办法处理。主要方法有翻筑回填、外帮封堵、填筑滤料等。

（7）漫溢险情。

1）险情机理：形成堤防漫溢的原因有多种：上游发生超标准洪水，洪水位超过堤防的设计防御标准；堤防上的交通码头因车辆碾压沉落；河道内存在有阻水障碍物，缩小了河道的泄洪能力，抬高了水位，使水位壅高而超过堤顶；风浪以及地震、风暴潮等壅高了水位。漫溢险情如不及时迅速加高处置，水流即漫顶而过，产生溃堤危险。

2）技术方案选择：以“泄、蓄、挡为主，快速控制险情”为原则，采取相应措施，提高堤防泄洪蓄洪能力，确保大堤安全。“蓄”是利用上游水库或另外蓄洪区（池）进行调度调蓄。“泄”是采取临时性分洪、行洪措施，将洪水进行泄流。“挡”是采取加高大堤的工程措施，提高堤防防洪能力。

（8）崩塌险情。

1）险情机理：堤防受环流淘刷影响，导致堤防失稳而崩塌。水库紧急泄水，洪峰过后河道中水位急涨急落，堤防渗水外排不及时形成反向渗压，加之土体饱和后抗剪强度降低等影响，促使堤防岸坡沿圆弧面滑塌，形成“落水险”。

2）技术方案选择：崩塌险情处置以“抛石护脚，增强堤防的稳定性”为原则。主要采取缓流消浪、护石固基、提高坡面抗冲刷能力等方法。

（9）滑动失稳险情。

1）险情机理：堤体受洪水和地震影响，在顶部或边坡上发生裂缝，渗水进入裂缝，在渗水压力作用下，裂缝加剧发展，堤体抗剪强度降低，堤体发生错位或滑动，直至堤体渗漏，整体性受到破坏，造成堤防结构失稳。在较高水位情况下，易产生溃堤险情。

2）技术方案选择：滑坡失稳处置以“上部削坡减载、下部固脚阻滑”为原则，阻止滑坡发展，恢复边坡稳定。一方面是背水面导渗还坡；另一方面在临水面同时采取帮戗措施，以减少渗流，进一步稳定堤身；如堤防单薄、质量差，为补救削坡后造成的削弱，应采取加筑后戗的措施，予以加固；如基础不好，或靠近背水坡脚有水塘，在采取固基或填塘措施后，再行还坡。主要方法有滤水土撑法、滤水后戗法、滤水还坡法、前戗截渗法、护脚阻滑法等。

（10）决口险情。

1）险情机理：受洪水袭击影响，堤防堤体长时间高水位浸泡，堤体松软，水流直接正面冲击堤脚堤身，造成水下岸脚淘空陡立，堤岸脚土坡浸软饱和，抗剪强度低，从而引发决口险情。

2）技术方案选择：对堤防决口的处置，以“快堵”为原则，在堤防尚未完全溃决或决口时间不长时，可用体积物料抢堵。若堤防已经溃决，首先在口门两边抢做裹头，及时采取保护措施，防止口门扩大。封堵方法有多种。传统方法有平堵、立堵、混合堵三种。随着科学技术的发展，新设备、新工艺、新材料不断创新，封堵的方法越来越先进。有钢木组合坝封堵技术、沉箱封堵技术、铁菱角封堵技术等。采取哪种方法要根据口门过流量、水位差、地形、地质、材料供应等条件综合选定。封堵材料应尽量做到就地取材，运输方便，供应充足。进占方式可根据现场地形，采取单向进占或双向进占方式，尽量采取双向进占方式，提高封堵效率。

（11）风浪险情。

1）险情机理：堤防受超强台风或等级以上风力影响，形成风浪，引起的堤防破坏。其有四种形态：①浪峰直接冲击堤防，在波谷到达时形成负压抽吸作用，带走护坡混凝土块，侵刨堤身，形成浪窝陡坎；②壅高了水位，引起水流漫顶；③增加了水面以上堤防的饱和范围，减小土体的抗剪强度，造成崩塌破坏；④直接将堤防门机、控制室等结构建筑物吹倒。

2）技术方案选择：按削减风浪冲击力和加强堤防边坡抗冲能力的原则进行抢护。一般是利用漂浮物来削减风浪冲击力，或在堤防坡受冲刷的范围内做防浪护坡工程，以加强堤防的抗冲能力。抢护方法主要有挂柳防浪、挂枕防浪、木排防浪、大型编织袋防浪、土工模袋防浪等。

7.2.4　环情

1. 环情的影响因素

主要包括灾区地理位置、海拔、天候、地形地貌、上下游水库情况、交通条件等。

2. 环情对应急技术的影响分析

（1）灾区地理位置影响分析。灾区地理位置、地形地貌对技术方案选择有较大的影响，例如除险设备的选择，如地形狭窄，就限制了大型设备选用和设备数量的投入。水库下游是否有分洪区、周边地形是否有较低的天然垭口及枢纽布置是否有土石副坝，这些都是处置漫溢险情开槽泄洪首选的地方。

（2）海拔影响分析。险情发生地的海拔直接决定了除险设备的选用和数量的配置。比如藏区高海拔缺氧，就应考虑设备降效问题。

（3）天候影响分析。如险情发生在极端的天气下，处置方案就要考虑气温的影响，如出现暴雨、暴雪，道路湿陷或结冰，交通问题如何解决，这都是在技术上如何应对的问题。另外要考虑极端低温对设备运行的影响。

（4）交通条件影响分析。险情发生地对外的交通条件和场内交通条件，直接影响除险设备的选择。道路较宽时可选用大型设备，道路较窄时就选用较小的设备来代替。如唐家山堰塞湖处置，除险设备进入堰塞体陆路、水路不通，除险设备只能通过空中运输，这就大大限制了大型设备的投入。

7.2.5　军情

1. 军情的影响因素

军情即我情，包括总队兵力、装备、物资材料、兵力部署的地理关系、保障的能力和方式、信息的交互等。

2. 军情对应急技术的影响分析

(1) 兵力影响分析。参战部队兵力构成、指挥员的指挥能力、工程师的技术水平、操作手的单兵作战能力、人机结合和整体作战水平这些因素，都决定着选择怎样的处置方案和参战人员配置的数量。

(2) 装备影响分析。现有的装备、装备的工况、覆盖范围，影响选择什么样的处置方案。选用装备时尽量选用大型装备，装备数量不够时，从社会上加以补充。

(3) 物资材料影响分析。技术方案选择时，要考虑部队现有的物资材料情况，部分物资材料供应也可以依托当地市场，物资材料供应效率，也直接影响着险情处置的效率。

(4) 兵力部署的地理关系影响分析。兵力部署的地理关系涉及部队机动方式、路线的选择，一般 500km 左右可以选择摩托化机动，而超过 1000km 时，则需要考虑行军快速到达和长途机动带来的安全问题，往往选择铁路或空中输送。

(5) 保障的能力和方式影响分析。保障能力涉及部队的作战能力，关系技术方案的可行性。

(6) 信息交互的影响分析。“知己知彼、百战不殆”，灾情信息的交互为应急技术决策提供基础数据支撑，便于指挥员快速定下决心。没有信息的交互，灾情的分析研判就失去了基础。

7.2.6 社情

1. 社情的影响因素

主要包括当地政治、经济、宗教文化等。

2. 社情对应急技术的影响分析

(1) 经济因素影响分析。如当地经济发达，人口就密集，周边的重要设施相对就较多，险情影响就相对较大，应急技术要求就高。如东部发达省份一旦发生灾情破坏程度就大，应急期就相应较短。所以技术方案选择时就要考虑这些经济因素。

（2）宗教文化因素影响分析。部队应急抢险要尊重当地的宗教文化，处理不好往往引发矛盾，影响整个技术决策。如在藏区遂行应急救援任务，宗教文化影响就比较突出，在技术决策上需要加以考虑。

（3）政治因素影响分析。险情发生后，媒体信息传播快，社会关注度高，如不及时排除险情，将影响社会稳定。部队作为“国家工器”，是政治工具，是为党的执政形象加分，为了践行党全心全意为人民服务这个宗旨而存在，应急处置要站在政治的角度来思考问题，险情处置要快，发挥好政治效能。

7.2.7　市情

1. 市情的影响因素

影响因素主要包括当地设备、物资材料、给养供应储备等。

2. 市情对应急技术的影响分析

部队遂行应急救援任务，主要物资、设备、给养一般以我为主，不足时依靠社会补充，这涉及外部资源的利用及补给问题。如灾情离部队距离较远，应急期较短的情况下，应急处置所使用的物资、设备、给养可依托当地市场进行保障。选择应急处置方案时，就要考虑当地的物资、设备和运输远近的情况。如当地没有大型抢险设备或材料，就用现有的小型设备和其他材料代替。如当地几十公里范围内都没有石料，处置方案里就不能采用石料，就应选用其他材料代替。

7.3　险情应急处置准备与实施

堤防抢险工作是一项系统工程，它涉及社会的各个方面；抢险又是一项政策性、技术性很强的应急工作。因此，堤防抢险包括前期准备、抢险实施和抢险后的监测维护等工作，既要有宏观的全局控制意识，又要有微观可操作的实施办法。

7.3.1 前期准备

1. 舆论宣传

利用互联网广播、电视、报纸等多种方式，宣传防汛抗灾的重要意义，总结历年防汛抢险的经验教训，使广大干部和群众，克服麻痹思想和侥幸心理，坚定信心，增强抗洪减灾意识，树立团结协作、顾全大局的思想，加强组织纪律性，服从命令听指挥。同时加强法制宣传，使有关防汛工作的法规、办法家喻户晓，防止和抵制一切有碍防汛抢险行为的发生。

2. 组织准备

防汛抢险具有时间紧、任务急、技术性强、群众参与等特点，多年的防汛抢险实践，尤其是1998年抢险的实践证明，要取得抢险工作的全面胜利，一靠及时发现险情；二靠抢险方法正确；三靠人力、物料和后勤保障及时。

（1）健全机构。各级防汛抗旱指挥部是防汛抢险的指挥中心，每年汛前要健全、完善防汛指挥机构。防汛抗旱指挥部与水利、水文、气象、交通运输、物资供应、邮电通讯等相关部门形成一个有效的指挥网络，实行纵向垂直领导与横向矩阵式领导相结合。

（2）组织队伍。多年的防汛抢险实践证明，堤防抢险采取专业队伍与群众队伍相结合，军民联防是行之有效的。

1）专业防汛队伍。专业防汛队伍由国家、省、市防汛指挥部临时指派的专家组与各基层河道管理单位的工程技术人员及技术工人组成，是防汛抢险的技术骨干力量。专业防汛队伍成员必须熟悉堤防的工程资料，例如险工险段的具体部位、险情的严重程度，以便有针对性地进行抢险的准备工作。汛期到来即应进入防守岗位，随时了解并掌握汛情、工情，及时分析险情。要组织基层专业队伍学习堤防管理养护知识和防汛抢险技术，参加专业技术培训和实战演习。

2）群众防汛队伍。群众防汛队伍是江河防汛抢险的基础力量。它是以青壮年劳力为主，吸收有防汛经验的人员参加，组成不同类别的防汛队伍。根据堤线防守任务的大小和距离，河道的远近，常划分为一线、二线队伍，有的还有三线队伍。紧邻堤防的县、乡、村组成常备队和群众抢险队，为一线防汛队伍；紧邻一线的县、乡组成预备队，为二线队伍；离堤线较远的后方县组成三线队伍。

3）解放军、武警部队抢险队伍。解放军和武警部队是防汛抢险的主力军和突击力量，每当发生大洪水和紧急抢险时，他们总是不惧艰险，承担着重大险情抢护和救生任务。一般各级防汛指挥部主动与当地驻军联系，及时通报汛情、险情和防御方案，明确部队防守任务和联络部署制度。当遇大洪水和紧急险情时，立即请求解放军和武警部队参加抗洪抢险。

（3）抢险技术培训。防汛抢险技术培训是防汛准备的一项重要内容，除利用广播、电视、报纸和互联网等媒体普及抢险常识外，对各类人员应分层次、有计划、有组织地进行技术培训。

1）专业防汛队伍的培训。对专业技术人员应举办一些抢险技术研讨班，请有实践经验的专家传授抢险技术，并通过实战演习和抢险实践提高抢险技术水平。对专业抢险队的干部和队员，每年汛前要举办抢险技术学习班，进行轮训，集中学习防汛抢险知识，并进行模拟演习，利用旧堤、旧坝或其他适合的地形条件进行实际操作，增强抗洪抢险能力。

2）群防队伍的技术培训。对群防队伍一般采取两种办法：①举办短期培训班。进入汛期后，在县防汛指挥部的组织领导下，由县人武部门和水利管理部门召集常备队长、抢险队长集中培训，时间一般为3～5d，也可采用实地演习的办法进行培训；②群众性的学习。一般基层管理单位的工程技术人员和常备队长、抢险队长分别到各村向群众宣讲防汛抢险常识，并辅以抢险挂图和模型、幻灯片、看录像等方式进行直观教学，便于群众领会掌握。

3）防汛指挥人员的培训。应举办由防汛指挥人员、防汛指挥成员单位负责人参加的防汛抢险技术研讨班，重点学习和研讨防汛责任制、水文气象知识、防汛抢险预案、防洪工程基本情况、抗洪抢险技术知识等，使防汛抢险指挥人员能够科学决策，指挥得当。

3. 技术准备

技术准备是指险情调查资料的分析整理和与堤防有关的地形、地质、水情、设计图纸的搜集等。主要包括：

（1）险情调查。此项工作应在汛前进行。首先是搜集历年险情资料，进行归纳整理；其次是掌握上一年度及往年对险工险段的整治情况。根据上述资料，对重大险工险情进行初步判断，并告知于民。

（2）收集技术资料。汛前应收集堤防的设计资料及相关建筑物的设计图纸，绘制堤防的纵剖面图，标注出堤基地质特征、堤顶高程、堤坡坡比、历年最高水位线、堤脚处的一般地面高程。

（3）堤防汛期巡查。汛前对堤防工程应进行全面检查，汛期更要加强巡堤查险工作。检查的重点是险情调查资料中所反映出来的险工、险段。巡查要做到两个结合，即“徒步拉网式”的工程普查与对险工险段、水毁工程修复情况的重点巡查相结合：定时检查与不定时巡查相结合。巡查范围包括堤身、堤（河）岸、堤背水坡脚20.0m以内水塘、洼地、房屋、水井以及与堤防相接的各种交叉建筑物。检查的内容包括裂缝、滑坡、跌窝、洞穴、渗水、塌岸、管涌（泡泉）、漏洞等。

4. 抢险料物准备与供应

防汛料物是防汛抢险的重要物质条件，须在汛前筹备妥当，以满足抢险的需要。汛期发生险情时，应根据险情的性质尽快从储备的防汛物资中选用合适的抢险料物进行抢护。如果料物供应及时，抢险使用得当，会取得事半功倍的效果，化险为夷。否则，将贻误战机，造成抢险被动。

5. 通信联络的准备

汛前要检查维修各种防汛通信设施，包括有线、无线设施，对值机人员应组织培训，建立话务值班制度，保证汛期通信畅通。与电信部门通报防汛情况，建立联系制度，约定紧急防汛通话的呼号。蓄滞洪区应按照预报时限、转移方案和安全建设情况，布置配备通信报警系统。

6. 实施交通管制

按照《中华人民共和国防洪法》第四十一条的规定，当江河、湖泊的水情接近保证水位或者安全流量，水库水位接近设计洪水位，或者防洪工程设施发生重大险情时，有关县级以上人民政府防汛指挥机构可以宣布进入紧急防汛期。在紧急防汛期，防汛指挥机构可提请公安、交通等有关部门依法实施陆地和水面交通管制。

7.3.2 抢险方案的制定与实施

防汛抢险时间紧、困难多、风险大。应遵循“抢早、抢小”的原则，争取主动，把险情消灭在萌芽状态或发展阶段。因此，在出现重大险情时，应根据当时条件，采取临时应急措施，尽快尽力进行抢护，以控制险情进一步恶化，争取抢险时间。在采取临时措施的同时，应抓紧研究制定完善的抢护方案。这一过程见图 7.2。

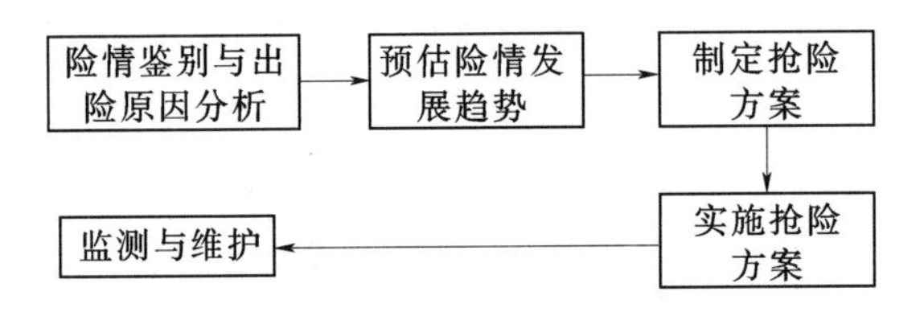

图 7.2　堤防抢险实施流程示意图

7.4 漫溢险情应急处置

土堤通常是不允许洪水水过堤顶的，洪水一旦漫过堤顶，将很快引起土堤溃决，进而造成不可估量的严重后果。对于土堤漫溢处理方法，通常情况下采用加高培厚的方法来加固土堤，以“挡”为主，挡是采取以修子堤（加高）和消浪为主的工程措施，临时增加堤防高程以使洪峰顺利通过；而当水位上涨迅猛，来不及加高培厚或修建临时挡水子堤或者采用常规蓄洪泄洪措施无效的情况下，可以在充分讨论并做好各类应急疏散部署的前提下，采取在土堤上开槽引流的抢险措施。本文主要介绍漫溢险情加高处置技术。

7.4.1　土堤加高处置措施

土堤加高方案主要为在原堤顶上修筑子堤，子堤一般修在临河一侧的堤顶上，子堤高度和结构形式视水情和抢险物料而定。坡脚距临河堤肩0.5～1.0m，边坡1∶1，顶宽1m左右，视水情而定。在加修子堤时，应先清除堤顶草皮，使新旧土易于结合。子堤应修在临河一面的大堤顶上，不要修在大堤当中，以免阻碍交通，增加抢险困难。

针对不同的环境条件和资源情况有以下几种，其有各自的适用条件，具体实施中，要视具体情况确定适用的抢险技术，以达到预期效果。常用子堤形式及适用条件见表7.1。

表7.1　　常用子堤形式及适用条件

子堤形式	适　用　条　件
纯土子堤	用于堤防顶部宽阔，取土容易，风浪不大之堤防段
土袋子提	用于堤顶不宽，附近取土困难，或是风浪冲击较大之处
柳石（土）枕子堤	对堤顶不宽，风浪较大，取土较为困难而当地柳源丰富的抢护堤段
桩柳（桩板）土子堤	当抢护堤段缺乏土袋，土质较差，堤顶狭窄，风浪较大，水将平堤，情势危急之处
防浪墙子堤	抢护堤段原有浆砌块石或混凝土防浪墙
橡胶坝子堤	各种条件
应急吸水膨胀袋子堤	类似土袋子堤

7.4.1.1　纯土子堤

1. 应用说明

现场附近拥有可供选用含水量适当的黏性土，可筑均质黏土子堤，要分层夯实，子堤顶宽0.6～1.0m，边坡不应陡于1∶1，子堤迎水面可用编织布防护抗冲刷，编织布下端压在子堤基下。当情况紧急，来不及从远处取土时，堤防顶部较宽的可就近在背水侧堤肩的浸润线以上部分堤身借土，见图7.3。这是临时办法，当条件许可时应抓紧修复还原。但一定要注意，即使土料不足，也不得使用沼泽土或砂土填筑子堤。

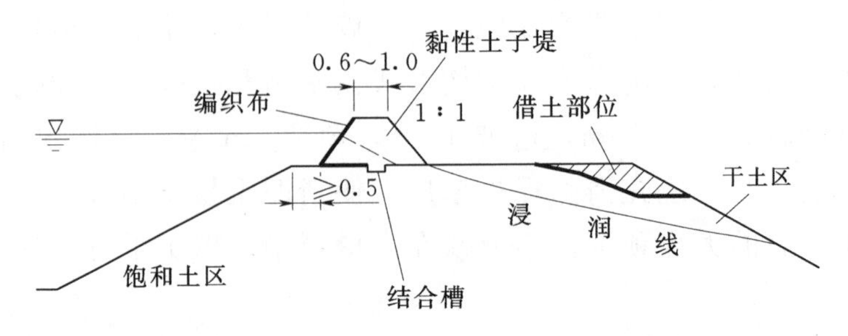

图7.3　纯土子堤剖面示意图（单位：m）

2. 作业方法

(1) 先将堤顶草皮、杂物等清除干净，然后刨松堤面并沿子堤中线挖槽，结合槽深0.2m左右（深度以达到均质堤堤身或黏土防渗墙顶部，可取得防渗效果为准），底宽0.3m左右。

(2) 从堤顶的内侧边开始上土，逐渐向临水面推进，每层土厚30cm，分层夯实。

(3) 子堤顶宽约0.6～1.0m，内外坡1∶1，高0.6～1.0m，可根据实际情况决定。

(4) 情况紧急下，如附近无土可取，可以暂借用背水坝肩部分的土料，但只允许挖取浸润线以上的部分，挖取宽度以不影响汛期堤上交通为原则。借用后应随即补足，在堤顶狭窄或险工堤段不宜借用。

7.4.1.2　土袋子提

1. 应用说明

这是应急抢险中最为常用的形式，土袋临水可起防冲作用，广泛采用的是土工编织袋，麻袋和草袋亦可，汛期抢险应确保充足的袋料储备。此法便于近距离装袋和输送。见图7.4（a）、图7.4（b）。

2. 作业方法

(1) 为确保子堤的稳定，袋内不得装填易被风浪冲刷吸出的粉

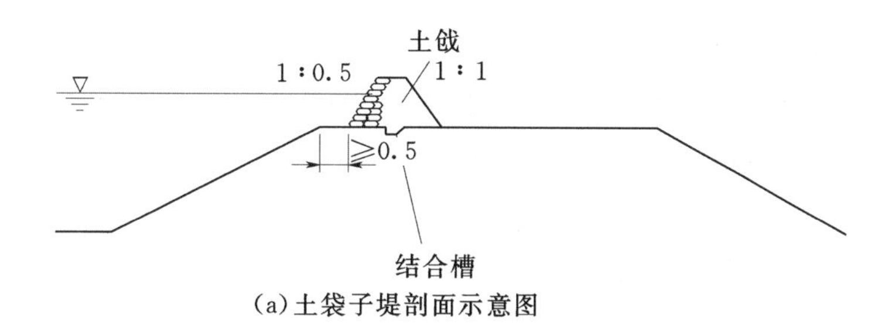

(a)土袋子堤剖面示意图

(b)土袋子堤人工加高作业

图 7.4　土袋子堤示意图（单位：m）

细砂和稀软土，宜用黏性土、砾质土装袋。装袋七八成满，用尼龙线缝合袋口或绳子扎口，使土袋搭接紧密。

（2）将土工编织袋，麻袋和草袋铺砌在堤顶离临水坡肩线约0.5m。袋口朝背水面，互相搭接，排列紧密，错开袋缝，甩脚踩紧。土袋内侧缝隙可在铺砌时分层用砂土填密实，外露缝隙用稻草、麦秸等塞严，以免袋后土料被风浪抽吸出来。

（3）第一层上面再加第二层，土袋要向内缩进一些。上下袋应前后交错，上袋退后，成 1∶0.3～1∶0.5 的坡度。袋缝上下必须错开，不可成为直线。逐层铺筑，到规定高度为止。不足 1.0m 高的子堤临水面叠铺一排或一丁一顺，较高于子堤底层可酌情加宽为两排以上。

（4）土袋的背水面修土戗，并随土袋逐层加高而分层铺土夯实，土戗高度与袋顶平，顶宽 0.3～0.6m，后坡 1∶1。填筑的方法与纯土子堤相同。

7.4.1.3　柳石（土）枕子堤

1. 应用说明

对堤顶不宽，风浪较大，取土较为困难而当地柳源丰富的抢护堤段，可抢筑柳石（土）枕子堤，见图 7.5。

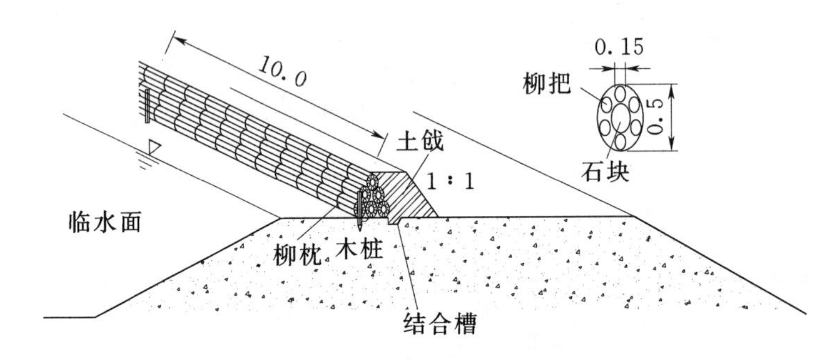

图 7.5　柳石（土）枕子堤剖面示意图（单位：m）

2. 作业方法

（1）用 16 号铅丝扎制直径 0.15m、长 10m 的柳把，铅丝扎捆间距 0.3m，由若干条这样的柳把，围包裹作为枕芯的石块或土，用 12 号铅丝间距 1.0m 扎成直径 0.5m 的圆柱状柳枕。

（2）若子堤高 0.5m，只需 1 个柳石枕置于临水面即可，若子堤是 1.0m 和 1.5m 高，则应需 3 个和 6 个柳石枕叠置于临水面（成品字形），底层第一枕前缘距临水堤肩 1.0m，应在该枕两端各打木桩一个，以此固定，在该枕下挖深 10cm 的条槽，以免滑动和渗水。

（3）枕后如同上述各种子堤，用土填筑戗体，子堤顶宽不应小于 1.0m，边坡 1∶1。若土质差，可适当加宽顶部放缓边坡。

7.4.1.4　桩柳（桩板）土子堤

1. 应用说明

当抢护堤段缺乏土袋，土质较差，可就地取材修筑桩柳（桩板）土子堤。主要用于堤顶狭窄，风浪较大，水将平堤，情势危急之处。

2. 作业方法

（1）将梢径 0.06～0.1m 的木桩打入堤顶，深度为桩长的 1/3～

1/2，桩长根据子堤高而定，桩距 0.5～1.0m，起直立和固定柳把（木板或门板）的作用。柳把是用柳枝或芦苇、秸料等捆成长2.0～3.0m，直径 0.2m 左右，用铅丝或麻绳绑扎于桩后，自下而上紧靠木桩逐层叠捆。

（2）应先在堤面抽挖 0.1m 的槽沟，使第一层柳把置入沟内。柳把起防风浪冲刷和挡土作用，在柳把后面散置一层厚约 0.2m 的秸料，在其后分层铺土夯实（要求同黏性土埝）作成土戗。也可用木板（门板）、秸箔等代替柳把。

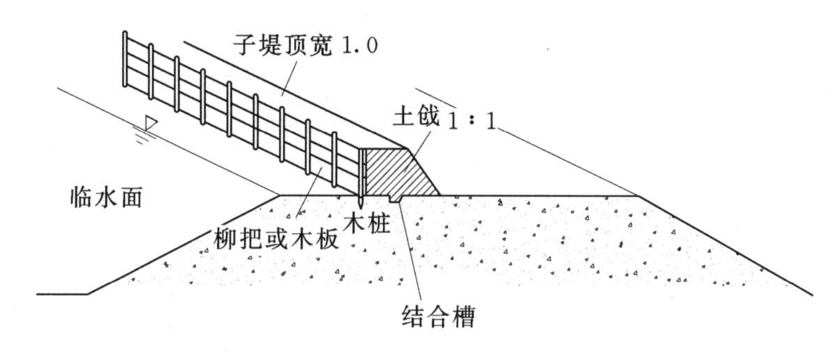

图 7.6　单排柳桩（木板）子堤剖面示意图（单位：m）

（3）临水面单排桩柳（桩板）子堤，顶宽 1.0m，背水坡1∶1。见图 7.6。

（4）当抢护堤段堤顶较窄时，可用双排桩柳或桩板的子堤，里外两排桩的净桩距：桩柳取 1.5m，桩板取 1.1m。对应两排桩的桩顶用 18～20 号铅丝拉紧或用木杆连接牢固。两排桩内侧分别绑上柳把或散柳、木板等，中间分层填土并夯实，与堤结合部同样要开挖轴线结合槽，见图 7.7。

7.4.1.5　防浪墙子堤

如果抢护堤段原有浆砌块石或混凝土防浪墙，可以利用它来挡水，但必须在墙后用土袋加筑后戗，防浪墙体可作为临时防渗防浪面，土袋应紧靠防浪墙后叠砌（抢护方法同袋装土子堤）。根据需要还可适当加高档水，其宽度应满足加高的要求，见图 7.8。

7.4.1.6　应急吸水膨胀袋子堤

吸水膨胀袋是一种新型的高科技产品，运用最新的高科技吸水

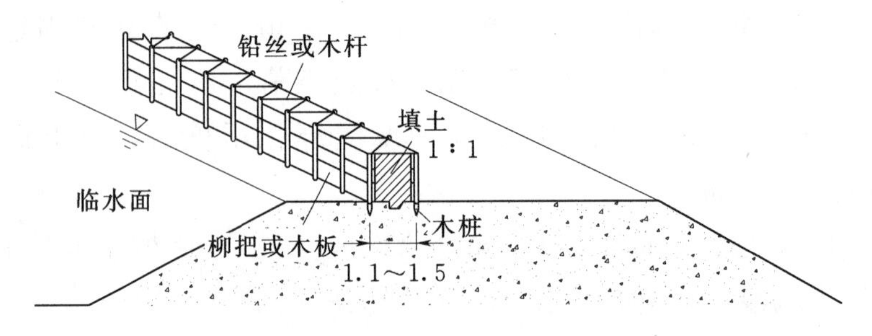

图 7.7　双排柳桩（木板）子堤剖面示意图（单位：m）

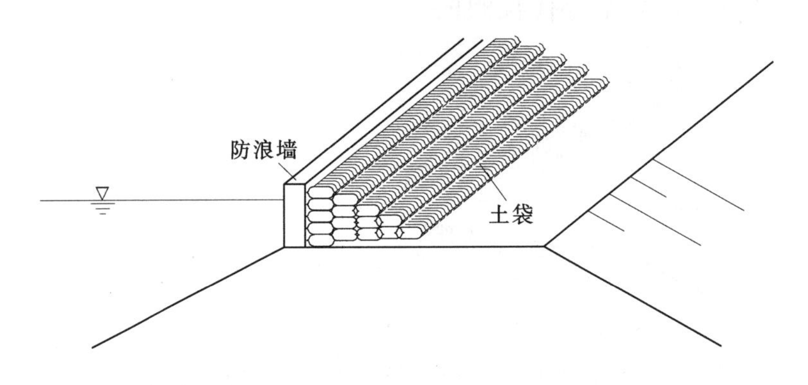

图 7.8　防浪墙子堤剖面示意图

膨胀材料作为填充物而制成，传统砂土袋使用前需大量准备砂石土料，使用中需要花费时间装填以及需要大量人力进行运输，使用后需要进行清理等缺点而吸水膨胀袋材料可以解决这一问题。据了解，该项防汛抢险新式技术在欧美、日本和中国台湾省等地已经得到了广泛应用，其实际功效已经得到了大众的广泛认可，证实此膨胀袋确是一种简单有效的产品。但此材料费用高，使用量不宜太大，一般应用于极险堤段或用于封墙。

如图 7.9 所示，应急吸水膨胀袋的最显著优点是遇水快速膨胀，强度高，膨胀性好。420g 的吸水膨胀袋浸水 3～5min 立即成为 20kg 的应急膨胀袋。该产品可根据要求，制作各种大小规格，具有操作简单，携带方便的特点，易于搬运和储藏，可广泛运用于堵塞漏洞、封堵溃口、消浪防冲、临时阻水，防漫溢等防洪抢险工作，用于构筑挡水子堤等临时防汛工事。

图 7.9 应急膨胀吸水袋吸水前后效果图

7.4.1.7 橡胶坝子堤

橡胶坝是 20 世纪 50 年代末，随着高分子合成材料工业的发展而出现的一种新型水工建筑物。它是用高强力合成纤维织物做受力骨架，内外涂敷合成橡胶作黏结保护层，加工成胶布，按要求的尺寸，锚固在混凝土基础底板上，成封闭袋形，用水、气或水气混合充胀，形成挡水坝。不需要挡水时，泄空坝袋内的水（气），便可恢复原有河渠的过流断面。坝高可调节，坝顶可溢流，起活动坝和溢流堰的作用。橡胶坝的坝体，实际上是一个大的胶布囊。胶囊和水（气）联合成一个整体起挡水作用。橡胶坝国外称尼龙坝、织物坝、可充胀坝、可伸缩坝和软壳水工结构等，我国习惯叫橡胶坝，见图 7.10。

图 7.10 橡胶坝实物图

橡胶坝有如下特点。

1. 造价低

橡胶坝的造价与同规模的常规闸、坝相比，造价是较低的，一般节省造价30%～70%，这是橡胶坝的突出优点。

2. 节省三材

橡胶坝袋是以合成纤维织物和橡胶制成的薄壁柔性结构，代替钢、木及钢筋混凝土结构。单跨坝袋不设中墩，多跨坝袋也只有极少数几个中墩，减少了闸室上部结构建筑，并简化水下结构，因此，三材用量显著减少，一般可节省钢材30%～70%、水泥30%～60%、木材40%～60%，节约投资30%～60%。例如北京右安门橡胶坝，它是我国于1966年6月兴建的第一座无水式橡胶坝。坝高3.4m，坝顶长37.6m。工程量：土方量为6000m^3，石方210m^3，混凝土1300m^3，共用钢材55t、水泥460t、氯丁橡胶5t、锦纶丝1.14t，总投资39.57万元，其中坝袋造价7.98万元，平均每米坝长投资约1.04万元。如作钢闸门，须用钢材110t、水泥605t，总投资59.72万元，平均每米坝长投资约1.6万元。该橡胶坝与钢闸门比较，可节省投资34%、钢材55%、水泥74%。

3. 结构简单、工期短、操作灵活

坝体为薄壁胶布结构，重量轻而简单，锚固结构和锚固施工工艺也不复杂，坝袋安装时间较短，由于整个工程的结构相对简化，使整个工程工期大大缩短。另外，橡胶坝采用水泵（或空压机）作为充胀和排空设备，一般可多跨共用，实行集中控制，设备简单，操作简便、灵活。

4. 不阻水

橡胶坝的结构特点是坝袋的受力荷载仅与坝高有关，与坝袋长度无关，所以其跨度可以很大，可以按原河床断面建造橡胶坝工程。一般认为橡胶坝的经济跨度为100～150m，坝袋泄空后，仅留一薄层胶布平贴在坝底板和边坡上，如未建坝一样，基本上没有阻水问题，即使遇洪水位很高的情况，橡胶坝也不会遭到破坏。在平原、滨海地区泄洪河道上修建挡水建筑物时，建筑物不阻水的优点是很宝贵的。

5. 不漏水、止水效果好

橡胶坝由周边密封锚固在底板和边坡上或利用坝内水压力紧贴在边墩上，极易做到不漏水；坝袋内渗漏水一般比较轻微。随着施工技术的改进，已能做到坝袋滴水不漏。

6. 耐海水腐蚀性

橡胶坝坝袋一般用氯丁橡胶制成，具有很好的耐大气老化、耐腐蚀性能，由于其化学结构的侧链上有活性较大的氯离子，而海水主要成分也是氯离子，不存在相互作用，这是不受海水腐蚀的主要原因。河北省北戴河橡胶坝建于 1968 年，该坝的主要作用是挡潮蓄淡，到 1987 年更换坝袋时，共运用 18 年，经常接触海水的部位与其他部位比较没有明显的变化。

橡胶坝设计初期是为了拦水增容，用于水库溢洪道上的闸门或活动溢流堰，以增加库容和发电水头，由于其具有可以随时冲水泄水的特点，同样可以作为拦洪设施，在堤防危险地段提前修筑橡胶坝作为应急挡水子堤。同时，目前应用的大多数橡胶坝为了保持自身稳定性，基础均采用混凝土浇筑，在应急抢险中，可能不具备相应的时间和条件，可以直接在土堤上铺设。一般在 2.0m 左右的高度范围内土质基础可以满足承载力和稳定性要求，因此，对于可能发生漫溢的堤段，可以直接在原土堤上铺筑橡胶子堤作为应急挡水装置。

7.4.2 土堤加高应急处置装备及兵力配置

上文综述了各种土堤加高处置技术，各种技术由于实现路径不同，所需人力物力以及组织方法各异，兵力和装备抽组也与具体灾情和任务时限有较大关系，因此，对于土堤加高处置需要的专业工种和装备列举见表 7.2、表 7.3。

1. 主要装备类型需求

见表 7.2。

表 7.2　　土堤加高主要装备类型需求

序号	装备名称	型号规格	单位
1	挖掘机	1.2～1.6m^3	台
2	自卸汽车	15～20t	台
3	推土机	88～120kW	台
4	载重汽车	5t	台
5	油罐车	10t	台

2. 主要兵力工种需求

见表 7.3。

表 7.3　　土堤加高主要兵力工种需求

序号	工种名称	数　量
1	抢险分队指挥员	根据实际情况配置
2	设备操作手及汽车驾驶员	具体数量根据所配置的装备按照人员和设备 2∶1 的比例配备
3	其他人员	根据实际情况配置

7.4.3　漫顶抢险的善后处理

汛期加高堤防多采用土料子埝、土袋子埝、桩与柳（板桩）子埝、柳石（土）子埝等手段，这些子堤在汛末退水后即应拆除。在汛后进行加高培厚时，若子埝用料是防渗性能较好的土料，则可用于土堤的加高培厚；若是透水料，则可放在背水坡用作压浸台或留作堆放防汛材料。其他杂物如树木、杂草、编织袋等，均应清除在堤外。

7.5　管涌险情应急处置

管涌发生时，水面出现翻花，随着上游水位升高，持续时间延长，险情不断恶化，大量涌水翻砂，使堤防地基土体骨架破坏，孔道逐渐扩大，基土被淘空，引起建筑物塌陷，造成决堤、倒闸等事故。

抢护管涌险情的原则是：制止涌水带砂，而留有渗水出路。这样既可使砂层不再被破坏，又可以降低附近渗水压力，使险情得以控制和稳定。

值得警惕的是，管涌虽然是堤防溃口的极为明显和常见的原因，但对它的危险性仍有认识不足、措施不当、或麻痹疏忽、贻误时机的。如因围井太大而抢筑不及，或围井太大而倒塌都曾造成决堤灾害。

管涌险情的严重程度一般可以从以下几个方面加以判别，即管涌口离堤脚的距离；涌水浑浊度及带砂情况；管涌口直径；涌水量；洞口扩展情况；涌水水头等。由于抢险的特殊性，目前都是凭有关人员的经验来判断。具体操作时，管涌险情的危害程度可从以下几方面分析判别：

（1）管涌一般发生在背水堤脚附近地面或较远的坑塘洼地。距堤脚越近，其危害性就越大。一般以距堤脚 15 倍水位差范围内的管涌最危险，在此范围以外的次之。

（2）有的管涌点距堤脚虽远一点，但是，管涌不断发展，即管涌口径不断扩大，管涌流量不断增大，带出的砂越来越粗，数量不断增大，这也属于重大险情，需要及时抢护。

（3）有的管涌发生在农田或洼地中，多是管涌群，管涌口内有砂粒跳动，似“煮稀饭”，涌出的水多为清水，险情稳定，可加强观测，暂不处理。

（4）管涌发生在坑塘中，水面会出现翻花鼓泡，水中带砂、色浑，有的由于水较深，水面只看到冒泡，可潜水探摸，是否有凉水涌出或在洞口是否形成砂环。需要特别指出的是，由于管涌险情多数发生在坑塘中，管涌初期难以发现。

（5）堤背水侧地面隆起、膨胀、浮动和断裂等现象也是产生管涌的前兆，只是目前水的压力不足以顶穿上覆土层。随着江水位的上涨，有可能顶穿，因而对这种险情要高度重视并及时进行处理。

7.5.1　管涌处置措施

发生管涌险情影响因素不同，或者管涌发生的部位，险情表现形态就不同，针对不同情况下的险情，就有不同的处置方法。管涌险情的处置技术有反滤围井法、反滤压盖法、蓄水反压法、透水压渗法等，其各自适用范围见表7.4。

表7.4　　　　管涌处置技术及适用条件

序号	处置技术	适用范围
1	反滤围井	发生在地面的单个管涌或管涌数目虽多但比较集中的情况
2	反滤压盖	堤内出现大面积管涌或管涌群时，且料充足
3	蓄水反压	闸后有渠道，堤后有坑塘，利用渠道水位或坑塘水位进行蓄水反压；覆盖层相对薄弱的老险工段；极大的管涌区，其他反滤盖重难以见效或缺少沙石料的地方
4	透水压渗	管涌险情较多、范围较大、反滤料缺乏，但砂土料丰富的堤段

7.5.1.1　反滤围井

在管涌口处用编织袋或麻袋装土抢筑围井，井内同步铺填反滤料，从而制止涌水带沙，以防险情进一步扩大，当管涌口很小时，也可用无底水桶或汽油桶做围井。这种方法适用于发生在地面的单个管涌或管涌数目虽多但比较集中的情况。对水下管涌，当水深较浅时也可以采用。

围井面积应根据地面情况、险情程度、料物储备等来确定。围井高度应以能够控制涌水带沙为原则，但也不能过高，一般不超过1.5m，以免围井附近产生新的管涌。对管涌群，可以根据管涌口的间距选择单个或多个围井进行抢护。围井与地面应紧密接触，以防造成漏水，使围井水位无法抬高。

围井内必须用透水料铺填，切忌用不透水材料。根据所用反滤料的不同，反滤围井可分为以下几种形式。

（1）砂石反滤围井。砂石反滤围井是抢护管涌险情的最常见形式之一。选用不同级配的反滤料，可用于不同土层的管涌抢险。在围井抢筑时，首先应清理围井范围内的杂物，并用编织袋或麻袋装土填筑围井。然后根据管涌程度的不同，采用不同的方式铺填反滤料：对管涌口不大、涌水量较小的情况，采用由细到粗的顺序铺填反滤料，即先装细料，再填过渡料，最后填粗料，每级滤料的厚度为 20～30cm，反滤料的颗粒组成应根据被保护土的颗粒级配事先选定和储备；对管涌口直径和涌水量较大的情况，可先填较大的块石或碎石，以消杀水势，再按前述方法铺填反滤料，以免较细颗粒的反滤料被水流带走。反滤料填好后应注意观察，若发现反滤料下沉可补足滤料，若发现仍有少量浑水带出而不影响其骨架改变，即反滤料不下陷，可继续观察其发展，暂不处理或略抬高围井水位。管涌险情基本稳定后，在围井的适当高度插入排水管，如塑料管、钢管和竹管，使围井水位适当降低，以免围井周围再次发生管涌或井壁倒塌。同时，必须持续不断地观察围井及周围情况的变化，及时调整排水口高度，见图 7.11。

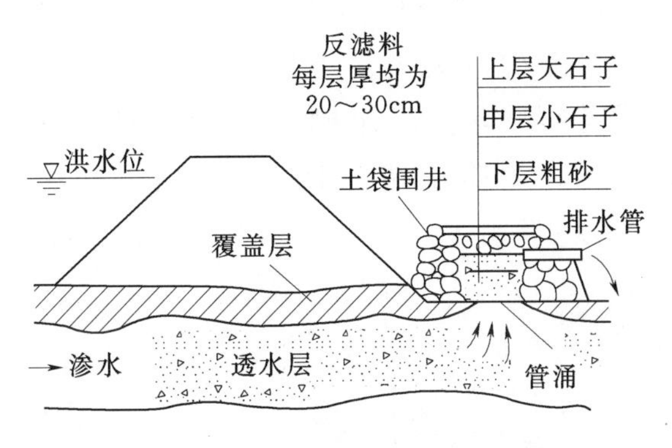

图 7.11 砂石反滤围井示意图（单位：cm）

（2）土工织物反滤围井。首先对管涌口附近进行清理平整，清除尖锐杂物。管涌口用碎石、砾石等粗料充填，以消杀涌水压力。铺土工织物前，先铺一层粗砂，粗砂层厚 30～50cm。然后选择合适的土工织物铺上。需要特别指出的是，土工织物的选择是相当重要的，并不是所有土工织物都适用。选择的方法可以将管涌口涌出的水砂放在土工织物上从上向下渗几次，看土工织物是否淤堵。若管涌带出的土为粉砂时，一定要慎重选用针刺型土工织物；若为较粗的砂，一般的土工织物均可选用。最后要注意的是，土工织物铺设一定要形成封闭的反滤层，土工织物周围应嵌入土中，土工织物之间用线缝合。然后在土工织物上面用块石等强透水材料压盖，加压顺序为先四周后中间，最终中间高、四周低，最后在管涌区四周用土袋修筑围井。围井修筑方法和井内水位控制与沙石反滤围井相同。见图7.12。

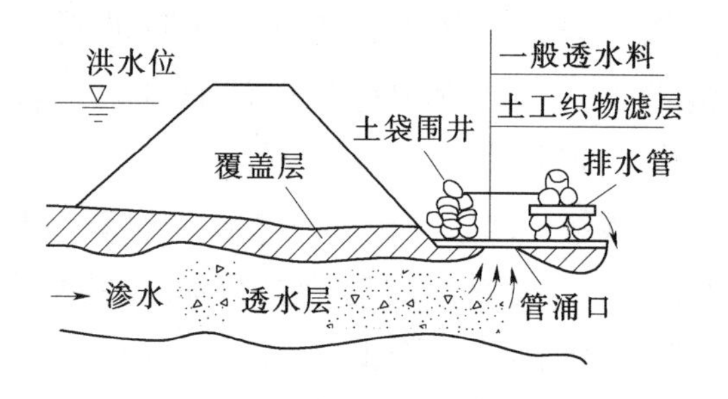

图7.12　土工织物反滤围井示意图

（3）梢料反滤围井。梢料反滤围井用梢料代替沙石反滤料做围井，适用于砂石料缺少的地方。下层选用麦秸、稻草，铺设厚度20～30cm。上层铺粗梢料，如柳枝、芦苇等，铺设厚度30～40cm。梢料填好后，为防止梢料上浮，梢料上面压块石等透水材料。围井修筑方法及井内水位控制与沙石反滤围井相同。见图7.13。

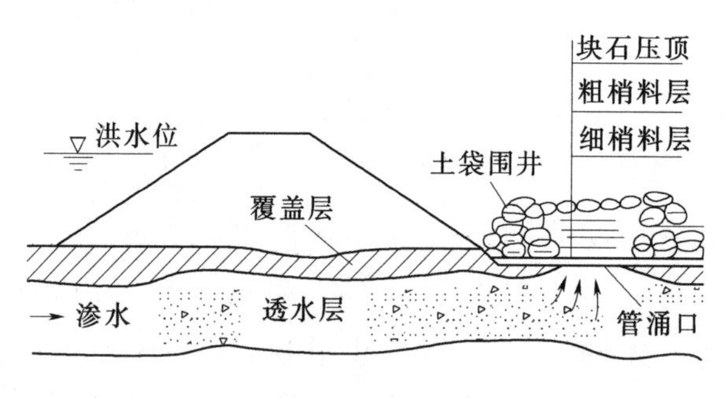

图7.13　梢料反滤围井示意图

(4) 装配式反滤围井。装配式反滤围井主要由单元围板、固定件、排水系统和止水系统 4 部分组成。围井大小可根据管涌险情的实际情况和抢险要求组装，一般为管涌孔口直径的 8～10 倍，围井内水深由排水系统调节，见图 7.14。

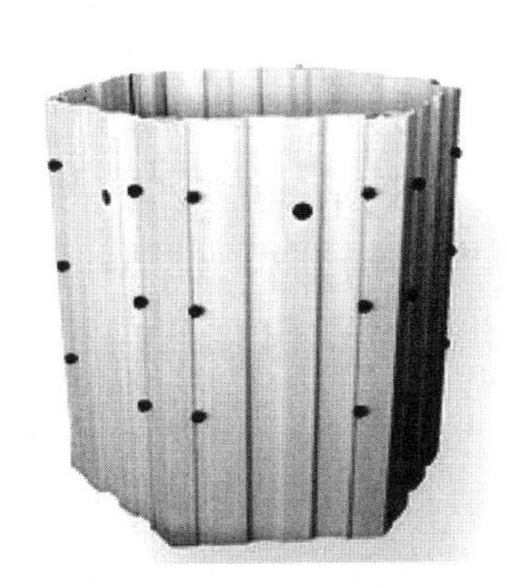

图 7.14 装配式反滤围井实物图

单元围板是装配式围井的主要组成部分，由挡水板、加筋角铁和连接件组成。单元围板的宽度为 1.0m，高度为 1.0m、1.2m 和 1.5m，对应的重量分别为 16kg、17.5kg 和 19.5kg。固定件的主要作用是连接和固定单元围板，为 ϕ21mm 的钢管，其长度为 2.0m、1.7m 和 1.5m，分别用于 1.5m、1.2m 和 1.0m 的围井。抢险施工时，将钢管插入单元围板上的连接孔，并用重锤将其夯入地下，以固定围井。排水系统由带堵头排水管件构成，主要作用为调节围井内的水位。如围井内水位过高，则打开堵头排除围井内多余的水；如需抬高围井内的水位，则关闭堵头，使围井内水位达到适当高度，然后保持稳定。多余的水不宜排放在装配式围井周围，应通过连接软管排放至适当位置。单元围板间的止水系统采用复合土工膜，用于防止单元围板间漏水。

与传统的围井构筑方式相比，装配式围井安装简捷、效果好、省工省力，能大大提高抢险速度，节省抢险时间，并降低抢险强度。抢险主要过程为：确定装配式围井的安装位置，以管涌孔口处为中心，根据预先设定的围井直径大小，确定围井的安装位置；开设沟槽，可使用开槽机或铁铲开设一条沟槽，深 20～30cm。将单元围板全部置于沟槽中，实现相互之间的良好连接，并用锤将连接插杆夯于地下；单元围板上的止水复合土工膜依次用压条及螺丝固定在相邻一块单元围板上；用土将单元围板内外的沟槽进行回填，并保证较少的渗漏量；如遇到砂质土壤，可在沟槽内放置一些防渗膜。

7.5.1.2　反滤压盖

当堤内出现大面积管涌或管涌群时，如果料源充足，可采用反滤层压盖的方法，以降低涌水流速，制止地基细小土颗粒流失，稳定险情。反滤层压盖必须用透水性好的材料，切忌使用不透水材料。根据所用反滤材料不同，可分为以下几种。

（1）砂石反滤压盖。在抢筑前，先清理铺设范围内的杂物和软泥，同时对其中涌水涌沙较严重的出口用块石或砖块抛填以消杀水势，然后在已清理好的管涌范围内，铺粗砂一层，厚约 20cm，再铺小石子和大石子各一层，厚度均约 20cm，最后压盖块石一层予以保护，见图 7.15。

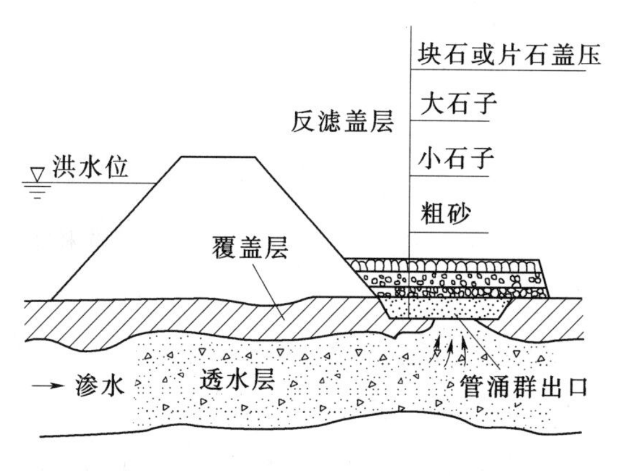

图 7.15　砂石反滤压盖示意图

（2）梢料反滤压盖。当缺乏砂石料时，可用梢料做反滤压盖，其清基和消杀水势措施与砂石反滤压盖相同。在铺筑时，先铺细梢料，如麦秸、稻草等，厚 10～15cm；再铺粗梢料，如柳枝、秫秸和芦苇等，厚约 15～20cm；粗细梢料共厚约 30cm，然后再铺席片、草垫或苇席等，组成一层。视情况可只铺一层或连铺数层，然后用块石或沙袋压盖，以免梢料漂浮；必要时再盖压透水性大的砂土，修成梢料透水平台。

但梢层末端应露出平台脚外，以利渗水排出。梢料总的厚度以能够制止涌水携带泥沙、变浑水为清水、稳定险情为原则。见图 7.16。

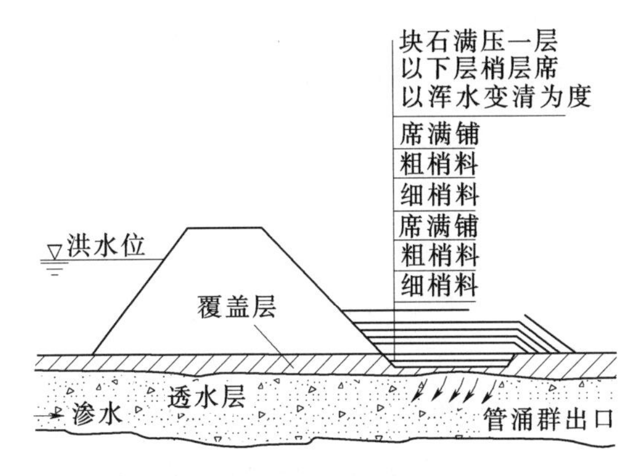

图 7.16　梢料反滤压盖示意图

（3）土工织物滤层铺盖。在抢筑前，先清理铺设范围内的杂物和软泥，然后在其上面满铺一层土工织物滤料，再在上面铺一层厚度为 40～50cm 厚的透水材料，最后在透水材料层上满压一层厚度为 20～30cm 厚的片石或块石，见图 7.17。

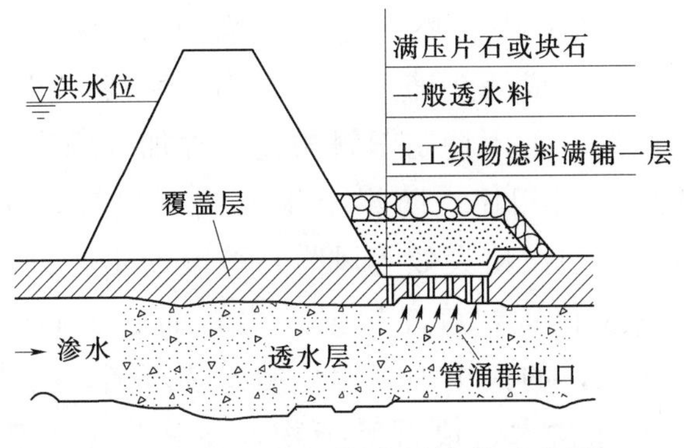

图 7.17　土工织物滤层铺盖示意图

（4）防汛土工滤垫。防汛土工滤垫一般由多层结构组成，典型结构包括底层减压层、中层过滤层、上层保护层。

1）底层减压层：主要是控制水势，削减挟沙水流部分流速水头，降低被保护土地渗透压力坡降，从而减小管涌挟砂水流的冲蚀作用。底层减压层为土工席垫，由改性聚乙烯加热熔化后通过喷嘴挤压出的纤维叠置在一起，溶结而成三维立体多孔材料。当管涌挟砂水流进入席垫，由于受席垫纤维的阻挠，加速水流内部质点的掺混，集中水流迅速扩散，产生较均匀的竖向水流和平面水流运动，从而降低了管涌挟砂水流的流速水头。单块尺寸一般为1.0m×1.0m×0.01m（长×宽×高），置于滤垫的下部，直接与地表土相接触。

2）中层过滤层：主要起“保土排砂”作用，采用特制的土工织物。单块尺寸为1.4m×1.4m（长×宽），具有一定的厚度、渗透系统和有效孔径。

3）上层保护层：采用土工席垫，单块尺寸为1.0m×1.0m×0.01m（长×宽×高），具有较高的抗压、抗拉强度，作用是保护中层过滤层在使用过程中特性不发生变化。

4）组合件：将减压层、过滤层及保护层组合成复合体，使每层发挥其各自的作用，由于中间过滤层为特制的针刺土工织物，故具有明显的压缩性，为保证其特性指标不受上覆荷重影响而改变，在组合过程中采取了适当措施。

5）连接件：当单块滤垫不能满足抢护大面积管涌群要求时，可将若干块滤垫拼装成滤垫铺盖。此时第二块滤垫置于第一块滤垫伸出的土工织物上，再用特制塑料扣连接件加以固定。

与传统的反滤料相比，防汛土工滤垫重量轻，连接简单、快捷、效果好，不存在淤堵失效等风险。抢险的主要过程为：①确定滤垫的规格和安装位置，首先根据发生管涌的土质确定滤垫的规格，然后以管涌孔口的大小确定滤垫的安装范围；②清理现场，在管涌出口周围清除树木、块石等杂物，使其尽量平整，无较大坑洼；③铺设滤垫，先在管涌出口处放置第一块滤垫的四边叠置4块滤垫，并用特制塑料扣联结件加以固定；④在叠置滤垫的同时，施加上覆荷重，可用装砂石防汛袋或块石均匀堆放在滤垫的连接处和管渗涌孔处；⑤检查验收；⑥观测抢护效果。

7.5.1.3 蓄水反压

通过抬高管涌区内的水位来减小堤内外的水头差，从而降低渗透压力，减小出逸水力坡降，达到制止管涌破坏和稳定管涌险情的目的，俗称养水盆，见图7.18。

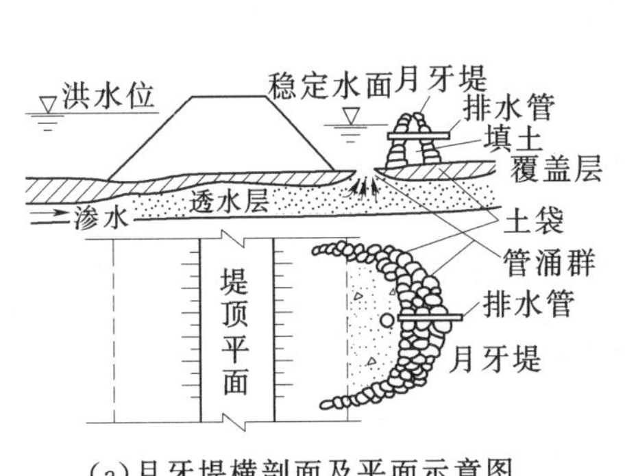

(a)月牙堤横剖面及平面示意图

(b)月牙堤实物图

图7.18 背水月牙堤示意图

该方法的适用条件是堤后有坑塘，闸后有渠道，利用渠道水位或坑塘水位进行蓄水反压；覆盖层相对薄弱的老险工段，结合地形，做专门的大围堰，或称月堤充水反压；极大的管涌区，其他反滤盖重难以见效或缺少砂石料的地方。蓄水反压的主要形式有以下几种：

(1) 渠道蓄水反压。一些穿堤建筑物后的渠道内，由于覆盖层减薄，常产生一些管涌险情，且沿渠道一定长度内发生。对这种情况，可以在发生管涌的渠道下游做隔堤，隔堤高度与两侧地面平，蓄水平压后，可有效控制管涌的发展。

(2) 塘内蓄水反压。有些管涌发生在塘中，在缺少砂石料或交通不便的情况下，可沿塘四周做围堤，抬高塘中水位以控制管涌。但应注意不要将水面抬得过高，以免周围地面出现新的管涌。

(3) 围井反压。对于大面积的管涌区和老险工段，由于覆盖层很薄，为确保汛期安全度汛。当背水堤脚附近出现分布范围较大的管涌群险情时，可在堤背出险范围外抢筑大的围井，又称背水月堤或背水围堰，并蓄水反压，控制管涌险情。月堤可随水位升高而加高，直到险情稳定为止，然后安设排水管将余水排出。

采用围井反压时，由于井内水位高、压力大，围井要有一定的强度，同时应严密监视周围是否出现新管涌。切忌在围井附近取土。

（4）其他。对于一些小的管涌，一时又缺乏反滤料，可以用小的围井围住管涌，蓄水反压，制止涌水带砂。也有的用无底水桶蓄水反压，达到稳定管涌险情的目的。

7.5.1.4　透水压渗

在河堤背水坡脚抢筑透水压渗台，以平衡渗水压力，增加渗径长度，减小渗透坡降，且能导渗滤水，防止土粒流失，使险情趋于稳定。此法适用于管涌险情较多、范围较大、反滤料缺乏，但砂土料丰富的堤段。具体做法是：先在管涌发生的范围内将软泥、杂物清除，对较严重的管涌或流土出口用砖、砂石、块石等填塞；待水势消杀后，再用透水性大的砂土修筑平台，即为透水压渗台；其长、宽、高等尺寸视具体情况确定。

7.5.2　水下管涌处置措施

在坑、塘、水沟和水渠处经常发生水下管涌，给抢险工作带来困难。可结合具体情况，采用以下处理办法：

（1）反滤围井：当水深较浅时，可采用这种方法。

（2）水下反滤层：当水深较深，做反滤围井困难时，可采用水下抛填反滤层的办法。如管涌严重，可先填块石以消杀水势，然后从水上向管涌口处分层倾倒砂石料，使管涌处形成反滤堆，使砂粒不再带出，从而达到控制管涌险情的目的，但这种方法使用砂石料较多。

（3）蓄水反压：当水下出现管涌群且面积较大时，可采用蓄水反压的办法控制险情，可直接向坑塘内蓄水，如果有必要也可以在坑塘四周筑围堤蓄水。

（4）填塘法：在人力、时间和取土条件能迅速完成任务时可用此法。填塘前应对较严重的管涌先用块石、砖块等填塞，待水势消杀后，集中人力和施工机械，采用砂性土或粗砂将坑塘填筑起来。

7.5.3 管涌处置装备及兵力配置

上文综述了各种土堤管涌险情处置技术，各种技术由于实现路径不同，所需人力物力以及组织方法各异，兵力和装备抽组也与具体灾情和任务时限有较大关系，因此，对于土堤加高处置需要的专业工种和装备类型列举见表7.5和表7.6。

1. 主要装备类型需求

见表7.5。

表7.5　主要装备类型需求

序号	装备名称	型号规格	单位
1	挖掘机	PC300	台
2	自卸汽车	15t	台
3	推土机	山推SD22	台
4	油罐车	10t	台

2. 主要兵力工种需求

见表7.6。

表7.6　主要兵力工种需求

序号	工种名称	数　量
1	指挥人员	根据实际情况配置
2	挖掘机、推土机、压路机操作手	具体数量根据所配置的装备按照人员和设备2∶1的比例配备
3	其他人员	根据实际需求配置

7.5.4 管涌险情的善后处理

管涌抢险多数是采用回填反滤料的方法进行处理，有时也采用稻草、麦秆等作为临时反滤排水材料。对于后者，汛后必须按反滤层的要求重新处理。对前者则应探明原因，重新复核后分别对待；若汛期无细砂带出，也没有发生沉陷，表明抢险工程基本满足长期运用要求，可不再进行处理；若经汛期证明不能满足反滤层要求者，汛后则应按要求进行处理。

7.6　裂缝险情应急处置

裂缝是土堤工程常见的一种险情，它有时很可能是其他险情，如滑坡、崩岸等的前兆。并且由于它的存在，洪水或雨水容易侵入堤身，常会引起其他险情，尤其是横向裂缝，往往会造成堤身土体的渗透破坏，酿成更严重的后果。

裂缝抢险，首先要进行险情判别，分析其严重程度。先要分析判断产生裂缝的原因，是滑坡性裂缝，还是不均匀沉降引起；是施工质量差造成，还是由振动引起。而后要判明裂缝的走向，是横缝还是纵缝。对于纵缝应分析判断是否是滑坡或崩岸性裂缝，如果是横缝要判别探明是否贯穿堤身。如果是局部沉降裂缝，应判别是否伴随有管涌或漏洞。此外还应判断是深层裂缝还是浅层裂缝。必要时还应辅以隐患探测仪进行探测。主要处置原则有：

(1) 如果是滑动或坍塌崩岸性裂缝，应先按处理滑坡或崩岸方法进行抢护，待滑坡或崩岸稳定后，再处理裂缝，否则达不到预期效果。

(2) 纵向裂缝如果仅是表面裂缝，可暂不处理，但须注意观察其变化和发展，并封堵缝口，以免雨水侵入，引起裂缝扩展。较宽较深的纵缝，即使不是滑坡性裂缝，也会影响堤防强度，降低其抗洪能力，应及时处理，消除裂缝。

(3) 横向裂缝是最为危险的裂缝，如果已横贯堤身，在水面以下时水流会冲刷扩宽裂缝，导致非常严重的后果；即使不是贯穿性裂缝，也会因缩短渗径，浸润线抬高，造成堤身土体的渗透破坏。因此，对于横向裂缝，不论是否贯穿堤身，均应迅速处理。

(4) 窄而浅的龟纹裂缝，一般可不进行处理。较宽较深的龟纹裂缝，可用较干的细土填缝，用水洇实。

7.6.1 裂缝处置措施

裂缝险情的应急处理技术，一般有开挖回填、横墙隔断、封堵缝口等。其各自特点和适用条件见表 7.7。

表 7.7 裂缝处置技术及适用条件

序号	处置技术	适用范围
1	开挖回填	适用于经过观察和检查已经稳定，缝宽大于 1.0cm，深度超过 1.0m 的非滑坡（或坍塌崩岸）性纵向裂缝
2	横墙隔断	适用于横向裂缝
3	封堵缝口	各种条件

7.6.1.1 开挖回填

这种方法适用于经过观察和检查已经稳定，缝宽大于 1.0cm，深度超过 1.0m 的非滑坡性纵向裂缝。

作业方法如下。

（1）开挖。在开挖前，用经过滤的石灰水灌入裂缝内，便于了解裂缝的走向和深度，以指导开挖。开挖时，沿裂缝开挖一条梯形断面的沟槽，挖到裂缝以下 30～50cm 深，底宽至少 50cm，边坡的坡度应满足稳定及新旧填土能紧密结合的要求，两侧边坡可开挖成阶梯状，每级台阶高宽控制在 20cm 左右，以利稳定和新旧填土的结合。沟槽两端应超过裂缝 1.0m，见图 7.19 和图 7.20。

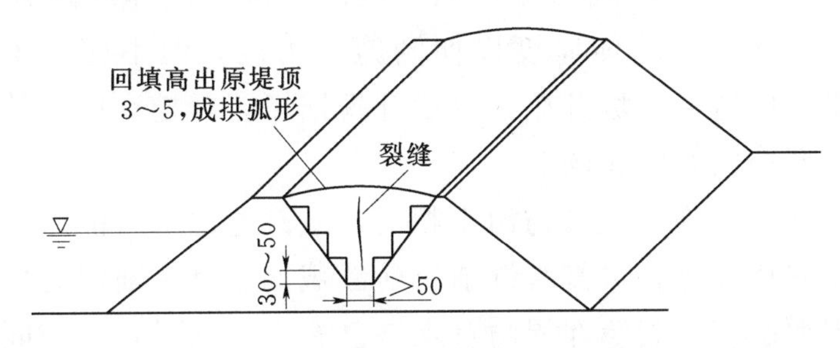

图 7.19 裂缝剖面示意图（单位：cm）

（2）回填。回填土料应和原堤土类相同，含水量相近，并控制含水量在适宜范围内，土料过干时应适当洒水。填筑前，应检

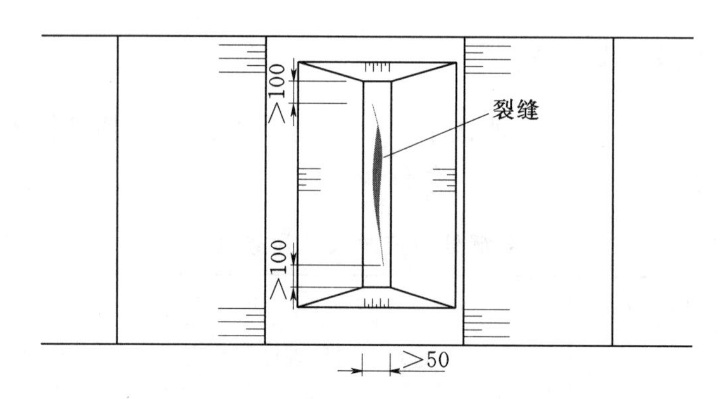

图 7.20　裂缝平面示意图（单位：cm）

查坑槽底壁原土体表层土壤含水量，如偏干，则应将表面洒水湿润。如表面过湿，应清除后再回填。回填要分层填土夯实，每层厚度约 20cm，顶部高出堤面 3～5cm，并做成拱弧形，以防雨水浸入。

需强调的是，已趋于稳定并不伴随有坍塌崩岸、滑坡等险情的裂缝，才能用上述方法进行处理。当发现伴随有坍塌崩岸、滑坡险情的裂缝，应先抢护坍塌、滑坡险情，待脱险并裂缝趋于稳定后，再按上述方法处理裂缝本身。

7.6.1.2　横墙隔断

作业方法如下。

(1) 沿裂缝方向，每隔 3～5m 开挖一条与裂缝垂直的沟槽，并重新回填夯实，形成梯形横墙，截断裂缝。墙体底边长度可按 2.5～3.0m 掌握，墙体厚度以便利施工为度，但不应小于 50cm。开挖施工，应从背水坡开始，分段开挖回填。开挖和回填的其他要求与上述开挖回填法相同。

(2) 如裂缝临水端已与河水相通，或有连通的可能时，开挖沟槽前，应先在堤防临水侧裂缝前筑前戗截流。修筑前戗时可先打木桩形成围堰。若沿裂缝在堤防背水坡已有水渗出时，还应同时在背水坡修做反滤导渗，以免将堤身土颗粒带出。

(3) 当裂缝漏水严重，险情紧急，或者在河水猛涨，来不及全面开挖裂缝时，可先沿裂缝每隔 3.0～5.0m 挖竖井，并回填黏土截堵，待险情缓和后，再伺机采取其他处理措施。

（4）采用横墙隔断是否需要修筑前戗、反滤导渗，或者只修筑前戗和反滤导渗而不做隔断横墙，应当根据险情具体情况进行具体分析。要特别注意，有滑坡险情的堤防切不可修筑前戗，易造成滑坡体后缘荷载增加而加剧滑坡。具体见图7.21、图7.22。

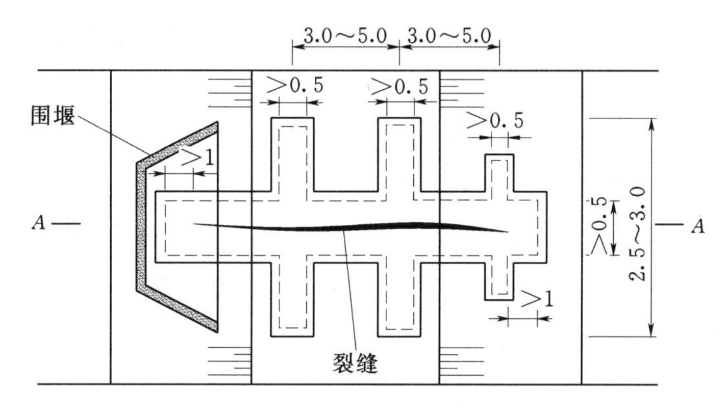

图7.21　横墙隔断处理裂缝平面示意图（单位：m）

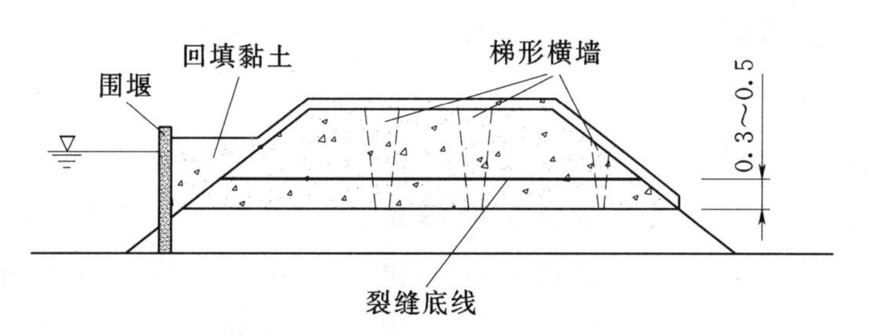

图7.22　横墙隔断处理裂缝 $A-A$ 剖面示意图（单位：m）

7.6.1.3　封堵缝口

1. 灌堵缝口

裂缝宽度小于1cm，深度小于1.0m，不甚严重的纵向裂缝及不规则纵横交错的龟纹裂缝，经观察已经稳定时，可用灌堵缝口的方法。具体方法如下：

（1）用干而细的沙壤土由缝口灌入，再用木条或竹片捣塞密实。

（2）沿裂缝作宽5～10cm，高3.0～5.0cm的小土埂，压住缝口，以防雨水浸入。

未堵或已堵的裂缝，均应注意观察、分析，研究其发展趋势，以便及时采取必要的措施。如灌堵以后，又有裂缝出现，说明裂缝仍在发展中，应仔细判明原因，另选适宜方法进行处理。

2. 裂缝灌浆

缝宽较大、深度较小的裂缝，可以用自流灌浆法处理。即在缝顶开宽、深各0.2m的沟槽，先用清水灌下，再灌水土重量比为1∶0.15的稀泥浆，然后再灌水土重量比为1∶0.25的稠泥浆，泥浆土料可采用壤土或沙壤土，灌满后用土封堵沟槽并夯实。

如裂缝较深，采用开挖回填困难时，可采用压力灌浆处理。先逐段封堵缝口，然后将灌浆管直接插入缝内灌浆，或封堵全部缝口，由缝侧打眼灌浆，反复灌实。灌浆压力一般控制在50～120kPa（0.5～1.2kg/cm^2），具体取值由灌浆试验确定。

压力灌浆的方法适用于已稳定的纵横裂缝，效果也较好。但是对于滑动性裂缝，将促使裂缝发展，甚至引发更为严重的险情。因此，要认真分析，采用时须慎重。

3. 防渗土工织物隔断

在横向裂缝段迎水坡铺放防渗土工织物，并在其上铺压土袋沙袋，直铺到水面以上。截断水源后再沿裂缝走向挖一条沟槽，槽深至裂缝底部，然后分层填土夯实。堤防过于单薄或水位过高时不要轻易开挖。

7.6.2　裂缝处置装备及兵力配置

上文综述了各种土堤裂缝处置技术，各种技术由于实现路径不同，所需人力物力以及组织方法各异，兵力和装备抽组也与具体灾情和任务时限有较大关系，因此，对于土堤裂缝处置需要的专业工种和装备类型列举见表7.8、表7.9。

1. 主要装备类型需求

见表7.8。

表 7.8　　主要装备类型需求

序　号	装备名称	型号规格	单　位
1	挖掘机	1.3～1.6m^3	台
2	自卸汽车	15t	台
3	推土机		台
4	压路机	21t	台
5	灌浆机		台
6	油罐车	10t	台
7	柴油发电机	250kW	台
8	蛙式打夯机		台
9	堤防隐患探测仪	FD-2000	台

2. 主要兵力工种需求

见表 7.9。

表 7.9　　主要兵力工种需求

序号	工种名称	数　　量
1	指挥人员	根据实际情况配置
2	挖掘机、推土机、压路机操作手	具体数量根据所配置的装备按照人员和设备2∶1的比例配备
3	自卸车驾驶员	具体数量根据所配置的装备按照人员和设备2∶1的比例配备
4	其他人员	根据实际需求配置

7.6.3　裂缝抢险的善后处理

在汛期，裂缝产生原因不完全清楚的情况下，有可能判断失误而采取了不当的抢险措施，也有可能采用了各种临时代用料进行封堵。汛期过后，应对裂缝的形状、分布、规模，以及产生的原因做进一步的分析研究。经过论证确认裂缝已经稳定和愈合，不需要重新处理的，经批准可以不再处理。汛期采用临时代用物料没有彻底处理或处理不当的，应根据裂缝的形状、规模及其成因采取合理的处理措施。

属于滑坡引起的裂缝，按滑坡除险加固方法进行处理，属于基础不均匀沉陷引起的裂缝，按地基加固的方法进行处理。其他原因引起的裂缝，如为纵向表面裂缝，可暂不处理，但应注意观察其变化和发展，并应堵塞缝口，以免雨水渗入。较宽较深的纵缝，则应及时处理。横向裂缝不论是否贯穿堤身，均应回填封堵或充填灌浆等方法进行处理，龟纹裂缝一般不宽不深，可不进行处理，较宽较深时用较干的细土予以填缝。

7.7　散浸险情应急处置

散浸的抢护原则是"前堵后排"。"前堵"即在堤防临水侧用透水性小的黏性土料做外帮防渗，也可用篷布、土工膜隔渗，从而减少水体入渗到堤内，达到降低堤内浸润线的目的；"后排"即在堤背水坡上做一些反滤排水设施，用透水性好的材料如土工织物、沙石料或稻草、芦苇做反滤设施，让已经渗出的水，有控制地流出，不让土粒流失，增加堤坡的稳定性。需特别指出的是，背水坡反滤排水只缓解了堤坡表面土体的险情，而对于渗水引起的滑动效果不大，需要时还应做压渗固脚平台，以控制可能因堤背水坡渗水带来的滑坡险情。

以上为土堤渗水除险加固的传统方法，近年来发展出了更多的新型实用技术，如劈裂灌浆、垂直铺塑等堤身加固技术；堤基除险加固新技术种类很多，其中主要是建造垂直连续防渗墙、钢板桩防渗、放淤吹填等新技术。

散浸险情的严重程度可以从渗水量、出逸点高度和渗水的浑浊情况等 3 个方面加以判别，通常有以下几种情况：

（1）堤背水坡严重渗水或渗水已开始冲刷堤坡，渗水变浑浊，有发生流土的可能，证明险情正在恶化，必须及时进行处理，险情继续发展可能造成溃堤。

（2）渗水是清水，但如果出逸点较高，如黏性土堤防不能高于堤坡的1/3，而对于沙性土堤防，一般不允许堤身渗水，则容易产生堤漏洞、背水坡、漏洞及陷坑等险情，也要及时处理，防止险情扩大。

（3）因堤防浸水时间长，浸润线升高，在堤背水坡出现渗水。渗水出逸点位于堤脚附近，渗出的是清水，经观察并无发展，同时水情预报水位不再上涨或上涨不大时，可暂不处理，需加强观察。

（4）其他原因引起的渗水。如堤背水坡水位线以上出现渗水，系由雨水、积水排出造成，通常与险情无关。

从防汛实战情况看，许多散浸险情的恶化往往和降雨联系在一起。雨水和渗水混合在一起，对渗水量、渗水逸出点和渗水浑浊程度3个量的观察都有影响，从而使一般散浸险情转化为重大险情。

7.7.1 散浸处置措施

土堤发生散浸影响因素不同，险情表现形态就不同，针对不同情况下的险情，就有不同的处置方法。散浸险情传统的处置技术有临水截渗、背水坡反滤沟导渗、背水坡贴坡反滤导渗、透水后戗4种，其各自适用范围见表7.10。

表7.10 散浸常用处置技术适用分类

处置技术	适用范围
临水截渗	渗水险情严重的堤段，如渗水出逸点高、渗出浑水、堤坡裂缝及堤身单薄等
背水坡反滤沟导渗	堤背水坡大面积严重渗水，而在临水侧迅速做截渗有困难时，只要背水坡无脱坡或渗水变浑情况
背水坡贴坡反滤导渗	堤身透水性较强，在高水位下浸泡时间长久，导致背水坡面渗流出逸点以下土体软化，开挖反滤导渗沟难以成形时
透水后戗	堤防断面单薄，背水坡较陡，对于大面积渗水，且堤线较长，全线抢筑透水压渗平台的工作量大时

7.7.1.1　临水截渗

为减少堤防的渗水量，降低浸润线，达到控制渗水险情发展和稳定堤防边坡的目的，特别是渗水险情严重的堤段，如渗水出逸点高、渗出浑水、堤坡裂缝及堤身单薄等，应采用临水截渗。临水截渗一般应根据临水的深度、流速、风浪的大小、取土的难易，酌情采取以下方法。

（1）复合土工膜截渗。堤临水坡相对平整和无明显障碍时，采用复合土工膜截渗是简便易行的办法。具体做法是：在铺设前，将临水坡面铺设范围内的树枝、杂物清理干净，以免损坏土工膜。土工膜顺坡长度应大于堤坡长度1m，沿堤轴线铺设宽度视堤背水坡渗水程度而定，一般超过险段两端5～10m，幅间的搭接宽度不小于50cm。每幅复合土工膜底部固定在钢管上，铺设时从堤坡顶沿坡向下滚动展开，土工膜铺设的同时，用土袋压盖，以免土工膜随水浮起，同时提高土工膜的防冲能力。也可用复合土工膜排体作为临水面截渗体（图7.23）。

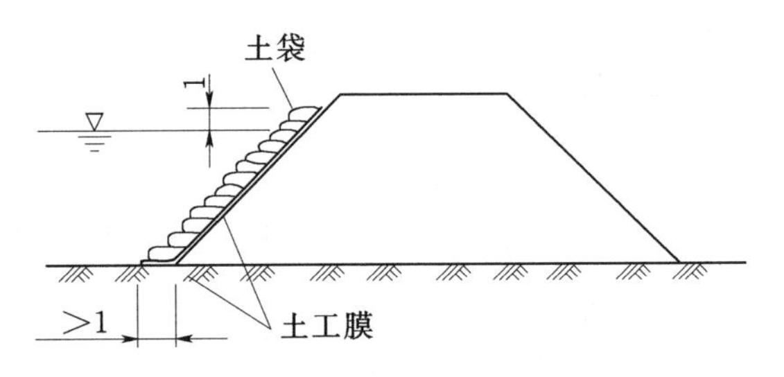

图7.23　土工膜截渗示意图

（2）抛黏土截渗。当水流流速和水深不大且有黏性土料时，可采用临水面抛填黏土截渗。将临水面堤坡的灌木、杂物清除干净，使抛填黏土能直接与堤坡土接触。抛填可从堤肩由上向下抛，也可用船只抛填。当水深较大或流速较大时，可先在堤脚处抛填土袋构筑潜堰，再在土袋潜堰内抛黏土。黏土截渗体一般厚2.0～3.0m，高出水面1.0m，超出渗水段3.0～5.0m，见图7.24。

（3）桩柳（土袋）前戗截渗。如果堤前有水流，戗土易冲走时，可采用桩柳（土袋）前戗截渗。做法如下：

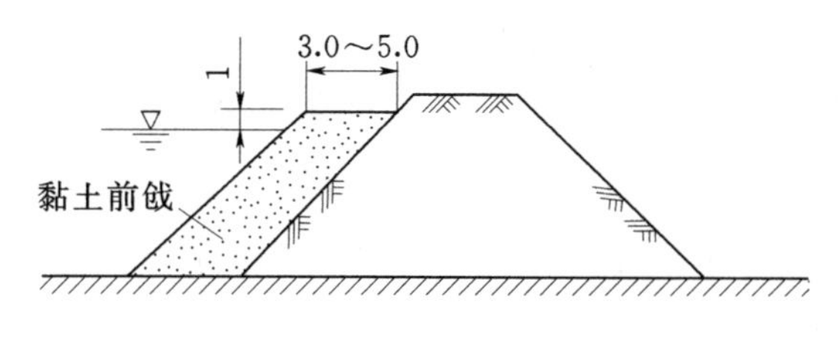

图 7.24 黏土前戗截渗示意图（单位：m）

1）如果水浅，可在临水坡脚外砌筑一道土袋防冲墙，其厚度与高度以能防止流冲戗土为宜。水深较大时，因水下土袋筑墙困难，工程量大，可做桩柳防冲墙，即在临水坡脚前 0.5～1.0m 处，打木桩一排，桩距 1.0m，桩长根据水深和流势决定，一般以入土 1.0m 桩顶高出水面为度。

2）在打好的木桩上，用柳枝或芦苇、秸料等梢料编成篱笆。或者用竹竿、木杆将木桩连起，上挂芦席或草帘、苇帘等。编织或挂帘高度以能防止流冲戗土为度。木桩顶端用 8 号铅丝或麻绳与顶面或背水坡上的木桩拴牢。

3）在做好坡面清理并备足土料后，桩柳墙与边坡之间填土筑戗。戗体尺寸和质量要求与上述黏土前戗截渗法相同，见图 7.25、图 7.26。

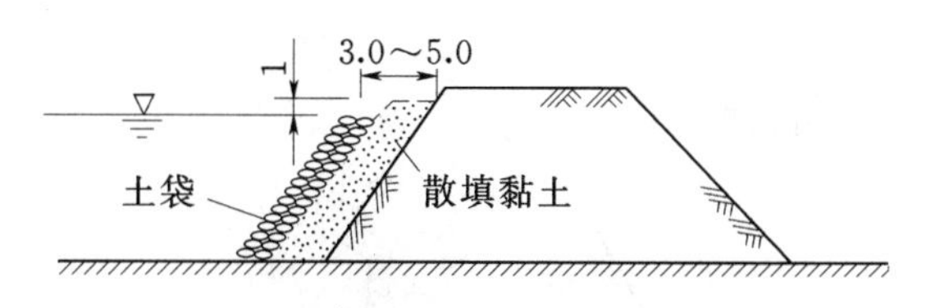

图 7.25 土袋前戗截渗示意图（单位：m）

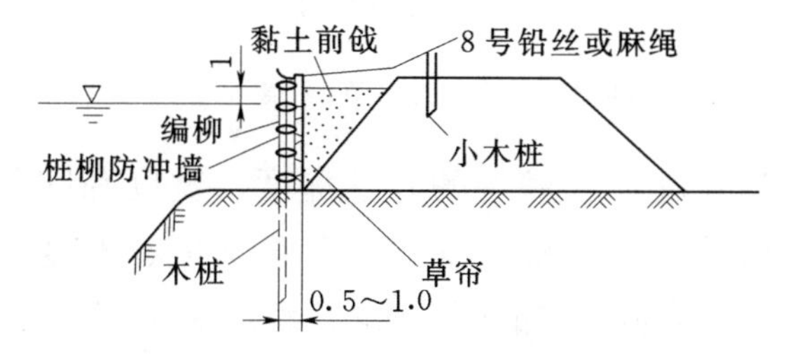

图 7.26 桩柳前戗截渗示意图（单位：m）

7.7.1.2　背水坡反滤沟导渗

当堤背水坡大面积严重渗水，而在临水侧迅速做截渗有困难时，只要背水坡无脱坡或渗水变浑情况，可在背水坡及其坡脚处开挖导渗沟，排走背水坡表面土体中的渗水，恢复土体的抗剪强度，控制险情的发展。

根据反滤沟内所填反滤料的不同，反滤导渗沟可分为3种：①在导渗沟内铺设土工织物，其上回填一般的透水料，称为土工织物导渗沟；②在导渗沟内填砂石料，称为砂石导渗沟；③因地制宜地选用一些梢料作为导渗沟的反滤料，称为梢料导渗沟。

（1）导渗沟的布置形式。导渗沟的布置形式可分为纵横沟、Y字形沟和人字形沟等。以人字形沟的应用最为广泛，效果最好，Y字形沟次之，见图7.27。

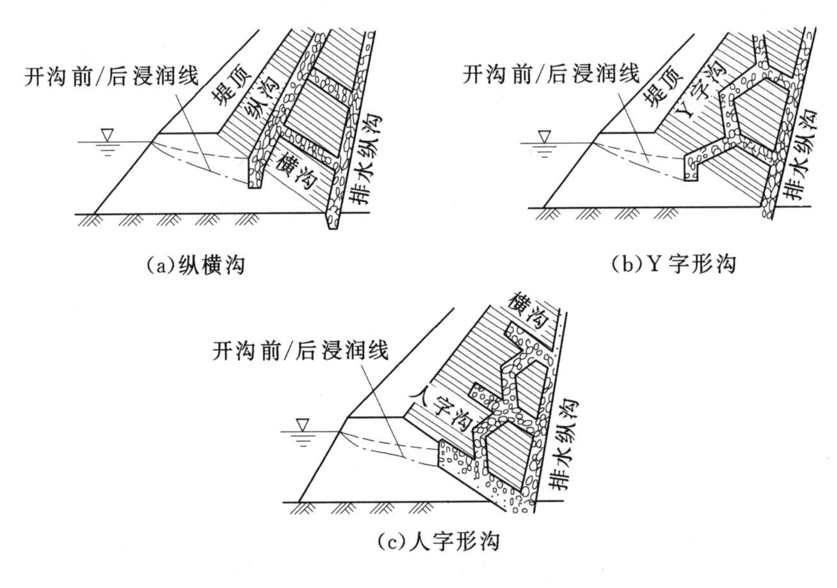

图7.27　导渗沟的布置形式

（2）导渗沟尺寸。导渗沟的开挖深度、宽度和间距应根据渗水程度和土壤性质确定。一般情况下，开挖深度、宽度和间距分别选用30～50cm、30～50cm和7～10m。导渗沟的开挖高度，一般要达到或略高于渗水出逸点位置。导渗沟的出口，以导渗沟所截得的水排出离堤脚 2.0～3.0m 外为宜，尽量减少渗水对堤脚的浸泡。

（3）反滤料铺设。边开挖导渗沟，边回填反滤料。反滤料为沙石料时，应控制含泥量，以免影响导渗沟的排水效果；反滤料为土工织物时，土工织物应与沟的周边结合紧密，其上回填碎石等一般的透水料，土工织物搭接宽度以大于 20cm 为宜；回填滤料为稻糠、麦秸、稻草、柳枝、芦苇等，其上应压透水盖重，见图 7.28（a）、图 7.28（b）、图 7.28（c）、图 7.28（d）和图 7.28（e）。

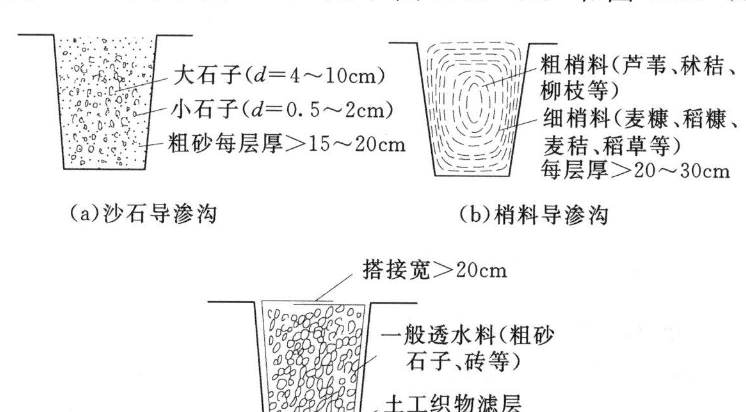

（a）沙石导渗沟

（b）梢料导渗沟

（c）土工织物导流沟铺填示意图

（d）导渗沟开挖

（e）导渗沟铺填石块

图 7.28 导渗沟反滤料结构及铺设

7.7.1.3 背水坡贴坡反滤导渗

当堤身透水性较强，在高水位下浸泡时间长久，导致背水坡面渗流出逸点以下土体软化，开挖反滤导渗沟难以成形时，可在背水坡作贴坡反滤导渗。在抢护前，先将渗水边坡的杂草、杂物及松软的表土清除干净；然后，按要求铺设反滤料。根据使用反滤料的不同，贴坡反滤导渗可以分为 3 种：①土工织物反滤层；②沙石反滤层；③梢料反滤层，见图 7.29。

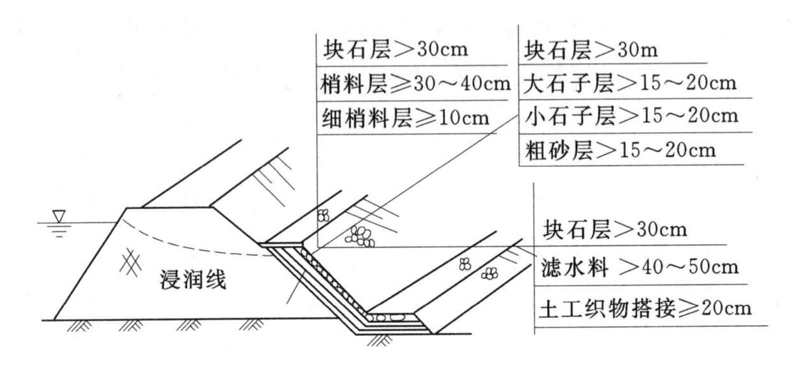

图 7.29　土工织物、沙石、梢料反滤层示意图

7.7.1.4　透水后戗

当堤防断面单薄，背水坡较陡，对于大面积渗水，且堤线较长，全线抢筑透水压渗平台的工作量大时，可以结合导渗沟加间隔透水压渗平台的方法进行抢护。透水压渗平台根据使用材料不同，有以下两种方法：

（1）砂土后戗。首先将边坡渗水范围内的杂草、杂物及松软表土清除干净，再用沙砾料填筑后戗，要求分层填筑密实，每层厚度 30cm，顶部高出浸润线出逸点 0.5～1.0m，顶宽 2.0～3.0m，戗坡一般为 1∶3～1∶5，长度超过渗水堤段两端至少 3.0m，见图 7.30。

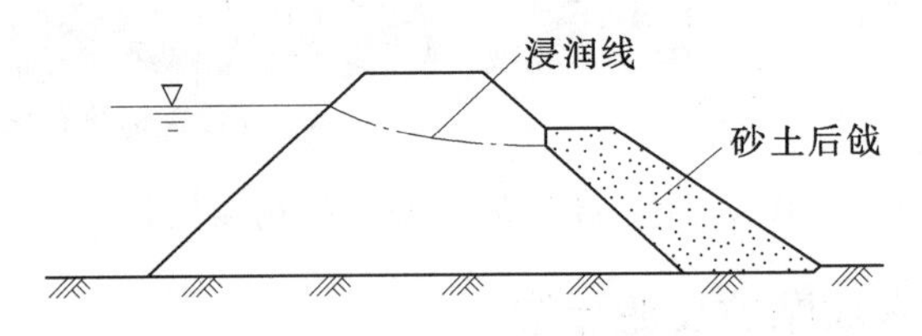

图 7.30　砂土后戗示意图

（2）梢土后戗。当填筑砂砾压渗平台缺乏足够料物时，可采用

梢土代替沙砾，筑成梢土压浸平台。其外形尺寸以及清基要求与沙土压渗平台基本相同，见图 7.31，梢土压渗平台厚度为 1.0～1.5m。贴坡段及水平段梢料均为四层，中间层粗，上、下两层细。

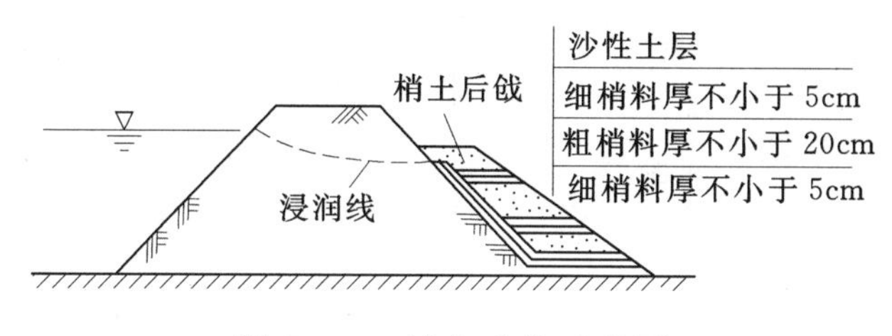

图 7.31 梢土后戗示意图

7.7.1.5 垂直铺膜技术

垂直铺膜是用土工膜做防渗材料的一种新型垂直防渗技术。其基本原理是：先用开槽机垂直开槽并用泥浆护壁；再在槽内铺土工膜，并注意相邻膜幅的连接；最后在膜布两侧填土，堤身形成以土工膜为防渗体，以回填土为保护，并与堤身堤基紧密结合的防渗工程。目前有刮板式、旋转式、往复式、高压水冲式等多种开槽铺塑机械。

该项技术的特点是：

（1）土工膜寿命长，防渗性能好，能适应土体变形。

（2）开槽机造槽经济适用。

（3）施工速度快，工程造价低。

目前，该项技术已在黄河、长江等堤防工程中得到成功应用，对解决堤身散浸、堤脚渗透破坏等效果显著。

7.7.2 散浸处置装备及兵力配置

上文综述了各种土堤散浸险情处置技术，各种技术由于实现路径不同，所需人力物力以及组织方法各异，兵力和装备抽组也与具体灾情和任务时限有较大关系，因此，对于土堤散浸处置需要的专业工种和装备类型列举见表 7.11 和表 7.12。

1. 主要装备类型需求

见表 7.11。

表 7.11　　　　　　主要装备类型需求

序　号	装备名称	型号规格	单　位
1	挖掘机	1.2～1.6m^3	台
2	自卸汽车	15～20t	台
3	推土机		台
4	油罐车	10t	台
5	便携式打桩机	DZF-120	台
6	组合装袋机		台
7	土袋装运机		台

2. 主要兵力工种需求

见表 7.12。

表 7.12　　　　　　主要兵力工种需求

序号	工种名称	数　　量
1	指挥人员	根据实际情况配置
2	挖掘机、推土机操作手	具体数量根据所配置的装备按照人员和设备 2∶1 的比例配备
3	自卸车驾驶员	具体数量根据所配置的装备按照人员和设备 2∶1 的比例配备
4	其他机械操作手	具体数量根据所配置的装备按照人员和设备 2∶1 的比例配备
5	其他人员	根据实际需求配置

7.7.3　散浸抢险的善后处理

散浸抢险常用背水坡开挖导渗沟、做透水后戗和临水坡做黏土防渗层的方法，汛后应对这些措施进行复核。凡是处理不当或者属临时性措施的，均应按新的方案组织实施，在施工中要彻底清除各种所用的临时物料。如果背水坡采用了导渗沟，对符合反滤层要求的，可以保留，但要做好表层保护；不符合设计要求的，汛后要清除沟内的杂物和填料，按设计要求重新铺设。如果抢险时使用了比堤身渗透系数小的黏土做后戗台，应予以清除，必要时可重新做透水后戗，或则设置贴坡式排水。

7.8 跌窝险情应急处置

跌窝是指在雨中或雨后，或者在持续高水位情况下，在堤身及坡脚附近局部土体突然下陷而形成的险情。这种险情不但破坏堤防断面的完整性，而且缩短渗径，增大渗透破坏力，有的还可能降低堤坡阻滑力，引起堤防滑坡，对堤防的安全极为不利。特别严重的，随着跌窝的发展，渗水的侵入，或伴随渗水管涌的出现，或伴随滑坡的发生，可能会导致堤防突然溃口的重大险情。

根据跌窝形成的原因、发展趋势、范围大小和出现的部位采取不同的应急处理技术。但是，必须以“抓紧翻筑抢护，防止险情扩大”为原则，在条件允许的情况下尽可能采用翻挖，分层填土夯实的办法做彻底处理。

条件不许可时，可采取相应的临时性处理措施。如跌窝伴随渗透破坏（渗水、管涌、漏洞等），可采用填筑反滤导渗材料的办法处理。如果跌窝伴随滑坡，应按照抢护滑坡的方法进行处理。如果跌窝在水下较深时，可采取临时性填土措施处理。

跌窝险情的判别是根据跌窝形成的原因，位置、大小以及是否持续发展，判别险情的严重程度，确定属于何种险情情况，以便确定抢护方案。

（1）根据成因判别。由于渗透变形而形成的跌窝常常伴随着渗透破坏，极可能导致渗漏，抢护不及时，会导致决口，按重大险情处理，其他原因形成的个别不连续的跌窝应视其大小，位置及发展趋势判别险情程度。

（2）根据发展趋势判别。有些跌窝发生后持续发展，由小到大，最终导致瞬时溃堤，对持续发展的跌窝，必须慎重对待，及时抢护。对于不再持续发展的，还应视其大小、位置进行判别。

（3）根据大小判别。直径小于 0.5m，深度小于 1.0m 的小跌窝，一般只破坏堤防段面轮廓的完整性，而不会危及堤防的安全，按一般险情考虑。跌窝较大时就会削弱堤防的强度，危机堤防的安全，就应按较大险情考虑。当跌窝很大很深时堤防可能失稳，引起滑坡，则非常危险，按重大险情考虑。即使较小的跌窝处于持续发展状态，也应慎重对待及时抢护。

(4) 按位置判别。临、背水坡上较大的跌窝可能造成临、背水坡滑坡险情或减小渗径，可能造成漏洞或背水坡渗透破坏。堤顶跌窝降低部分堤顶高度，削弱堤顶宽度，对于较大的跌窝将会降低防洪标准，造成堤顶漫溢的危险。对跌窝的判别，应综合考虑上述因素，确定险情程度。一般判别原则：背水侧无渗水、管涌、或坍塌不发展，或坍塌体积小位置较高的情况为一般险情；伴随着背水侧有渗水或管涌情况为较大险情；经鉴定与渗水管涌有直接关系或坍塌持续发展或体积大位置深的情况为重大险情。

7.8.1 跌窝处置措施

抢护跌窝险情首先应当查明原因，针对不同情况，选用不同应急处理技术，备妥料物，迅速抢护。在抢护过程中，必须密切注意上游水情涨落变化，以免发生意外。常用处置技术及相应的适用范围见表7.13。

表7.13　跌窝常用处置技术及适用范围

处置技术	适用范围
翻填夯实	未伴随渗透破坏的跌窝险情，只要具备抢护条件，均可采用
填塞封堵	适用于临水坡水下较深部位的跌窝
填筑反滤料	适用于对于伴随有渗水、管涌险情，不宜直接翻筑的背水坡跌窝

7.8.1.1 翻填夯实

未伴随渗透破坏的跌窝险情，只要具备抢护条件，均可采用这种方法。具体做法是：先将跌窝内的松土翻出，然后分层回填夯实，恢复堤防原貌。如跌窝出现在水下且水不太深时，可修土袋围堰围堤，将水抽干后，再予翻筑。翻筑所用土料，如跌窝位于堤顶或临水坡时，宜用防渗性能不小于原堤土的土料，以利防渗；如位于背水坡宜用排水性能不小于堤土的土料，以利排渗。

7.8.1.2 填塞封堵

这是一种临时抢护措施，适用于临水坡水下较深部位的跌窝。具体方法是：用土工编织袋、草袋或麻袋装黏性土，直接在水下填塞跌窝，全部填满跌窝后再抛投黏性散土加以封堵和帮宽。要求封堵严密，避免从跌窝处形成渗水通道，见图 7.32。汛后水位回落后，还需按照上述翻填夯实法重新进行翻筑处理。

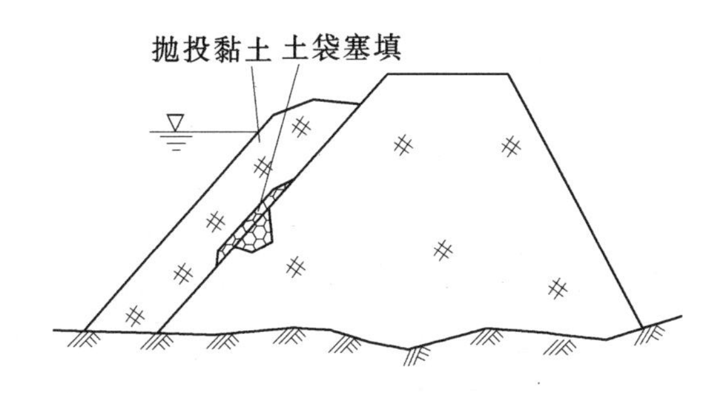

图 7.32 填塞封堵跌窝示意图

7.8.1.3 填筑反滤料

对于伴随有渗水、管涌险情，不宜直接翻筑的背水坡跌窝，可采用此法抢护。具体做法是：先将跌窝内松土和湿软土壤挖出，然后用粗砂填实，如渗涌水势较大，可加填石子或块石、砖块等透水材料消杀水势后，再予填实。待跌窝填满后，再按反滤层的铺设方法抢护，见图 7.33。

7.8.2 跌窝处置装备及兵力配置

上文综述了各种土堤跌窝险情处置技术，各种技术由于实现路径不同，所需人力物力以及组织方法各异，兵力和装备抽组也与具体灾情和任务时限有较大关系，因此，对于土堤跌窝处置需要的专业工种和装备类型列举见表 7.14、表 7.15。

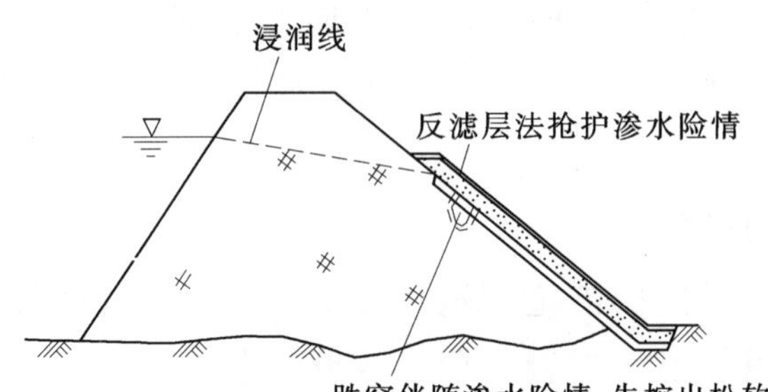

图7.33　跌窝填筑滤料示意图

1. 主要装备类型需求

见表7.14。

表7.14　主要装备需求类型

序　号	装备名称	型号规格	单　位
1	挖掘机	1.3～1.6m^3	台
2	自卸汽车	15t	台
3	推土机		台
4	油罐车	5t	台

2. 主要兵力工种需求

见表7.15。

表7.15　主要兵力工种需求

序号	工种名称	数　量
1	指挥人员	根据实际情况配置
2	挖掘机、推土机操作手	具体数量根据所配置的装备按照人员和设备2∶1的比例配备
3	自卸车驾驶员	具体数量根据所配置的装备按照人员和设备2∶1的比例配备
4	其他人员	更具实际需求配置

7.9 崩岸险情应急处置

崩岸险情的抢护原则，应根据崩岸产生的原因、抢护条件、运用要求等因素，特别是近岸水流的状况，崩岸后的水下地形情况以及抢护条件等因素，综合选用。首先要稳定坡脚，固基防冲。待崩岸险情稳定后，再酌情处理岸坡。抢护原则是护脚抗冲，缓流挑流，减载加帮。

1. 崩岸险情的判别

崩岸险情发生前，堤防临水坡面或顶部常出现纵向或圆弧形裂缝，进而发生沉陷和局部坍塌。因此，裂缝往往是崩岸险情发生的预兆。必须仔细分析裂缝的成因及其发展趋势，及时做好抢护崩岸险情的准备工作。

必须指出：崩岸险情的发生往往比较突然，事先较难判断。它不仅常发生在汛期的涨、落水期，在枯水季节也时有发生；随着河势的变化和控导工程的建设，原来从未发生过崩岸的平工也会变为险工。因此，凡属主流靠岸、堤外无滩、急流顶冲的部位，都有发生崩岸险情的可能，都要加强巡查，加强观察。

勘查分析河势变化，是预估崩岸险情发生的重要方法。要根据以往上下游河道险工与水流顶冲点的相关关系和上下游河势有无新的变化，分析险工发展趋势；根据水文预报的流量变化和水位涨落，估计河势在本区段可能发生变化的位置；综合分析研究，判断可能的出险河段及其原因，做好抢险准备。

2. 崩岸险情探测

探测护岸工程前沿或基础被冲深度，是判断险情轻重和决定抢护方法的首要工作。一般可用探水杆、铅鱼从测船上测量堤防前沿水深，并判断河底土石情况。通过多点测量，即可绘出堤防前沿的水下断面图，以大体判断堤脚基础被冲刷的情况及抛石等固基措施的防护效果。必要时采用全球定位仪（GPS）配套的超声波双频测深仪法测量堤防前沿水深和绘制水下断面地形图，可十分迅速地判断水下冲刷深度和范围，以赢得抢险时间。

在情况紧急时，可采用人工水下探查的方法，大致了解冲坑的位置和深度、急流旋涡的部位以及水下护脚破坏的情况，以便及时确定抢护的方法。

7.9.1　崩岸处置措施

崩岸险情是因水流冲刷堤身，土体内部摩擦力和黏结力抵抗不住土体的自重和其他外力，使土体失去平衡而坍塌。处理崩岸险情的主要措施有：护脚固基抗冲、缓流挑流防冲、丁坝导流、减载加帮、退堤还滩等。各种处置措施并不一定单独适用，很多情况下需要同时采用几种措施的组合才能发挥最大效用。各种处置技术的适用条件见表 7.16。

表 7.16　　崩岸险情处置措施

处置技术	适　用　条　件
护脚固基抗冲法	当堤岸受水流冲刷，堤脚或堤坡已冲成陡坎
缓流挑流防冲法	为了减缓崩岸险情的发展，必须采取措施防止急流顶冲的破坏作用
退堤还滩法	当崩岸险情发展迅速，一时难以控制时，还应考虑在崩岸堤段后一定距离抢修第二道堤防
减载加帮法	为了抑制崩岸险情的继续扩大，维持尚未坍塌堤脚的稳定

7.9.1.1　护脚固基抗冲法

当堤岸受水流冲刷，堤脚或堤坡已冲成陡坎，应针对堤岸前水流冲淘情况，尽快护脚固基，抑制急流继续淘刷。根据流速大小可采用土沙袋、块石、土工织物石枕和铅丝石笼等防冲物体，加以防护，具体做法如下：

探摸。先摸清坍塌部分的长度、宽度、深度，以便估算抢护所需劳力和物料。

抛护。在堤顶或船上沿坍塌部位抛投块石、土沙袋、土工织物石枕或铅丝石笼。先从顶冲坍塌严重部位抛护，然后依次上下进行，抛至稳定坡度为止。

抛护坡度。为了达到抗冲稳定，抛护后水下坡度宜缓于原堤坡，一般抛成1∶3的缓坡。

1. 抛石块

(1) 抛石方式。抛石护脚是平顺坡式护岸下部固基的主要方法，也是处理崩岸险工的一种常见的、应予优先选用的措施。抛石护脚具有就地取材、施工简单，可以分期实施的特点。平顺坡式护岸方式较均匀地增加了河岸对水流的抗冲能力，对河床边界条件改变较小。所以，在水深流速较大以及迎流顶冲部位的护岸，通常采用这一型式。我国长江中下游河段水深流急，总结经验认为最宜采用平顺护岸型式。我国许多中小河流堤防及湖堤均采用平顺坡式护岸，起到了很好的作用。抛投石块应从险情最严重的部位开始，依次向两边展开。首先将石块抛入冲坑最深处，逐步从下层向上层，以形成稳定的阻滑体。在抛石过程中，要随时测量水下地形，掌握抛石位置，以达到稳定坡度为止，一般为1∶1～1∶1.5，见图7.34 (a)、图7.34 (b)。

抛投石块应尽量选用大的石块，以免流失。在条件许可的情况下，应通过计算确定抗冲抛石粒径。在流速大、紊动剧烈的坝头等处，石块重量一般应达30～75kg；在流速较小，流态平稳的顺坡坡脚处，石块重量一般也不应小于15kg。

(2) 抛石厚度和稳定坡度的要求。抛石厚度应不小于抛石粒径的2倍，水深流急处宜为3～4倍。一般厚度可为0.6～1.0m，重要堤段宜为0.8～1.0m。

(3) 抛石落距定位的估算。抛石护脚施工中，抛石的落点受流速、水深、石重等因素的影响，抛石落点不易掌握，常有部分石块散落河床各处，不能起到护岸护滩作用，造成浪费。在抛投前应先作简单现场试验，测定抛投点与落点的距离，然后确定抛投船的泊位。

根据分析研究和实测资料，以下经验公式可用以估算抛石

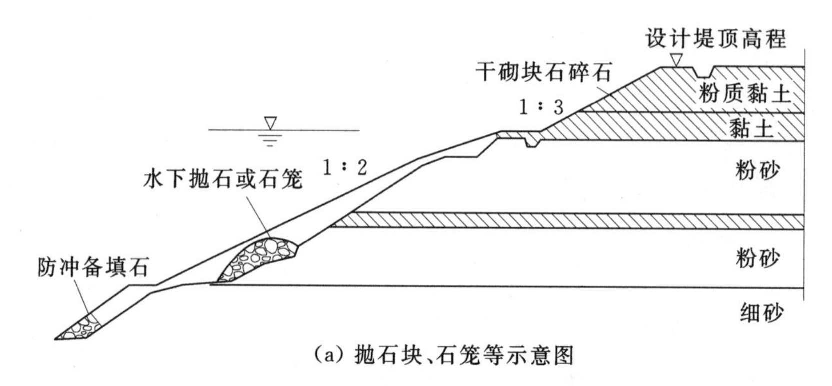

(a) 抛石块、石笼等示意图

(b)机械抛石块实景图

图 7.34　抛石护脚

位移。

$$L=kHV/W^{1/6} \tag{7.1}$$

式中：L 为抛石位移，m；H 为平均水深，m；V 为水面流速，m/s；W 为石块重量，kg；k 为系数，一般取为 0.8～0.9，根据荆江堤防工程多年的实测资料取 $k=1.26$（表 7.17），按抛石位移查对表，进行初步定位。

河湾抛石受环流影响，其落点较抛点略趋向河心。群体抛石落点在横向呈扇面分布，小石块落在下游偏河心一方，大石块落在上游偏凹岸一方。

据此估算分析，就可设计抛石船的定位和抛石施工程序。通常应由上游向下游抛石，可先抛小碎石块，再于其下游抛大石块，力求达到碎石垫底的目标。考虑弯道环流作用，可采用抛石船靠岸侧先抛小碎石块，另一侧抛大石块等施工程序。

表 7.17　　　　抛石位移查对表

水深/m	10				15				20			
位移/m　流速/(m·s^{-1}) 块石重量/kg	0.5	0.8	1.1	1.4	0.5	0.8	1.1	1.4	0.5	0.8	1.1	1.4
30	3.6	5.7	7.9	10.0	5.4	8.6	11.8	15.1	7.2	11.4	15.7	20.1
50	3.2	5.2	7.2	9.2	4.9	8.0	10.8	13.8	6.6	10.5	14.4	18.5
70	3.1	5.0	6.9	8.7	4.7	7.5	10.3	13.1	6.3	10.0	13.8	17.4
90	3.0	4.8	6.0	8.4	4.5	7.2	9.9	12.5	6.0	9.6	13.1	16.7
110	2.9	4.6	6.4	8.1	4.4	7.0	9.6	12.2	5.8	9.3	12.7	16.2
130	2.8	4.5	6.2	7.9	4.2	6.8	9.3	11.8	5.6	9.0	12.4	15.8
150	2.7	4.4	6.0	7.7	4.1	6.6	9.0	11.5	5.5	8.8	12.1	15.4

（4）抛石区段滤层的设置。崩岸抢险可采用单纯抛石以应急。但抛石区段无滤层，易使抛石下部被掏刷导致抛石的下沉崩塌。无滤层或垫层的抛石护脚运用一段时间后，发生破坏的工程实例已不鲜见。为了保护抛石层及其下部泥土的稳定，就需要铺设滤层。

近来广泛采用的土工织物材料，可满足反滤和透水性的准则，且具有一定的耐磨损和抗拉强度、施工简便等优点。铺设滤层设计选用土工织物材料时，必须按反滤准则和透水性控制织物的孔径。

（5）抛石护脚施工方法。抛石护脚要严格按施工程序进行，设计确定好抛石船位置。抛投应由上游而下游，由远而近，先点后线，先深后浅，顺序渐近，分层抛匀，不得零抛散堆。

一般施工前、后均应进行水下抛护断面的测量。特别是施工过程中，应按时测记施工河段水位、流速，检验抛石位移，随抛随测抛石高程，不符合要求者，应及时补充。

在水深流急情况下抛石，应选择突击抢抛的施工方法。集中力量，一次性抛入大量石块，避免零抛散堆，造成不必要的石块流失。从堤岸上抛投时，为避免砸坏堤岸，应采用滑板，保持石块平稳下落。当堤岸抛石的落点不能达到冲坑最深处时，这一施工方法不宜单独运用。应配合船上抛投，形成阻滑体，否则，起不到抛石的作用。

（6）抛石护脚的施工工艺流程。抛石作业施工工艺流程为：抛石前的准备工作（包括抛石区地形测量）→划分抛石区→测量放样→抛石落点的计算和确定→定位船定位→抛石作业→对抛石区的质量检查→对不符合要求的部位进行补抛→枯水期整形→质量检查直至合格。

其他护脚材料抛投物的施工工艺流程与其类似。

（7）抛石前的准备工作。在抛石前采用回声探测仪进行堤岸水下地形测量，以确定抛石区域。

（8）划分抛石区。按技术规范要求，为确保抛石准确到位，对抛石区域进行分区。

（9）测量放样。采用全站仪测放出所需抢险的控制点，以40m为一个断面，插上旗帜作为标志，以断面旗帜的平面位置和方向作为平面定位的基准。

（10）抛石块体的定位计算。抛石块体的定位计算按式（7.1）或表7.17《抛石位移查对表》进行计算。

流速测量可根据情况每2～4h测量一次，以调整L值；再按抛石体的水上抛石位置确定抛石船的位置，并按抛石船应停放位置，扣除船头、绳长等长度，确定定位船位置。

（11）定位船定位。放样结束后，将施工定位船（趸船）拖到施工地点进行抛锚定位，用全站仪测出定位船至断面旗帜的位置，以确定抛石船的位置。

（12）抛石船就位。定位船定位后，由拖轮将抛石驳船拖到指定的抛石位置，将驳船挂在定位船上，每次挂两条船，两条船串联，二船之间用缆绳拴好；为防止摆动，在下游设定位小船，定位方式同定位船，将下游船的船尾拴在定位小船上，形成一条线，避免石驳在水流作用下摆动，以保证抛石的精度。

（13）抛石作业。按技术规范要求抛石顺序为：从上游向下游依次抛石；即先上游、后下游；先深滩、后浅滩，先远后近的程序进行。抛石采用人工作业，在抛石施工人员中配备一定数量具有抛石经验的技术人员，同时在每一条抛石船上安排技术和质量管理人员，加强管理，严格按计算的数量和位置进行抛填。

（14）质量检查、补抛及枯水期整形。由于抛石到水下质量难于直接观察，为保证抛石质量，可采用“划分小区，趸船定位，定量多次抛填”的施工方案，抛石时通过GPS和回声探测仪随测，检查抛石情况，并对薄弱部位进行补抛。在河流处于枯水位，水下抛石露出水面后对抛石区进行整形。

2. 抛石笼

当现场石块体积较小，抛投后可能被水冲走时，可采用抛投石笼的方法。以预先编织、扎结成的铅丝网、钢筋网，在现场充填石料后抛投入水。

抛笼应从险情严重部位开始，并连续抛投至一定高度。可以抛投笼堆，亦可普遍抛笼。在抛投过程中，需不断检测抛投面坡度，一般应使该坡度达到1∶1。

石笼抛投防护的范围等要求，与抛石护脚相同。石笼体积一般可达$1.0\sim2.5m^3$，具体大小应视现场抛投手段和能力而定。

在崩岸除险加固中，抛投石笼一般在距水面较近的坝顶或堤坡平台上，或船只上实施。船上抛笼，可将船只锚定在抛笼地点直接下投，以便较准确地抛至预计地点。在流速较大的情况下，可同时从堤顶和船只上抛笼，以增加抛投速度。

抛笼完成以后，应全面进行一次水下探摸，将笼与笼接头不严之处，用大块石抛填补齐。

3. 抛土袋

在缺乏石料的地方，可利用草袋、麻袋和土工编织袋充填土料进行抛投护脚。在抢险情况下，采用这一方法是可行的。其中土工编织袋又优于草袋、麻袋，相对较为坚韧耐用。

每个土袋重量宜在50kg以上，袋子装土的充填度为70%～80%，以充填沙土、沙壤土为好，装填完毕后用铅丝或尼龙绳绑扎封口。

可从船只上，或从堤岸上用滑板导滑抛投，层层迭压。如流速过高，可将2～3个土袋捆扎连成一体抛投。在施工过程中，需先抛一部分土袋将水面以下深槽底部填平。抛袋要在整个深槽范围内进行，层层交错排列，顺坡上抛，坡度1∶1，直至达到要求的高度。在土袋护体坡面上，还需抛投石块和石笼，以作保护。在施工中，要严防尖硬物扎破、撕裂袋子。

4. *抛柳石枕*

对淘刷较严重、基础冲塌较多的情况，仅抛石块抢护，因间隙透水，效果不佳。常可采用抛柳石枕抢护，见图7.35。

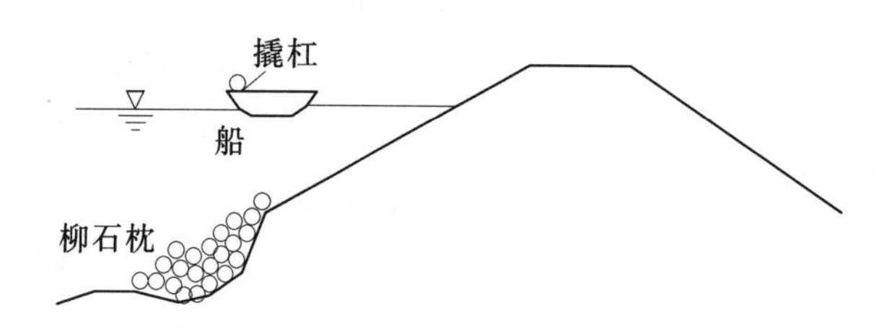

图7.35　抛柳石枕示意图

柳石枕的长度视工地条件和需要而定，一般长10m左右，最短不小于3.0m，直径0.8～1.0m。柳、石体积比约为2∶1，也可根据流速大小适当调整比例。

推枕前要先探摸冲淘部位的情况，要从抢护部位稍上游椎枕，以便柳石枕入水后有藏头的地方。若分段推枕，最好同时进行，以便衔接。要避免枕与枕交叉、搁浅、悬空和坡度不顺等现象发生。如河底淘刷严重，应在枕前再加抛第二层枕。要待枕下沉稳定后，继续加抛，直至抛出水面1.0m以上。在柳石枕护体面上，还应加抛石块、石笼等，以作保护。

5. 其他护脚型式和材料

护脚的结构型式和材料种类较多，其他还有柴枕、柴排、塑枕、混凝土块体、混合型式等，可单独使用，也可结合使用。应从材料来源、技术经济等方面比较确定。

（1）柴枕、柴排。柴枕和柴排是传统的护岸型式，造价低，可就近取材，各地都有许多经验。但因施工技术复杂，护脚工程中已较少使用。特别因其与老的护脚工程不宜难以均匀连接以保护坡脚和床面，故一般不用于加固。

利用柴枕和柴排对崩岸除险加固，有以下事项需特别注意：

柴枕、柴排的上端应在常年枯水位以下1.0m处，以防枕、排外露而腐烂。柴枕、柴排要与上部护坡妥善连接，一般应加抛护坡石，外脚需加抛压脚大石块或石笼。岸坡较陡，不宜采用柴排，因陡岸易造成排体下滑，起不到护脚作用；一般其岸坡应不陡于1∶2.5，排体的下部边缘应达到使排体下沉至估算最大冲刷深度后仍能保持缓于1∶2.5的坡度。柴枕、柴排的体形规格、抛护厚度和面积等，可按有关规范规定执行。

（2）塑枕。塑枕护脚是一种土工织物的沙土充填物护脚，有单个枕袋、串联枕袋和枕袋与土工布构成软体排等多种型式。近年来，塑枕已先后在长江中游、黄河和松花江护岸中有所应用，取得了一定的效果。

塑枕所用的土工布应质轻、强度高、抗老化，满足枕体抗拉、抗剪、耐磨的要求。土工布的孔径应满足保护充填物的要求。

在崩岸的除险加固中，应注意在流速较大的部位，可用3～5个单枕串联抛护。塑枕具体抛护厚度和结构型式，可按有关规范规定选择。在岸坡很陡、岸床坑洼多或有块石尖锐物、停靠船舶，以及施工时水流不平顺，流速大于1.0m/s之处，不宜抛塑枕。

（3）模袋混凝土排。模袋混凝土护脚是用以土工织物加工成形的模袋内充灌流动性混凝土或水泥砂浆后护岸的一项新技术。这种方法已在一些崩岸险工的处理中获得成功运用。与其他形式相比，这一方法具有施工人员少、施工速度快、操作方便等特点。特别适合于在水下施工，适用于各种复杂地形。

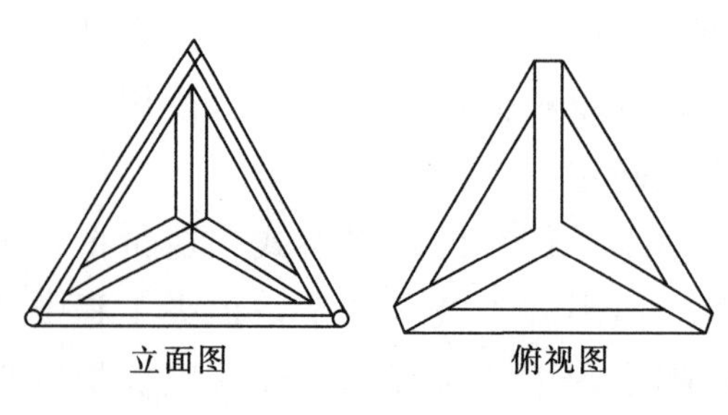

图7.36　四面六边透水框架结构图

土工织物模袋在工厂按具体施工要求尺寸缝制而成。施工前，先把模袋就位，要绑扎固定牢固，然后用混凝土泵将混凝土混合物充填到模袋内。填充用的混凝土要求有良好的流动性，但对混凝土的强度要求可放低。因此，可加入大量的粉煤灰、矿渣等掺合料，以降低其工程造价。

(4) 四面六边透水框架。四面六边透水框架是一种新开发的护脚型式和材料，可以混凝土，或简易地以毛竹为框架，内充填沙石料、两头以混凝土封堵构成，见图7.36。

四面六边透水框架能局部改变水流流态，降低近岸流速，达到落淤效果，逐步使岸坡的冲淤态势发生变化。

采用四面六边透水体护脚，需注意与上部护岸的连接。为保证抛投效率，可3个或4个一组串接抛投，以形成稳定的框架群。

选用上述几种抛投料物措施的根本目的，在于固基、阻滑和抗冲。因此，特别要注意将料物投放在关键部位，即冲坑最深处。要避免将料物抛投在下滑坡体上，以加重险情。

在条件许可的情况下，在抛投料物前应先做垫层，可考虑选用满足反滤和透水性准则的土工织物材料。无滤层的抛石下部常易被淘刷，从而导致抛石的下沉崩塌。当然，在抢险的紧急关头，往往难以先做好垫层。一旦险情稳定，就应立即补做此项工作。

7.9.1.2　缓流挑流防冲法

为了减缓崩岸险情的发展，必须采取措施防止急流顶冲的破坏作用。缓流挑流有两种方法。

1. 抢修短丁坝

丁坝、垛、矶等可以导引水流离岸，防止近岸冲刷。这是一种间断性有重点的护岸形式，在崩岸除险加固中常有运用。

在突发崩岸险情的抢护中，采用这一方法困难较大，见效较慢。但在急流顶冲明显、冲刷面不断扩大的情况下，也可应急地采用石块、石枕、铅丝石笼、沙石袋等抛堆成短坝，调整水流方向，以减缓急流对坡脚的冲刷。

在抢险中，难以对短丁坝的方向、形式等进行仔细规划，但要求坝长不影响对岸。修建丁坝势必增强坝头附近局部河床的冲刷危险，因此要求坝体自身（特别是坝头）具有一定的抗冲稳定性。

2. *柳缓流防冲*

这一方法对减缓近岸流速，抗御水流冲刷比较有效。在含沙量较大的河流中，采用这一方法效果更为显著。

常用的柳缓流防冲措施是抛柳缓流防冲。首先应摸清淘刷堤脚的下沿位置等，以确定沉柳的底部位置和应沉的数量。用船运载枝叶茂密的柳树头，用铅丝或麻绳将大块石等重物捆扎在柳树头的树枝上。然后，从下游向上游，由低到高，依次抛沉，要使树头依次排列，紧密相连。如一排不能完全掩护淘刷范围，可增加堆沉排数，层层相叠，以防沉柳之间空隙淘冲。

此外，还有挂柳缓流防冲等措施，具有防冲、落淤和防风浪作用。

上述缓流挑流防冲的几种措施，一般只能作为崩岸险情抢护的辅助手段，它们可以减缓险情的发展，但不能从根本上解决问题。

7.9.1.3 退堤还滩法

当崩岸险情发展迅速，一时难以控制时，还应考虑在崩岸堤段后一定距离抢修第二道堤防，俗称月堤。这一方法就是对崩岸险工除险加固中常采用的退堤还滩措施。退堤还滩就是在堤外无滩或滩极窄、堤身受到崩岸威胁的情况下，重新规划堤线，主动将堤防退后重建，以让出滩地，形成对新堤防的保护前沿。在河道变动逼近堤防，而保护堤岸又有一定困难时，往往采有这种退守新线的做法。在长江中游干堤上，许多崩岸险工的处理都采取了这一方法。在抢险的紧急关头，为防止堤防的溃决，有时也不得不采用这一应急措施，以策安全。

退堤还滩不可避免地要丧失原堤外的大片土地。因此，一般需进行技术经济方案比较，全面认证这一方法的可行性。在城市等重要区段，这一方法的运用难免受到限制。

退堤还滩要重新规划堤线。新堤线应大致与洪水流向平行，并照顾到中水河床岸线的方向。岸线弯曲曲率半径不宜过大，以使洪水时水流情况良好，避免急流顶冲情况的发生。新堤线与中水河床岸线应保持一定距离。这一距离大小应随当地岸滩冲刷强度而异，一般应保证 5～10 年内岸滩淘刷不会危及堤身。

退堤还滩方案实施后，在滩地淘刷继续发展的河段，要采取必要的护滩措施，如抛石护脚、丁坝导流等。

7.9.1.4　减载加帮及其他措施

1. 减载加帮

在采用上述方法控制崩岸险情的同时，还可考虑临水削坡、背水帮坡的措施，见图 7.37。

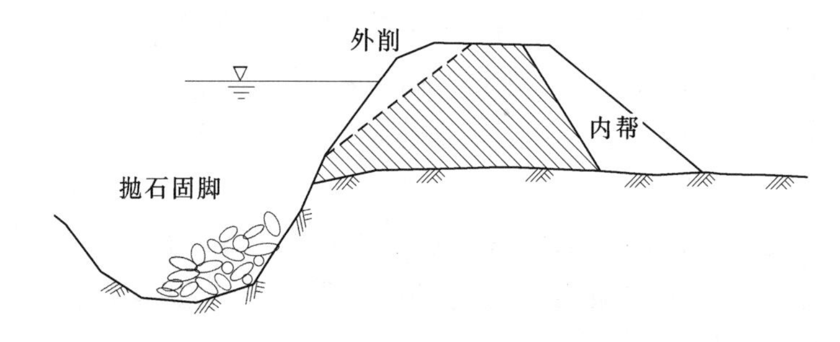

图 7.37　抛石固脚外削内帮示意图

为了抑制崩岸险情的继续扩大，维持尚未坍塌堤脚的稳定，应移走堤顶堆放的料物或拆除洪水位以上的堤岸。特别是坡度较陡的砌石堤岸，尽可能拆除，并将土坡削成 1∶1 的坡度，以减轻荷载。因坍塌或削坡使堤身断面过小时，应在堤的背水坡抢筑后戗或培厚堤身。

2. 墙式防护

在河道狭窄、堤外无滩易受水流冲刷、保护对象重要、受地形条件或已建建筑物限制的崩岸堤段，常采用墙式防护的方法除险加固。

墙式防护为重力式挡土墙护岸，它对地基要求较严，造价也较高。

墙式护岸的结构型式，一般临水侧可采用直立式，背水侧可采用直立式、折线式、卸荷台阶式等。在满足稳定要求的前提下，断面宜尽量小些，以减少占地。

墙体材料可采用钢筋混凝土、混凝土和浆砌石等。墙基应嵌入堤岸坡脚一定深度，以满足墙体和堤岸整体抗滑稳定和抗冲刷的要求。如冲刷深度大，还需采取抛石等护脚固基措施，以减少基础埋深。

3. *桩式防护*

桩式防护是崩岸险工处置的重要方法之一。它对维护陡岸的稳定，保护堤脚不受急流的淘刷，保滩促淤的作用明显。

桩式护岸应根据设桩处的水深、流速、地质、泥沙等情况，分析确定桩的长度、直径、入土深度、桩距、排数等。

维护陡岸稳定的阻滑桩可采用木桩、钢筋混凝土桩、钢桩、大孔径灌注桩等，常在抢险中运用。保护堤脚不受急流淘刷的护岸桩，常与墙式护岸配合采用，一般宜设于石砌脚外的滩面。目前，这种护岸桩已逐渐为板桩或地下连续墙所取代。护岸保滩促淤的桩坝常用于多沙河流的护岸。按顺坝型式布置的桩坝，可采用桩间留有适当间隙的成排大直径灌注桩组成；按透水短丁坝群布置的桩坝，可以木桩或预制混凝土桩为骨架，配以编篱、堆石等构成屏蔽。

桩式护岸在采用钢筋混凝土桩、钢桩、灌注桩等型式时，施工比较复杂，造价也较高。需进行技术经济比较，以确定其在崩岸除险加固中的适用性。

7.9.2 崩岸处置装备及兵力配置

上文综述了各种土堤崩岸险情处置技术，各种技术由于实现路径不同，所需人力物力以及组织方法各异，兵力和装备抽组也与具体灾情和任务时限有较大关系，因此，对于土堤崩岸处置需要的专业工种和装备类型列举见表7.18、表7.19。

1. 主要装备类型需求

见表7.18。

表7.18　　主要装备类型需求

序　号	装备名称	型号规格	单　位
1	挖掘机	1.2～1.6m^3	台
2	装载机	3m^3	台
3	自卸汽车	15～20t	台
4	卡车	8～10t	台
5	推土机		台
6	定位船		艘
7	自航驳船	300m^3	艘
8	油罐车	10t	台
9	全站仪		套
10	GPS回声探测仪		套

2. 主要兵力工种需求

见表7.19。

表7.19　　主要兵力工种需求

序号	工种名称	数　　量
1	指挥人员	根据实际情况配置
2	推土机、挖掘机、装载机设备操作手	具体数量根据所配置的装备按照人员和设备2∶1的比例配备
3	自卸车驾驶员	具体数量根据所配置的装备按照人员和设备2∶1的比例配备
4	测量员	根据每组测量设备所需人数配备
5	其他人员	根据实际需求配置

7.9.3　崩岸抢险的善后处理

汛后应查明崩岸性质、范围和该堤段的工程地质条件，对已采取的抢险措施进行认真复核。若在崩岸抢险中使用了木料、竹笼、芦苇枕、梢枕等临时代用料，则应将这些进行清除，并按照设计要求重新进行固岸，对不满足设计要求的其他情况，也应该按照新的处理方案组织施工。在崩岸抢险的紧急情况下，采用抛石固定基础措施时，往往难以设置滤层，不做滤层或垫层的抛石护脚在运用一段时间后，其抛石的下部时常被淘刷，从而导致抛石的下沉崩塌。因此，善后处理时需考虑滤层的设置。

7.10 风浪险情应急处置

汛期高水位时风浪对未设护坡或护坡薄弱的土堤的冲蚀，尤其是吹程大、水面宽深的江河湖泊堤岸的逆风面，风浪所形成力强，被风浪冲击淘刷，堤外坡土粒易被水流冲走，容易造成土堤临水坡面的破坏，削弱土堤断面，轻则把堤坡冲刷成浪坎，使堤身发生崩塌险情，重则可能造成决口、漫溢，甚至使堤身完全破坏造成溃口等灾害。1952 年洞庭湖区乐福垸就是由于风浪袭击溃口成灾的。1954 年洞庭湖和鄱阳湖区的圩垸大部溃决，风浪袭击是重要因素之一。所以防浪措施在抗洪斗争方面，也是一个很重要的问题。

风浪险情的抢护原则是“消减风浪冲击力，加强堤防边坡抗冲能力”，以消减风浪对迎水坡冲击力为主，提高迎水坡抗冲刷能力为辅。利用漂浮物防浪，拒波浪于迎水坡以外的水面上，有效消减波浪高度和冲击力。将防汛材料，如土工膜、彩条布、土袋等铺设在迎水坡上，提高迎水坡的抗冲能力，使其免遭冲蚀。

7.10.1 风浪处置措施

风浪险情的处置可根据其破坏机理分为两大类：

（1）防，主要指堤坡防护。对于风浪险情严重的堤段应立足防患于未然，提前完成坚实的护坡，对未设置护坡的土堤，临时用防汛物料加工铺压临水堤坡面，增强其抗冲能力。

（2）消，主要是消浪防护。在风浪袭击严重的堤段、最好早在堤外滩地种植适当宽度的防浪林、芦苇，或在外坡做干砌，或浆砌块石护坡等工程，以缓解风浪的危害。

两种类型防护措施又有各自不同的处置办法，见表 7.20。

表 7.20　　　　各种防护措施及适用条件

防护类型	防护措施	适　用　条　件
堤坡防护	土（石）袋防护	适于土堤抗冲能力差，缺少柳、秸等软料，风浪破坏较严重的堤段
	土工织物防护	各种条件
	柳箔防护	附近柳箔等材料较为充足、易于获取的条件下
	柴草（桩柳）防护	附近柴草（桩柳）等材料较为充足、易于获取的条件下
	防浪排防护	附近圆木、柳枝等材料较为充足、易于获取的条件下
	柳把排防护	附近柳把或苇、秸、草把等材料较为充足、易于获取的条件下
消浪防护	柳枝（挂柳）消浪	附近种植柳树较多的条件下
	枕排消浪	附近柳枝、芦苇或秸料较为充足、易于获取的条件下
	湖草排消浪	附近湖区菱、茭等各种浮生水草较为充足。易于获取的条件下
	木排消浪	附近木料较为充足，易于获取的条件下

7.10.1.1　堤坡防护

对未设置护坡的土堤，临时用防汛料物加工铺压临水堤坡面，增强其抗冲能力，这是常用的应急处理，具体有以下几种。

1. 土（石）袋防护

用编织袋、麻袋或草袋装土、沙、碎石或碎砖等，平铺迎水堤坡。此法适于土堤抗冲能力差，缺少柳、秸等软料，风浪破坏较严重的堤段，4 级风可用土、沙袋，6 级以上风浪应使用石袋。放置土袋前，对于水上部分或水深较浅的堤坡适当削平，并铺上土工织物，也可铺软草一层大约 0.1m 厚，起反滤作用，防止风浪把土掏出，在风浪冲击的范围内摆放土袋底向外、口向里，互相叠压，袋间要挤压严密，上下错缝，铺设到浪高以上，确保防浪效果。如果堤坡稍陡或土质太差，土袋容易滑动。可在最下一层土袋前面打木桩一排，木桩高度 1.0m，间隔 0.3～0.4m，见图 7.38。此法制作和铺放简便灵活，可随需要增铺，但要注意土袋中的土易被冲失，石袋为佳；草袋易腐烂，如使用时间长则需更换。

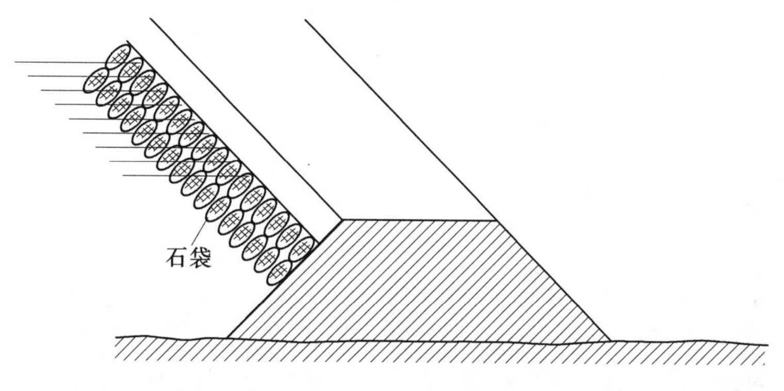

图 7.38 土（石）袋防护剖面示意图

2. 土工织物防护

编织布防浪技术在 1998 年抗洪中已广泛使用，成效显著。在受风浪冲击的坡面铺置土工织物之前，应清除堤坡上的块石、土块、树枝等杂物，以免使织物受损。织物宽度不一，一般不小于 4.0m，宽的可达 8～9.0m，可根据需要预先粘贴、焊接，顺堤搭接的长度不小于 1m，织物上沿一般应高出洪水位 1.5～2.0m。为了避免被风浪揭开，织物的四周可用 20cm 厚的预制混凝土压块，或碎石袋镇压，如果堤坡过陡，压石袋可能向下滑脱，在险情紧迫时，应适当多压。此外，也可顺堤坡每隔 2.0～3.0m 将土工织物叠缝成条形土枕，内充填砂石料，见图 7.39。

另外，近年来彩条布也在抢险中广泛使用，其功能作用与土工织物相似，实际应用效果等同于土工织物，且材料来源广泛、成本低。对于不存在尖锐物质的土堤上可以应用，见图 7.40。

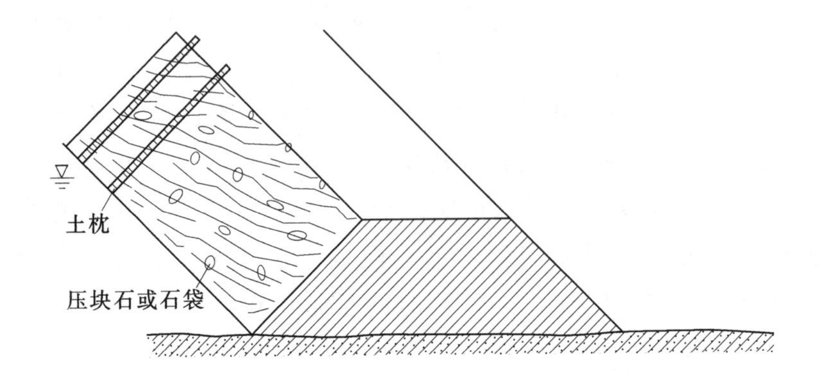

图 7.39　土工织物防护示意图

图 7.40　彩条布防护

3. *柳箔防护*

将柳、苇、稻草或其他秸料编织成席箔，铺在堤坡并加以固定，其抗冲、抗淘刷性也较好。具体做法是用 18 号铅丝捆扎成直径 0.1m、长约 2.0m 的柳把，再连成柳箔，其上端以 8 号铅丝或绳缆系在堤顶打牢的木桩上，木桩 1.0m 长，在距临水堤肩 2.0～3.0m 处打上一排，间隔 3.0m 一个。柳箔下端适当坠以块石或土袋，使柳箔贴在堤坡上，柳把方向与堤线垂直，必要时可在柳箔面上再压块石或砂袋，防止其漂浮或滑动。必须把高低水位范围内被波浪冲刷的坡面全部护住，如果铺得不严密，堤土仍很容易被水淘出。使用此方法要随时观察，防止木桩以及起固定作用的砂袋被风浪冲坏，见图 7.41。

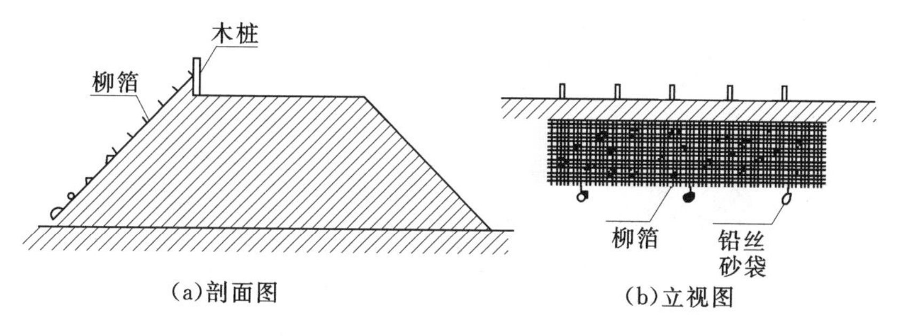

(a)剖面图
(b)立视图

图 7.41 柳箔防护示意图

4. 柴草（桩柳）防护

在受风浪冲击的堤坡水面以下打一排签桩，把柳、苇、芦、秸料等梢料分层铺在堤坡与签桩之间，直到高出水面 1.0m，以石块或土袋压在梢料上面，防止漂浮，见图 7.42。当水位上涨，一级不够时，可退后同法做二级或多级。

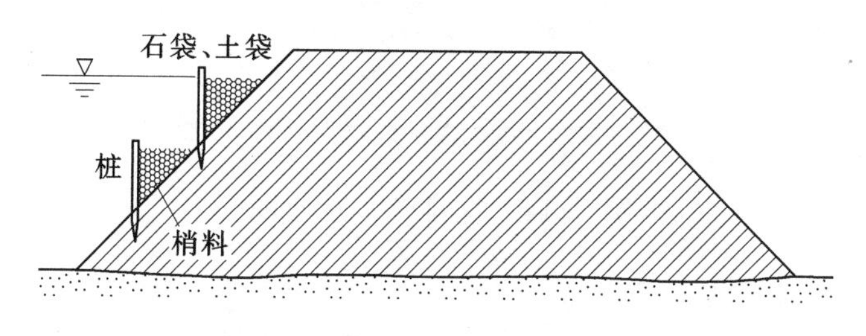

图 7.42 柴草（桩柳）防护剖面示意图

5. 防浪排防护

用 10～20cm 的圆木，扎成木排。纵横圆木间的间距为 0.5～1.0m，排的长度为 2.0～4.0m，宽 1.5～2.0m。中间填以柳把或苇把，用绳索或铅丝固定在堤顶的小木桩上，排的下端坠以块石，可以随水位上下移动，防御不同水位的风浪，见图 7.43。

或用柳枝等梢料，中间裹以碎石，扎成 20～25cm 的小枕，柳与石的比例应试验确定，使扎成枕后能在水中沉下，不使漂浮在水面；再用绳索或铅丝连接成宽 1～2.0m，长 5.0～10.0m 的枕排，拴系在堤顶的木桩上。排的下部同样坠以块石，使紧靠在堤坡上，见图 7.44。

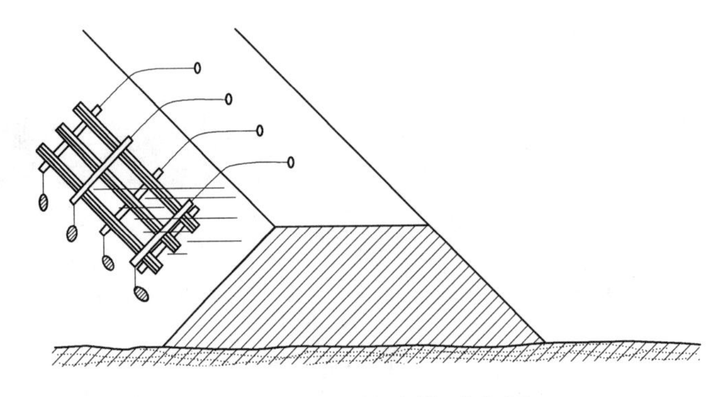

图 7.43　木排防护示意图

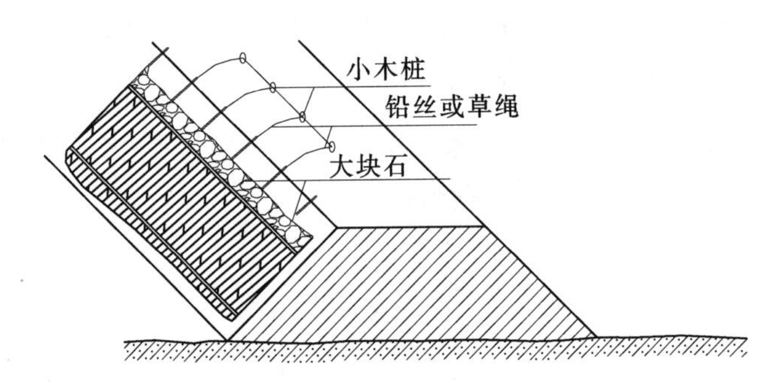

图 7.44　枕排防护示意图

6. 柳把排防护

柳把或苇、秸、草把，是用柳、苇、稻草等捆扎成把或编成排，固定在堤坡上，以防止风浪的冲刷。

（1）压埋基桩固定柳苇防浪：先把堤坡硪夯数遍，使堤坡坚实。然后在已计划好用铅丝固结柳苇的地方，挖 0.8～1.0m 深，长宽各 0.6～0.8m 的坑。在坑底放置直径约 5.0cm 的短木棍，做成十字架形，再在十字架中心拴绑 12～14 号，长约 2.5～3.0m 的双股铅丝，使铅丝的一端露于坑外，再把土坑分层回填夯实。在堤坡上纵横各铺一层苇或柳枝等，在相连的地方应搭接 0.5m，其上用荆条或树枝等编成的竹篱或荆篱覆盖，再用竹竿或木杆横压在竹篱上，用预先埋在地下的铅丝把竹竿或木杆扎结牢固，见图 7.45。

（2）签桩固定柳苇把或秸草排防浪：用柳枝、苇或稻草等扎成

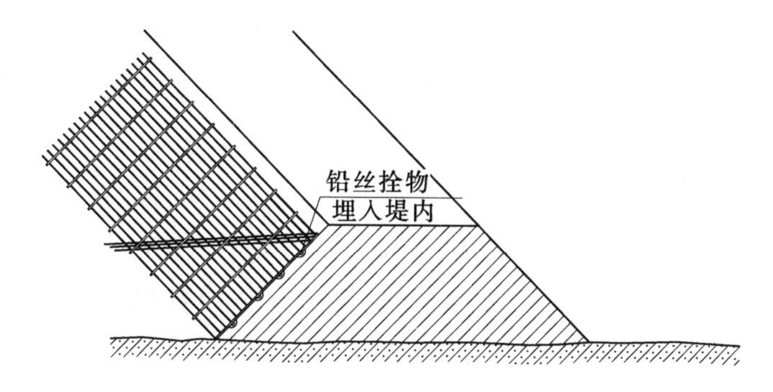

图 7.45 压埋基桩固定柳苇防浪示意图

10～15cm 的把，再用铅丝连接成排。长 10～15m，宽度视需要防护的堤坡宽而定。先用桩木横向压住，间距 1.5～2.0m，再用木橛签钉在堤坡上或用块石压稳，见图 7.46。

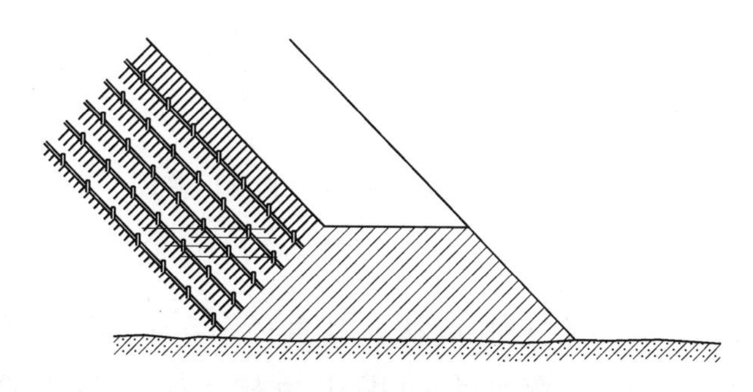

图 7.46 签桩固定柳苇把或秸草排防浪示意图

7.10.1.2 消浪防护

为削减波浪的冲击力，可以在靠近堤坡的水面漂浮芦柴、柳枝、湖草和木头等材料的捆扎体，设法锚定，防止被风浪水流冲走。消浪方法具体有以下几种。

1. 柳枝（挂柳）消浪

凡沿江河湖泊堤防种植柳树很多的地方可用此法。选择枝叶繁密的大柳树，自树干的下部用斧砍下，用大柳树枝叶多的上部，要求干长 1m 以上，枝径 0.1m 左右，也可几棵捆扎使用，在堤顶打木桩，其长 1.5～2.0m，直径 0.1～0.15m，桩距 2.0～3.0m，可以签单桩、双桩或梅花桩等。用 8 号铅丝或绳子把柳枝干的头部系在木桩上，树梢伸向堤外，并在树杈处捆扎石（沙）袋，使树梢沉入水下，顺堤边坡推柳入水。如果堤坡已有坍塌，则从其下游向上游顺序逐棵压茬。应根据溜坡和坍塌情况确定棵间距及挂深，在主溜附近要挂密一些，边上挂稀一些，根据防护的需要可在已挂柳之间，再补茬签挂。此法一般在4～5级风浪下，枝梢面大，消浪作用较好，但要注意枝杈摇动损坏坡面。当柳叶腐烂失效时，可采取补救措施，防止效能的减低，见图7.47。

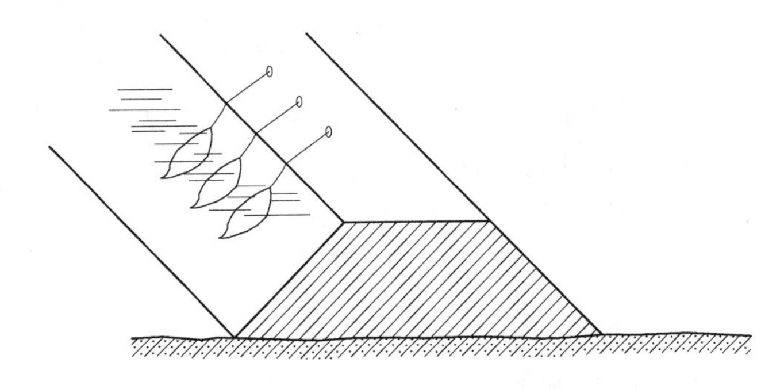

图7.47　柳枝（挂柳）消浪示意图

2. 枕排消浪

将柳枝、芦苇或秸料扎成枕，其直径0.5～0.8m；堤直的用长枕，可达30～50m，弯度大的堤用短枕，枕芯卷入直径5.0～7.0cm的竹缆二根或粗3.0～4.0cm的麻绳做龙筋（芯），枕的纵向隔0.6～1.0m用10～14号铅丝捆扎。在堤顶距临水堤肩2.0～3.0m到背水坡之间打木桩，桩长0.8～1.2m，桩距3.0～5.0m，用绳缆将枕拴牢于桩上，绳缆可以收紧或松开，使枕随水位变化而上下移动，起到消浪作用，见图7.48。

拴一枕称为单枕，也可挂用两个或更多的枕，用绳缆木杆或竹竿把它们捆扎在一起成为枕排，也称连环枕，要使最外面的枕高浮水面，枕径也要大一些，它直接迎击风浪，后面的枕径可小一些，以消除余浪。枕排要比单枕牢固，效果也好，可防七级以下的风浪。枕位不稳，可适当在枕上拴上块石或沙袋，此法不损坏堤坡面，消浪效果好，制作简单，但必须扎结牢实，柳枕使用时间较

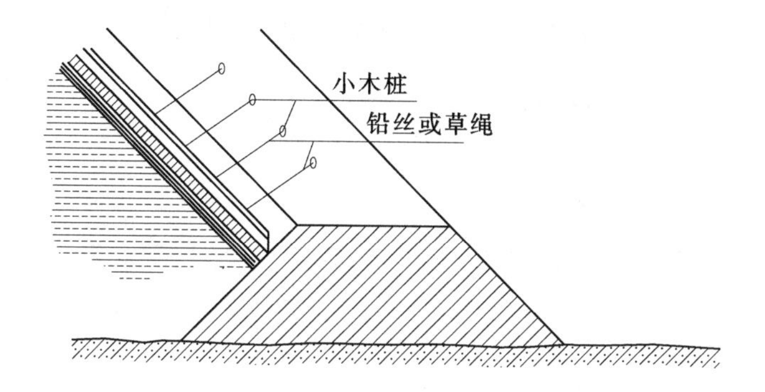

图 7.48 柳枕消浪防护示意图

短，而造价低。

(1) 连环枕。连环枕各枕间每隔 3.0～5.0m 用木杆连牢，若风浪较大或河面较宽，防浪效果较好，可以防御较宽水面七级以下的风浪。

(2) 竖枕。把柳苇枕竖立在堤坡上，下端系块石，上端系在堤顶的木橛上。用竖枕时。枕的长度可随水位而定，一般使枕的下端稍低于汛期的低水位，上端可与堤顶相平。

(3) 柳把排。用柳枝或其他梢料扎成 10～20cm 直径的柳把。用两根或多根的柳把纵向排列，把与把间的距离为 0.6～1.0m。再用短柳把横向结成长方格形，做成柳把排。排的空隙间可以塞入稻草或其他软料。柳把排用绳缆系在堤顶的木橛上，排下用石坠入水中。柳把排距堤身可较柳枕稍远，约 3.0～5.0m。这种做法比柳枕简单省料，防浪效能也好。宜于在中小河道使用。但必须扎结牢固，否则易被风浪破坏。

3. 湖草排消浪

汛期割下湖区菱、茭等各种浮生水草，编扎草排，有些蔓植草类可用木杆、竹竿捆扎，排的面积尽可能大，可用船拖动就位，也可把湖草运到现场捆扎。拴固方法同上述枕排，系在木桩上，也可锚固，使其浮在距堤坡 3.0～5.0m 的水面上。缺湖草时也可用其他软草代替。此法防浪效果好，造价低，但易被风浪破坏，不能防大风浪，见图 7.49。随着洪水位的变化，随时注意调整拴排缆绳和锚索的长短，使湖草排能正常起到消浪的作用。

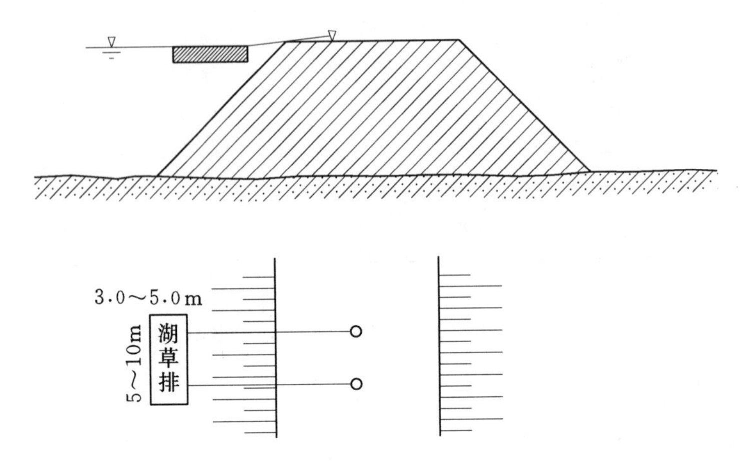

图 7.49　湖草排防护示意图

4. 木排消浪

1954 年大水时，武汉曾用木排防浪，保证了解放大堤的安全。木排防浪是一种削减波浪力量的好方法，不过要在有木料的条件下才能采用。使用木排或竹排消浪，效果较好，结构比其他排牢固、耐用，不易散架，汛后还可运用。但用量大，锚链困难，属硬性材料，一旦断开，直接威胁堤防安全，因此使用时要随时检查，及时加固。

（1）扎排。用直径 5～15cm 的圆木，用铅丝或绳索扎成本排，将木排重叠 3～4 层，总厚 30～50cm，宽 1.5～2.5m，长 3.0～5.0m。按水面的宽度和预计防御多大的风浪，用一块或几块木排连接起来而成。

（2）圆木排列的方向，应当和波浪传来的方向相垂直，圆木的间距约等于圆木直径的一半。

（3）木排长度、厚度和水深的关系。根据试验，同样的波长，木排越长，消浪的效果越好。木排的厚度约为水深的 1/10～1/20 的时候，消浪效果最好。

（4）锚定的位置。防浪木排。应抛锚固定在堤防以外 10～40m 的距离，视水面宽度而定。水面越宽，距离就应远一些，以免木排破坏堤身。锚链的长度，如等于水深的时候，木排最稳定，消浪的效果也最好。但锚链所受的张力（拉力）最大，锚也容易被拔起，所以锚链长一般应当比水深较大。锚链放长后，消浪的效果就逐渐减低，如链长超过水深2倍以上时，木排可以自由移动，对消浪就无显著效果。

（5）木排距离堤岸以相当于浪长的2～3倍时，阻挡风浪的作用最大。如距堤太近，很容易和堤防相冲撞；如离堤太远，木排以内的水面增宽，又将形成较大波浪。

7.10.2 风浪处置装备及兵力配置

上文综述了各种土堤风浪险情处置技术，各种技术由于实现路径不同，所需人力物力以及组织方法各异，兵力和装备抽组也与具体灾情和任务时限有较大关系，因此，对于土堤风浪处置需要的专业工种和装备类型列举见表7.21、表7.22。

1. 主要装备类型需求

见表7.21。

表7.21 主要装备类型需求

序号	装备名称	型号规格	单位
1	挖掘机	1.2～1.6m^3	台
2	自卸汽车	15t	台
3	载重卡车	8～10t	台
4	汽车吊	8～16t	台
5	指挥车	5座	台
6	推土机		台
7	油罐车	10t	台

2. 主要兵力工种需求

见表7.22。

表7.22　主要兵力工种需求

序号	工种名称	数　量
1	指挥人员	根据实际情况配置
2	挖掘机、推土机设备操作手	具体数量根据所配置的装备按照人员和设备2∶1的比例配备
3	汽车起重机操作手	具体数量根据所配置的装备按照人员和设备2∶1的比例配备
4	自卸车驾驶员	具体数量根据所配置的装备按照人员和设备2∶1的比例配备
5	其他人员	根据实际需求配置

7.10.3　风浪抢险的善后处理

汛后应根据土堤的等级和具体堤段的险情，重新进行防浪设计，并对已采用的防浪措施进行评价，因地制宜地筛选设计方案。凡是不符合选定方案的各种临时措施，均应拆除、清理，尤其是打入堤身的竹桩、木桩以及其他易腐烂的材料，要认真彻底清除。

7.11　漏洞险情应急处置

一旦漏洞出水，险情发展很快，特别是浑水漏洞，将迅速危及土堤安全。所以一旦发现漏洞，应迅速组织人力和筹集物料，抢早抢小，一气呵成。应急处理原则是："前截后导，临重于背"。即在应急处理时，应首先在临水找到漏洞进水口，及时堵塞，截断漏水来源，同时，在背水漏洞出水口采用反滤和围井，降低洞内水流流速，延缓并制止土料流失，防止险情扩大，切忌在漏洞出口处用不透水料强塞硬堵，以免造成更大险情。

1. 漏洞险情的判别

从上文漏洞形成的原因及过程可以知道，漏洞贯穿堤身，使洪水通过孔洞直接流向堤背水侧。漏洞的出口一般发生在背水坡或堤脚附近，其主要表现形式有：

（1）漏洞开始因漏水量小，堤土很少被冲动，所以漏水较清，叫做清水漏洞。此情况的产生一般伴有渗水的发生，初期易被忽视。但只要查险仔细，就会发现漏洞周围“渗水”的水量较其他地方大，应引起特别重视。

（2）漏洞一旦形成后，出水量明显增加，且渗出的水多为浑水，因而湖北等地形象地称之为“浑水洞”。漏洞形成后，洞内形成一股集中水流，漏洞扩大迅速。由于洞内土的崩解、冲刷，出水水流时清时浑，时大时小。

（3）漏洞险情的另一个表现特征是水深较浅时，漏洞进水口的水面上往往会形成漩涡，所以在背水侧查险发现渗水点时，应立即到临水侧查看是否有漩涡产生。

2. 漏洞险情探测

抢护漏洞，首先要迅速探测漏洞的进口位置和大小，进而决定处理措施。漏洞的探测常用的方法有以下几种。

（1）水面观测法。对于漏洞较大的情况，其进口附近的水面常出现漩涡，若漩涡不太明显，可在水面上撒些泡沫塑料、碎草、谷糠、木屑等易漂浮物，若发生旋转或集中现象，则表明进水口可能在其面。此法用于水深不大，而出水量较多的情况。有时，也可在漏洞迎水侧适当位置，将有色液体倒入水中，并观察漏洞出口的渗水如有相同颜色的水溢出，即可断定漏洞进口的大致范围。

以上的观察方法，在风大流急时不宜采用。

（2）潜水探查法。当风大流急，在水面难以观察其漩涡时，为了进一步摸清险情，可在初步判断的漏洞进口大致范围内，经过分析并采取可靠的安全保护措施后，派有经验的潜水员下水探摸，确定漏洞离水面的深度和进口的大小。采用这种方法应注意安全，事先必须系好安全绳子，避免潜水人员被水吸入洞内或在洞口将人吸住。

（3）漏杆探测法。探漏杆是一种简单的探测漏洞的工具，杆身可采用长 1.0～2.0m 的麻秆，用白铁皮两块，中间各剪开一半，将两块铁板对长成十字形，嵌于麻秆末端并扎牢，麻秆上端插两根羽毛。制成后先在水中试验，以能直立水中，顶部露出水面0.2～0.3m为宜。探漏时，在探杆顶部系上绳子，绳的另一端持于手中，将探漏杆抛于水中任其漂浮。当遇到漏洞时，就会在旋流影响下吸至洞口并不断旋转，这种方法受风影响较小，深水也能适用。

(4) 编织布查洞法。可选用编织布、布幕或席片等用绳拴好，并适当坠以重物，沿堤防边坡，使其沉没在水中，贴紧边坡进行移动，如在移动过程中，感到拉拖突然费劲时，并辨明不是有石块、木桩或树枝等障碍物所为，并且出水口的水流明显减弱，则说明此处有漏洞。

(5) 竹竿钓球法。视水深的大小，选一适当长度的竹竿，在直杆的前端每隔0.5m绑一根绳，绳的中间绑一个用网兜装着的乒乓球，绳子下端系一个三角形薄铁片，球与铁片的距离视水面距洞口的水深而定。实践证明，只要铁片接近洞口，就会被吸入洞中，水面漂浮的小球也将被吸入水面以下。这种方法多用于水深较大，堤坡无树枝杂草阻碍的情况。

(6) 投放颜料观察水色。适宜水流相对小的堤段。在可能出现漏洞且为水浅流缓的堤段分段分期分别撒放石灰或其他易溶于水的带色颜料，如高锰酸钾等，记录每次投放时间、地点，并设专人在背水坡漏洞出水口处观察，如发现出洞口水流颜色改变，并记录时间，即可判断漏洞进水口的大体位置和水流流速大小。然后改变颜料颜色，进一步缩小投放范围，即可较准确地找出漏洞进水口。

(7) 电法探测。如条件允许可在漏洞险情堤段采用电法探测仪进行探查，以查明漏水通道，判明埋深及走向。具体已在前文的抢险新装备中详细介绍。

7.11.1　漏洞处置措施

7.11.1.1　塞堵法

塞堵漏洞进口是最有效最常用的方法，尤其是在地形起伏复杂，洞口周围有灌木杂物时更适用。一般可用软性材料塞堵，如针刺无纺布、棉被、棉絮、草包、编织袋包、网包、棉衣等。在有效控制漏洞险情的发展后，还需用黏性土封堵闭气，或用大块土工膜、篷布盖堵，然后再压土袋，直到完全断流为止。

在抢堵漏洞进口时，切忌乱抛砖石等块状料物，以免架空，致使漏洞继续发展扩大。

7.11.1.2 盖堵法

（1）复合土工膜排体（图 7.50）或篷布盖堵。当洞口较多且较为集中，附近无树木杂物，逐个堵塞费时且易扩展成大洞时，可以采用大面积复合土工膜排体或篷布盖堵，可沿临水坡肩部位从上往下，顺坡铺盖洞口，或从船上铺放，盖堵离堤肩较远处的漏洞进口，然后抛压土袋或土枕，并抛填黏土，形成前戗截渗，见图 7.51。

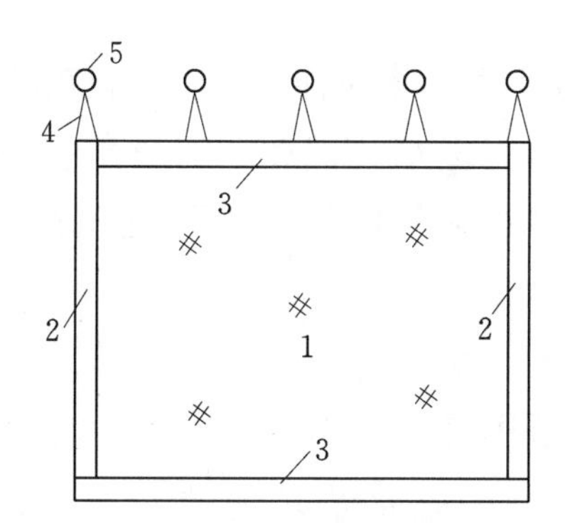

图 7.50　复合土工膜排体

1—复合土工膜；2—纵向土袋筒（直径为 60cm）；3—横向土袋筒（直径为 60cm）；4—筋绳；5—木桩

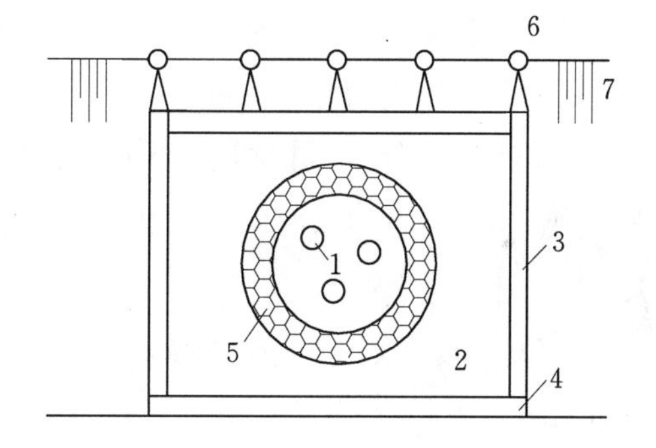

图 7.51　复合土工膜排体盖堵漏洞进口

1—多个漏洞进口；2—复合土工膜排体；3—纵向土袋枕；4—横向土袋枕；5—正在填压的土袋；6—木桩；7—临水堤坡

（2）就地取材盖堵。当洞口附近流速较小、土质松软或洞口周围已有许多裂缝时，可就地取材用草帘、苇箔、篷布、棉絮等重叠数层作为软帘，也可临时用柳枝、秸料、芦苇等编扎软帘。软帘的大小也应根据洞口具体情况和需要盖堵的范围决定。在盖堵前，先将软帘卷起，置放在洞口的上部。软帘的上边可根据受力大小用绳索或铅丝系牢于堤顶的木桩上，下边附以重物，利于软帘下沉时紧贴边坡，然后用长杆顶推，顺堤坡下滚，把洞口盖堵严密，再盖压土袋，抛填黏土，达到封堵闭气，见图7.52。

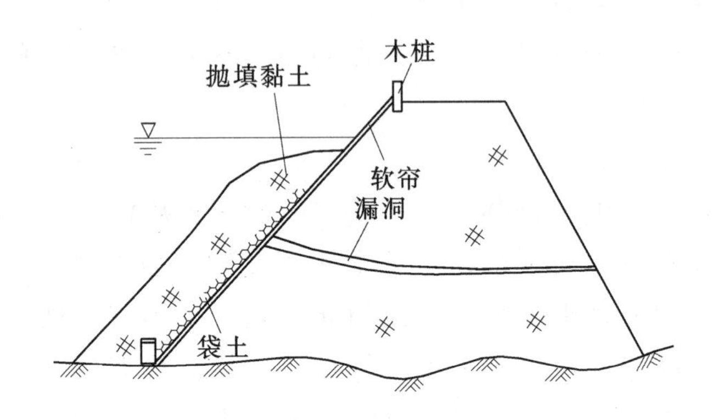

图7.52　软帘盖堵示意图

采用盖堵法抢护漏洞进口，需防止盖堵初始时，由于洞内断流，外部水压力增大，洞口覆盖物的四周进水。因此洞口覆盖后必须立即封严四周，同时迅速用充足的黏土料封堵闭气。否则一旦堵漏失败，洞口扩大，将增加再堵的困难。

7.11.1.3　戗堤法

当堤坝临水坡漏洞口多而小，且范围又较大时，在黏土料备料充足的情况下，可采用抛黏土填筑前戗或临水筑月堤的办法进行抢堵。

（1）抛填黏土前戗。在洞口附近区域连续集中抛填黏土，一般形成厚3～5m、高出水面约1m的黏土前戗，封堵整个漏洞区域，在遇到填土易从洞口冲出的情况下，可先在洞口两侧抛填黏土，同时准备一些土袋，集中抛填于洞口，初步堵住洞口后，再抛填黏土，闭气截流，达到堵漏目的，见图7.53。

（2）临水筑月堤。如临水水深较浅，流速较小，则可在洞口范围内用土袋迅速连续抛填，快速修成月形围堰，同时在围堰内快速抛填黏土，封堵洞口，见图7.54。漏洞抢堵闭气后，还应有专人

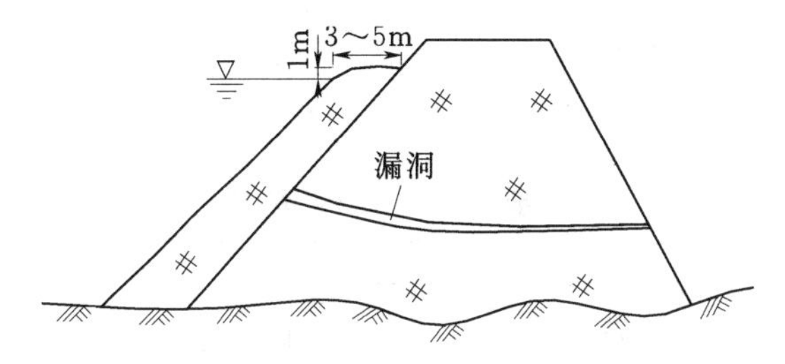

图 7.53　黏土前戗截渗示意图

看守观察，以防再次出险。

7.11.1.4　堤身挖沟堵洞

如漏洞距堤顶近，土堤宽大，土质较好时，可在堤顶挖沟，深至漏洞底以下30cm，以不透水物料堵紧漏洞，再填黏性土夯实。此法比较危险，必须具备一定的条件。

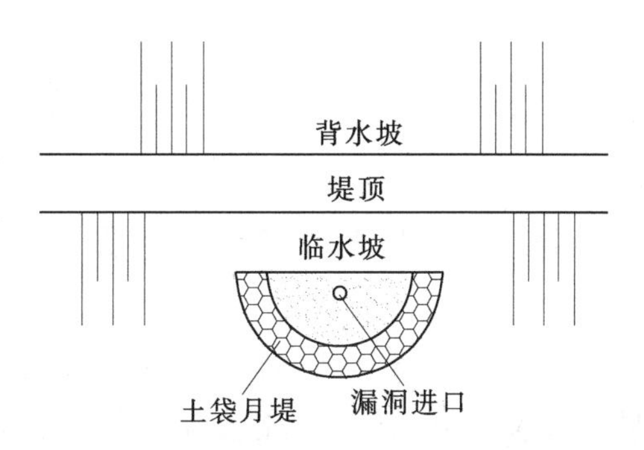

图 7.54　临水月堤堵漏示意图

7.11.2　漏洞处置装备及兵力配置

上文综述了各种土堤漏洞处置技术，各种技术由于实现路径不同，所需人力物力以及组织方法各异，兵力和装备抽组也与具体灾情和任务时限有较大关系，因此，对于土堤加高处置需要的专业工种和装备列举见表 7.23、表 7.24。

1. 主要装备类型需求

见表 7.23。

表 7.23　　主要装备类型需求

序　号	装备名称	型号规格	单　位
1	挖掘机	PC300	台
2	自卸汽车	15t	台
3	推土机	山推	台
4	油罐车	5t	台

2. 主要兵力工种需求

见表 7.24。

表 7.24　　主要兵力工种需求

序号	工种名称	数　量
1	指挥人员	根据实际情况配置
2	挖掘机、推土机、自卸车操作手	具体数量根据所配置的装备按照人员和设备 2∶1 的比例配备
3	其他人员	根据实际需求配置

7.12　穿堤建筑物险情应急处置

穿堤建筑物与堤防结合部是堤防工程薄弱环节，也是堤防最容易发生险情的部位。在较高水位的作用下，河水常常会沿着土石结合部等薄弱地带产生渗漏，进而形成渗漏通道，造成险情的发生。修建于堤防上的涵闸、管道等穿堤建筑物常见的险情有：建筑物与土堤结合部严重渗水或漏水；开敞式涵闸滑动失稳；闸的顶部漫溢；水闸基础出现严重渗漏或管涌；建筑物上下游冲刷或坍塌；建筑物裂缝或管道断裂等；闸门启闭设施障碍等。

为避免在穿堤建筑物与堤防结合部发生险情，应加强对易出现的渗漏、冲刷和滑动，采用正确的方法进行探查和判断，以便及早发现、及时处理。对于渗漏，首先进行外部观察，检查闸室或涵洞内有无渗水，并检查岸墙、护坡、与土堤结合部位有无冒泥沙现象，有条件还应通过渗压管进行检测。建筑物与土堤结合部位严重渗水或漏水，要尽快查明进水口位置，探测方法一般有水面观察法、潜水探摸法、锥探测法。

对于冲刷，通过外部观察，查明闸上下有无回流等异常现象，护坡、岸边墙等有无滑脱或蛰陷，与土堤结合面有无开裂；如有必要，还应按照预先布设好的平面网络坐标，进行测探检查，对比原来高程，分析得出结论；如有条件，也可采用探测仪器直接进行探测。

对于滑动，主要依据变位观测，分析各部位的变化规律和发展趋势，从而判断有无滑动、倾覆等险情。

穿堤建筑物与堤防发生险情的原因很多，根据我国堤防工程的实际情况，其发生险情的主要原因有以下几方面：

（1）与穿堤建筑物接触的土体回填未达到设计密实度，使建筑物与堤防接触处有缝隙。

（2）穿堤建筑物与土体的结合部位有动物活动，使建筑物与堤防接触处有孔洞。

（3）穿堤建筑物的止水遭到破坏，使渗流径路变短，渗流水沿着洞或管壁产生渗漏。

（4）由于穿堤建筑物的地基产生较大变形，导致结合部位建筑物与堤防不密实或破坏。

（5）一些使用年限较长的穿堤建筑物，因自身老化和失修而产生断裂变形或损失。

（6）堤基土中层间系数太大的部位，如粉砂与卵石也非常容易产生接触冲刷。

（7）穿堤建筑物地基承载力不同，在建筑物重量作用下基础将产生较大的不均匀沉陷。

7.12.1　穿堤涵闸与堤防结合部的险情处置措施

涵闸边墩、岸墙、护坡等混凝土或砌体与土基或堤身结合部，土料回填不实；涵闸体与土堤所承受的荷载不均，引起不均沉陷、错缝、遇到降雨地面径流进入，冲蚀形成陷坑，或使岸坡墙、护坡失去依托而蛰裂、塌陷；洪水顺裂缝造成集中绕渗，严重时在涵闸下游一侧造成管涌、流土、危及涵闸和堤防的安全。

穿堤涵闸与堤防结合部的险情处置技术有以下几种。

1. 堵塞漏洞进口

（1）布篷覆盖。布篷覆盖适用于涵洞式水闸闸前临水堤坡上漏洞的抢护，布篷可用篷布或各种土工布，其幅面宽度为 2.0～

5.0m，长度要从堤顶向下铺放将洞口严密覆盖，并留一定宽裕度，用直径10～20cm钢管一根，长度大于篷布宽约0.6m，长竹竿数根以及拉绳、木桩等，将篷布两端各缝一套筒，上端套上竹竿，下端套上钢管，捆扎牢固，把篷布卷在钢管上，在堤顶肩部打数根木桩，将卷好的篷布上端固定，下端钢管两头各拴一根拉绳，堤上用人拉住，然后，两人用竹竿顶推布篷卷筒顺堤坡滚下，直至铺盖住漏洞进口，为提高封堵效果，在篷布上面抛压土袋。

（2）草捆或棉絮堵塞。当漏洞口尺寸不大，且水深在2.5m以内的情况，可采用草捆进行堵塞，草捆大头直径0.4～0.6m，内包石块或黏土，草石（土）重量比（1∶1.5）～（1∶1.2），或用旧棉絮、棉衣等内裹石块用绳或铅丝扎成捆，人员系上安全绳，夹带草捆或棉絮捆，靠近漏洞进口，用草或棉絮捆小头端楔入洞并压紧塞入，在其上压盖土袋，以便进行闭气。

（3）草泥网袋堵塞。当漏洞口不大，水深2.0m以内，可用草泥装入尼龙网袋，填堵时分三组作业，一组装网袋，一组运网袋，一组下入水中对准漏洞位置用网袋将漏洞进行堵塞。

2. 背水面导渗、反滤

渗漏已在涵闸下堤坡出逸，为防止流土或管涌等渗透破坏，致使险情扩大，需在出渗流处采取导渗流、反滤措施。

（1）砂石反滤。使用筛分后的砂石料，对一般用壤土填筑的堤，可用三层反滤层结构填筑，滤水体汇集的水流，可通过导管或明沟流入涵闸下游排走。

（2）土工织物反滤。使用幅宽2.0～4.2m、长20m、厚2.0～4.8mm的有纺或无纺土工织物，据国内有些工程使用的经验，用一层3.0～4.0mm厚的土工织物滤层，可代替砂石料反滤层，铺设前坡面进行平整清除杂草，使土工织物与土面接触良好，铺放时要避免尖锐物体扎破织物，土工织物每幅之间可采用大搭接方式，搭接宽度一般不小于0.2m，为固定土工织物，每隔2.0m左右用“Ⅱ”形钉将织物固定在堤坡上。

（3）柴草反滤。用柴草秸料修做的反滤设施，在背水坡第一层铺麦秸稻草厚约 5.0cm，第二层铺秸料约 20cm，第三层铺设细柳枝，厚度约 20cm，铺放时注意秸料均顺水流向铺放，以利排出渗水，为防止大风将柴草刮走，在柴草上压一层土袋。

3. 中堵截渗措施

（1）开膛堵漏。为彻底截断渗漏通道，可从堤顶偏下游侧，在涵闸岸坡墙与土堤结合部开挖长 3.0～5.0m 的沟槽，开挖边坡 1∶1左右，沟底宽度为 2.0m，当开挖至渗流通道，将预先备好的木板紧贴岸坡墙和流道上游坡面，用锤打入土内，然后用含水量较低的黏性土或灰土迅速分层将沟槽回填夯实，大水时此法应慎重使用。

（2）喷浆截渗。三重管高压喷射灌浆，喷嘴的出口压力高达 200kgf/cm^3，喷射具有破碎土体和输送固化物质的能力，从而使破碎土与固化剂搅拌混合并固结形成薄壁截渗墙体。高压喷射灌浆的主要配套机具有灌浆泵、可旋转喷或定向喷射的专用钻机以及空压机、高压水泵及浆液搅拌系统。喷射灌浆固化剂为普通硅酸盐水泥，为使截渗体早强固结，喷射浆液中可适量加入早强速凝剂。

4. 闸后修筑养水盆

在汛前预先修筑翼堤，洪水到来前抢修横围堤。横围堤应位于海漫滩以外，其高度根据洪水位等情况确定。一般顶宽为 4.0m 左右，边坡为 1∶2。修筑横围堤前先关闭闸门，再清理横围堤与翼堤的结合部位，然后分层填土压实。洪水到来前适当蓄水平压，洪水期应加强观测。采用闸后养水盆在堤防背水一侧蓄水反压时，水位不能抬得过高，以免引起围堤倒塌或周围产生新的险情。

7.12.2 穿堤管线与堤防结合部的险情处置措施

堤防工程及穿堤建筑物的渗漏破坏，多数是沿基土或侧向、顶部填土与建筑物接触面等薄弱部位或存在隐患的部位产生。由穿堤建筑物渗透破坏引起溃堤的事例很多，教训极为深刻。

穿堤管线是穿堤管道和穿堤线缆的总称。穿堤管线与堤防工程结合部发生渗水时，应按照“临水封堵、中间截渗、背水导渗”的原则进行抢护。当出现险情时，要立即关闭在穿堤管道进口阀门，可采取塞堵法、黏土前戗截渗法、临水月堤法、充填灌浆截渗法、反滤围井法、反滤铺盖法进行抢修，并按下列要求执行。

(1) 充填灌浆截渗。沿着管壁四周产生集中渗流的情况下，可采用充填灌浆堵塞管壁四周空隙或空洞。采用充填灌浆截渗法抢修，宜按照下列要求执行：

1) 浆液应用黏土浆或加适量水泥制成，宜先稀后浓。为加速浆液的凝结，也可在浆液内掺加适量的水玻璃或氯化钙以加速凝结。

2) 对于内径大于 0.70m 的管道，可让人进入管道内，用沥青或桐油麻丝、快凝水泥砂浆或环氧砂，将壁管上的孔洞和接头裂缝紧密填塞。

(2) 临水封堵。临水一侧采用塞堵、临水围堰和黏土截渗等方法时，可分别参照渗水险情处置技术和漏洞险情处置技术进行处理。

(3) 背水导渗。背水一侧采用围井、滤层铺盖等背水导渗流方法时，可参照渗水险情处置技术进行处理。

第8章　土堤险情处置典型案例

水电部队自组建以来参与了多次工程重大险情处置任务，在多年来的抢险救援中部队得到了锤炼，也由此总结出了很多经验做法。由于工作侧重点不同，部队在堤防险情理论认识上稍有不足，存在研究不深、层次不高、实战结合不紧的问题。因此，在本书的前部分进行的险情理论分析和抢险技术阐述的基础上，本章结合水电部队参与的几次抢险实例，介绍堤防相关的险情处置情况。一是可以与前文呼应，以方便广大官兵深入的理解理论知识；二是总结经验成果，以期对今后的抢险工作具有指导作用。

8.1　1998年湖南益阳民主垸散浸抢险

8.1.1　险情背景

1998年我国气候异常，长江、松花江、珠江、闽江等主要江河发生了大洪水。1998年长江洪水是20世纪仅次于1954年的全流域性大洪水，其中下游水文站汛期洪水量略小于1954年，居20世纪全流域型大洪水的第二位。1998年，长江流域的平均年降水量1216mm，比常年偏多11%。主汛期6—8月全流域平均降雨量670mm，较常年偏多37.5%。6—8月大多数区域降雨量较常年偏多4～6成，个别区域个别月份偏多近1.3倍。局部地区出现特大暴雨，形成了局地洪灾，如陕南宽坪7月9日降雨量超过1300mm，超过同历时暴雨量的国内外最大记录。1998年长江流域主汛期降雨和洪水发展的过程可划分为以下4个阶段：

（1）第1阶段（6月12—27日），江南地区为强降水地区。在半个月的时间内，湘、赣、皖、闵、浙五省出现连续性强降雨过程，其中江南北部地区降雨时间之久、雨量之大、降雨日数之多，远超其他地区，总量达到300～500mm。其中在我国江西省东北部地区、浙江省的西南部地区、福建省的西北部地区以及湖南省部分地区这段时间的降雨量在500mm以上，甚至还有部分地区降雨量高达到800～1000mm，超过一般年份同期的1～3倍。5个省份中江西省的汛期降雨最为集中，而且雨量最大。雨量中心所位于临川平均降水量为735mm，鹰潭平均降水量为923mm，上饶平均降水量为743mm。上述地区不仅总降水量创下新的历史纪录，而且异常的强降水提升了主要江河湖库的水位，使其创下了新的最高水位记录。九江站的最高水位超过了1954年，强降雨给湖南、江西、福建、浙江等地带来了严重的洪涝灾害。

（2）第2阶段（6月27日—7月21日），淮河流域、汉水及长江上游为主要降水地区。6月27日以后，位于江南地区的降雨带随着副热带高压的移动随之移动，进行西伸、北抬，到达淮河流域、汉水及长江上游。在这段时间里，汉水中上游流域、川江周边的大片区域、重庆市和四川省部分地区均遭受了大到暴雨的侵袭，部分地区甚至遭受几十年一遇的特大暴雨，总降雨量维持在150～300mm的较高水平，四川盆地地区、川东地区、重庆市以及湖北省一部分地区的降雨量甚至达到了300mm，普遍比平常多出1～5倍。在此期间，长江干流连续遭受了3次特大洪峰的侵袭，并且长江中下游水位始终维持在警戒线以上，上游的洪水不断威胁着中下游城市的安全。

（3）第3阶段（7月21—31日），长江中下游再次成为强降水地区。7月21日以后，原来处于淮河流域、汉水及长江上游的降雨随着副高突然减弱南退，再度转向长江中下游地区，给这里带来了大范围的暴雨和大暴雨天气过程。此次降雨过程具有强度大、突发性等特点，例如湖北武汉7月21日6—7时的1h雨量、24h降水量以及48h降水量分别达到88.4mm，285.7mm和457.4mm，又一次创下历史最高纪录，世所罕见。

第1阶段与第3阶段降雨中心都在长江中游地区，而且他们的暴雨带位置基本一致。湖北省南部地区、湖南省北部地区、江西省北部地区、安徽省南部地区的降水量基本达到了200～300mm，比一般年份同期的降雨量偏多2～5倍，更为严重的湖北省西南地区、湖北省东南地区、湖南省北部地区和江西省北部地区部分降雨量高达300～500mm，更有甚者达到700mm，比一般年份同期的降雨量偏多5～10倍。这次强降水使得宜昌以下全线超警戒水位或超历史最高水位。

(4) 第4阶段（8月1—27日），长江上游和汉水上游为强降水地区。自8月1日开始，整个长江中下游地区再一次受到副热带高压的影响，降雨相对减少，然而，包括四川省、重庆市、湖北省西部和南部地区、湖南省西部和北部地区却连续遭受大面积的大雨、暴雨甚至是特大暴雨的侵袭。降雨范围主要包括长江上游地区、山民江地区、沱江地区、嘉陵江地区以及汉水中上游流域等地区，截至27日为止，四川盆地的东部地区、陕西南部地区、湖北西部和北部地区降雨量均超过200mm，有些地区甚至超过了400mm，普遍比平常年份多出了1～2倍。反复多次强降雨导致长江上游总共出现了5次洪峰，洪水倾泻而下，极为罕见，导致整个长江中下游地区的洪水水位始终保持在警戒线以上达2个月，其中有长达1个月的时间，水位始终保持在历史最高水位以上。

8.1.2 灾害特点

1998年洪水有其突出的特点，概括起来有如下5点：

(1) 暴雨洪水范围是全流域性的。1998年长江流域降雨量大，暴雨过程频繁，且雨带成上下游拉锯式移动，造成长江上中游干流及两湖地区总降雨量明显偏多，各主要支流基本上都先后出现了超实测记录大洪水。水位超过实测历史记录的站有李家渡、梅港、渡峰坑、石门、湖口。而最大流量超过1954年的除了上述五站之外，还有崛江高场站、嘉陵江北碚站、清江长阳站、湘江湘潭站、渍水桃江站、沅江桃源站、赣江外洲站、乐安河虎山站、潦水万家埠站等九站，洪水范围波及全流域。

（2）水位高且持续时间长。长江干流除川江河段外，上游的金沙江，中下游干流各河段及两湖地区的年最高洪水位都是有记录以来的最大值或次大值。1998 年中下游干流高水位持续时间长。自宜昌至南京全线超警戒水位天数都有数十天，特别是监利以下，超警戒水位天数都在 80d 以上。鄱阳湖湖区各站超警戒水位时间在 3 个月左右。这与一般长江区域性大洪水显然不同，而且 1998 年洪水在枝城一螺山河段超警戒水位天数远大于 1954 年，汉口以下江段则小于 1954 年，表明这两次流域性大水的组成和演变各不相同。

（3）长江上游洪峰频繁，洪量大而集中。宜昌站自 6 月下旬至 9 月初，连续出现了 8 次大于 50000m^3/s 以上的洪峰，8 月宜昌流量大于 50000m^3/s 长达 24d，尤其是 8 月 7—16 日的 10d 中，发生了 3 次洪峰流量超过 60000m^3/s 的洪水，这在历史记录中是罕见的，但年最大洪峰量并不突出。而 1954 年 7 月、8 月宜昌洪峰流量大于 50000m^3/s 只有 3 次，大于 60000m^3/s 仅 1 次，只是这一年年最大洪峰流量较为突出，虽然 1998 年宜昌站年最大洪峰量并不特别大，但由于大流量的洪水持续出现，致使宜昌站最大 30d 洪量为 1949 年以来第二大值，60d 洪量为 1949 年以来最大值。上游汛期大洪峰的连续出现不仅直接导致 1998 年大洪水发生，且使长历时径流量异常之大，这是 1998 年洪水区别于其他流域性大水年洪水的主要特点之一。

（4）洪水遭遇方式独特。1998 年洪水中，宜昌—螺山区间次大 30d 洪量丰沛，明显不同于其他区域性洪水年，同时 1998 年度中、下游洪水遭遇方式与 1954 年洪水不同。1954 年洪水主要是上、中游洪水全面遭遇，7 月末至 8 月中旬，宜昌发生大洪水过程，最大 30d 洪量正好与宜昌—螺山区间次大 30d 洪量基本上重叠，致使螺山站在 8 月 8 日出现最大日平均流量 77500m^3/s。螺山洪水再向下游传播时又与汉江最大 30d 洪量遭遇，使得汉口站发生了有实测记录以来的最大洪水。

（5）险情种类齐全。此次洪水灾害中，长江中下游地区的洪水位超过警戒水位的历时长达60～94d，堤防工程长期受高洪水位浸泡和接连不断的洪峰袭击，经历了一次历史上都少见的严峻考验。据汛后统计，累计出现各类险情73825处，各类险情统计见图8.1。

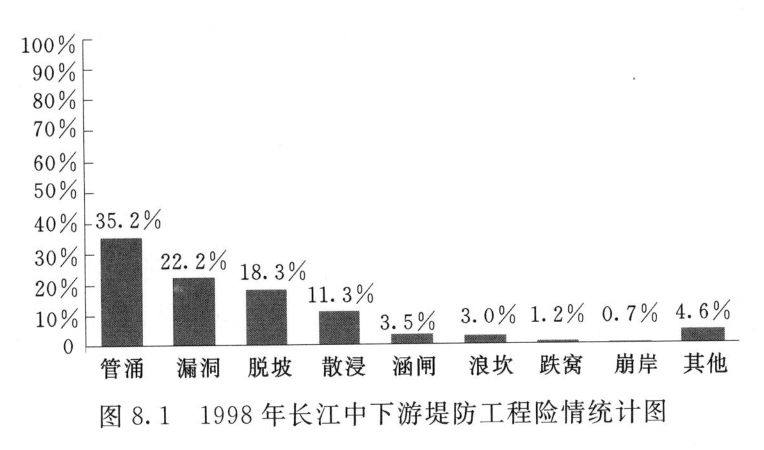

图8.1　1998年长江中下游堤防工程险情统计图

根据上文的划分标准，1998年长江中下游堤防工程险情中，性质较为严重的较大险情和重大险情有1702处，其各类险情统计见图8.2。

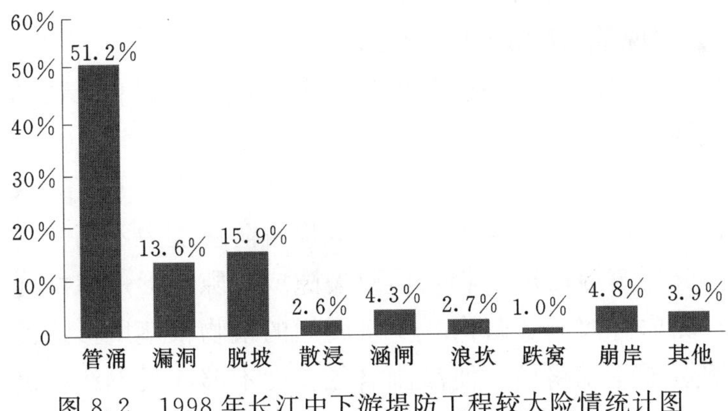

图8.2　1998年长江中下游堤防工程较大险情统计图

8.1.3　散浸险情处置

在此期间，长江中下游堤防累计出险7万多处，其中以散浸、管涌居多，对堤防安全构成极大威胁，有的甚至导致堤防溃决。为了确保堤内人民生命财产安全，开展了大规模的堤身与堤基截渗处理。下面以洞庭湖民主垸茈湖口堤段渗水险情抢护为例，结合前文的散浸险情应急处置技术相关内容进行阐述。

8.1.3.1　基本情况

湖南省益阳市资阳区民主垸茈湖口堤段位于南洞庭万子湖南岸，又称为民主垸北堤，全长22.5km，堤顶高程37.5～38.0m，堤顶宽度为8～10m，背水坡比1∶2.0～1∶2.5，临水坡比1∶1.8～1∶2.0。

1998年6月资阳区降雨量为579mm，7月为232mm，均为常年的2倍以上。7—8月，洞庭湖区的洪水主要由长江的8次洪峰和“四水”区干流量汇合而成，加之高洪水位维持时间长，大堤浸泡达3个月之久，民主垸北线大堤全线告急。

据万子湖林场水位站测定：洞庭湖民主垸北线万子湖，8月1日8时，水位达到36.64m；8月20日19时，水位为36.53m。8月6日，巡堤查险时发现茈湖口镇的民主垸北堤1000m的堤段散浸严重，并且渗水从距堤面内肩不远处的内坡上逸出，造成100m内滑坡，其中50m滑至堤脚。

8.1.3.2　出现散浸险情的主要原因

（1）塌陷段地基沉陷引起堤身变形，产生裂缝和土体结构的破坏，形成渗漏通道。

（2）堤身堆土以黏性土为主，由于施工时碾压不实，或人工填筑未进行碾压，存在架空现象，造成堤身防渗能力不高。

（3）分层筑堤后风干收缩形成裂隙或空隙，形成渗漏通道。

（4）堤内有蚁洞、暗沟、少量腐烂的植物根茎所形成的孔洞等隐患，缩短了渗流路径，使渗流路径长度不够，浸润线抬高，渗水在堤内坡的坡面附近渗出。

（5）各段堤身堆土均是分期填筑，新老堆筑界面未经处理。

8.1.3.3　加固方案比选及材料选择

针对上述几种情况，我国防渗一般采用灌浆或防渗墙措施来处理渗流问题，采用防滑桩或压重等措施来提高抗滑稳定性安全系数。从实际处理效果看，混凝土防渗墙效果最好，施工经验也最丰富，但其造价较高。最好的途径是降低坝体浸润线或提高土体强度指标，必要时应放缓堤坡。近些年来，随着土工合成材料的发展，用土工膜或复合土工膜防渗和用加筋材料提高土体稳定性得到越来越广泛的应用。对堤基渗漏的处理一般依据上游“铺、截、堵”，下游“导、减、排”的原则。所谓铺、截、堵就是修建铺盖、防渗墙和帷幕灌浆等；导、减、排是修建导渗反滤体、减压井、排水沟等。其中高喷板墙应用较多，若为岩基则采用防渗帷幕。此外，还有劈裂灌浆等方法，在特殊地基情况，如岩溶地基，其灌浆方法也比较特殊。方案比选如下。

1. 灌浆方案

用灌浆的方式对土堤进行防渗加固，在工程中较为常用。根据灌浆的机理可分为充填灌浆和劈裂灌浆。

（1）充填灌浆。充填灌浆以渗透充填理论为基础，针对堤体内已有的裂缝、孔洞等隐患，用浆料直接充填。灌浆工艺上采用多排梅花形式布孔，技术上要求灌注颗粒较细的浆料。灌浆时不允许产生新的裂缝或使原有的裂缝扩大，因此，使用压力较低。灌浆的结果是充填堤体内已有的裂缝和孔洞，但有时细小的裂缝充填不好，在堤体内不能形成竖直连续的浆体防渗帷幕，且浆体固结情况和固结后的密度也不尽如人意。在堤顶2m以下作用基本不大，充填灌浆一般需要对隐患位置了解比较清楚，有针对性地进行处理，这除了与充填灌浆形式有关外，还与灌浆施工技术、人员素质、质量控制有密切关系。处理普遍存在的堤身问题时，不能形成连续帷幕，效果不甚理想。因此，从效果以及质量检测等方面的考虑，不宜采用充填灌浆的方式。

（2）劈裂灌浆。劈裂理论从产生隐患的原因入手，以断裂力学和水力劈裂原理为理论基础，根据堤身弱主应力基本沿堤线分布的规律，沿着堤轴线布孔，灌注适宜的浆液，有控制地劈裂堤身。灌浆的结果是：在堤身内形成一道近似竖直连续的浆体防渗帷幕，帷幕厚度可随堤身好坏自行调整，与浆脉连通的所有裂缝、孔洞等隐患均被浆液充填挤压密实，并且通过浆堤互压和堤身的湿陷固结等作用，使堤身内部应力得到改善，从而使土堤堤身达到防渗加固的目的。实践结果表明，浆脉厚度在5～20cm时，其防渗系数k值一般在10^{-7}～10^{-8}cm/s。但由于堤基为软弱地层，再次施工还会引起地表坍塌下沉，破坏灌浆产生的防渗效果，堤防的渗透问题依然存在。

2. 多头小直径深层搅拌桩截渗墙方案

多头小直径桩截渗技术运用特制的多头小直径深层搅拌桩机把水泥浆喷入土体，在地基深处就地将软土和水泥（浆液或粉体）强制搅拌后，水泥和软土将产生一系列物理化学反应，使软土硬结改性。改性后的软土强度大大高于天然强度，其压缩性、渗水性比天然软土大大降低，这样形成水泥土墙，用水泥土墙作为防渗墙达到截渗目的。

该方案虽能在一定程度上解决堤防的渗透问题，但由于该堤段堤基土质较差，为软弱地基，且未经处理过，地表易塌陷变形，将会牵动破坏防渗墙的结构，形成新的渗透通道。

3. 铺设土工膜防渗方案

（1）斜铺土工膜防渗方案。斜铺土工膜工艺的主要特点如下：①利用了土工膜的良好隔水性，防渗效果较其他截渗措施更为明显；②本工艺形成的土工膜防渗帷幕连续、均质、整体性好，可以适应变形；③本工艺具有成墙过程简单、施工速度快、机具简单、造价低等特点，满足了抢险的“快速、有效”的要求。

（2）土工膜的选择。良好的均匀性和防渗性能是选择土工膜的首要问题，土工膜的厚度直接影响工程质量。减少渗漏，避免施工破损、撕裂、水压击穿、地基变形等都要求土工膜有一定的厚度。除耐水压击破可用计算方法确定膜厚外，还没有考虑其他因素确定膜厚的方法。根据水压力大小用理论计算的膜厚一般较薄，实用时需留有较大的安全系数，常用的土工膜厚度一般不小于0.25mm。

国内外土工膜所用的原材料主要是聚乙烯（PE）和聚氯乙烯（PVC）两种。工程选料时，主要根据以下几个方面来选定合适的土工膜：

1）力学特性，上述两种材料制成的土工膜的拉伸强度相差不大。由于土工膜只用于防渗而不作为加筋材料使用，故其拉伸强度不是选材的重要指标。但从另一方面来说，PVC膜因添加有塑化剂，使得其伸长率比PE膜的大一些，柔性较好，与砂粒接触时可使砂粒嵌入得更深一些而不破裂，从而增加二者之间的摩擦系数。因此，PVC膜与砂之间的摩擦系数明显大于PE膜与砂之间的摩擦系数，摩擦角平均至少大5°～6°。这是一个关键性的指标，会影响到膜与土体接触面以及膜与其上保护层之间的滑动稳定性。增大PE膜摩擦性能的方法有3种：①采用复合膜，因复合膜外层的土工织物与土料的摩擦系数较大，接近于PVC膜与土料的摩擦系数；②对PE膜采用加糙措施，例如在土工膜的光滑表面上压纹或喷涂加糙材料；③改变水工建筑物的结构，如调整堤坡，加防滑槽或防滑槛等。另外，当PE膜的厚度从0.12mm增加到0.24mm时，其与粗砂的摩擦系数可以增加30％。

2）可连接性。土工膜无论出厂时幅有多宽，在实际使用时仍需将其幅与幅之间连接起来，以成为一个整体的防渗膜体。两种膜均可焊接和粘接。

3）经济性。两种材料的价格大体相当，一般均在10000元/t左右，而PE的比重小于PVC的比重，所以同样厚度的情况下每单位面积的价格PE膜要少一些。另外PVC膜出厂时的幅宽一般为1.5～2.0m，PE膜幅宽可达4～4.5m，相应地PE膜的接缝数量就比PVC膜的要少，因而搭接的数量就少一些，现场接缝的工作量也少一些。

土工膜的铺设实施参照前文对于土堤散浸险情处置技术中的方法进行。

在除险加固过程中，除了在迎水面斜铺土工膜外，在背水坡逸出点同时开挖导渗沟，直至渗流水畅通流出。考虑到该堤段土质较差，采用开挖一字形的导渗沟。沟的上口宽为0.6m左右，深度为0.7m左右。沟内用卵石填满，在卵石上覆盖化纤袋，见图8.3、

图 8.4。

图 8.3　一字形的导渗沟开挖

图 8.4　导渗沟铺填卵石

8.1.4　经验启示

1998 年大洪水，对我国防洪工作是一次大的检验。在党中央、国务院的领导下，经过广大军民顽强抗洪抢险，取得了全面胜利，积累了明确防洪责任制、依照《中华人民共和国防洪法》防洪、坚持正确的指挥调度、全力进行抗洪抢险、发挥科学技术的重要作用、及时准确的气象水文预报、科学调度和排险堵口等许多经验，也暴露出我国防洪工作中存在的许多问题。经验丰富，教训也十分深刻。存在的问题主要有：

（1）堤防防洪标准偏低，防洪体系不完善。我国大多数江河堤防现有防洪标准一般只有 10 年一遇～20 年一遇洪水标准，中小河流甚至更低些，大江大河、重点地区一般也只有 20 年一遇～50 年一遇洪水标准，个别特别重要的地区高些。由于标准偏低，遇超过设防标准洪水，防汛就十分紧张。

为保障一个较大地区的防洪安全，往往不是单一措施可能解决的，经常需采取修建水库，加高加固堤防，整治疏浚河道，建设蓄泄洪区等工程措施，组成一个防洪工程体系，发挥各自特点，相互配合，共同防御各种类型的洪水。许多江河缺乏控制性水库工程，当时长江三峡工程尚在建设中，规划的嫩江尼尔基水库还在进行前期工作，如果这些水库早几年建成，1998 年我国防洪就不至于那么紧张。

堤防是防洪工程体系的基础。我国江河堤防不少是在原堤基础上，经多年不断加高培厚而成的，由于不是按科学程序选线，科学施工，严格管理的，普遍存在基础不好，内外渊塘多，堤身和穿堤建筑物隐患多，有的外无滩地或崩岸严重，主流迫岸，威胁堤防的安全；有的还有蚁穴、鼠洞等隐患。1998 年大洪水期间，主要依靠堤防挡洪，险情最多的也是堤防，许多堤防险象环生，武汉城区堤防丹水池段因沙基渗漏管涌出了大险，九江防洪堤因险情未及时发现处理而决口，教训十分深刻。

（2）河湖淤积，洲滩盲目围垦严重。河道、洲滩、湖泊、洼地历来是调蓄江河洪水的天然场所。多年来，由于流域水土流失严重，加重了河湖的淤积；洲滩增多，降低了河湖的调节作用和行洪能力。随着经济的发展，人口的增多，大量通江湖泊被封堵，洲滩被盲目围垦利用，既降低调蓄洪水的作用和江河的泄洪能力，还增加了防洪的负担。我国许多江河的防洪工程年复一年地加高加固，而防洪标准却未能提高，与此有一定的关系。

（3）非工程防洪措施有待加强。为防御洪水，减少洪灾损失，保障人民生命财产的安全，除大力加强防洪工程建设，增强抗御洪水的能力外，还必须相应加强非工程防洪措施建设，提高气象、洪水预报水平，增强防汛通信，预警预报的能力，完善洪水调度方案，加强行政、法制、经济等措施的研究。

（4）管理设施不足，管理水平低。我国许多防洪工程管理设施落后，数量严重不足；不少工程无完整资料，有的资料未进行整理，除险加固缺乏科学依据。现有管理机构薄弱，管理水平低。缺乏必要的管理法规、法制和与我国体制相适应的行之有效的运行机制。

针对 1998 洪水灾害处置过程中暴露出的各种问题，得到的主要启示有：

（1）加固堤防，提高抗洪能力。我国现有各类堤防近 30 万

km，其中大江大河干堤占据半壁江山，是防洪工程体系的基础，承担着保护全国约 1/3 人口，2/5 耕地和 4/5 重要城市防洪安全的重任，在历年的抗御洪涝灾害中发挥极重要的作用，效益显著。1998 年洪水期间，长江、嫩江和松花江等的各类堤防经受了考验，也暴露出堤防工程存在许多问题，主要是：①堤高不够，一些堤段依靠临时抢加子堤才免于漫顶溃决；②堤身单薄，堤质差，有的存在不同隐患，抗洪能力低，在高洪水位时，渗漏，滑坡等险象环生；③堤基不良，特别是沙基，渗透严重，在重大险情节中，堤基不良造成的管涌占一半以上，溃决的堤防中许多主要是因管涌引起的；④滩岸崩塌严重，险工多。

（2）加强水土保持，控制水土流失，改善生态环境。我国土地开发利用率很高，又未严加保护，水土流失严重，生态与环境恶化，对江河的危害也很大，是水患频繁的重要原因之一。加强水土保持工作，是生态与环境建设的主体工程，江河治理的重要措施，我国必须长期坚持的基本国策。应按照《中华人民共和国水土保持法》和全国水土保持规划纲要的目标与要求，大力加强水土保持工作，控制水土流失，改善生态与环境。

（3）完善非工程防洪体系建设，提高防洪工程管理水平。非工程防洪体系内容广泛，是防洪体系的重要组成部分，在防洪工程体系基本形成，防洪能力提高到一定程度时，其重要地位日显突出。目前我国气象、水文观测水平还不高，通信落后，雨情、水情、工情等信息时效性还较差，应加强各级防汛指挥系统的建设，逐步扩展，覆盖各地区，不断完善提高洪水预警预报和防洪调度指挥决策水平。

8.2　2010 年江西唱凯堤决口封堵抢险

8.2.1　险情背景

2010 年，在中国洪涝灾害史上，是一个不大平凡的年份。从年初2月下旬新疆伊犁地区发生融雪性洪水开始，直至年末10月份上、中旬海南遭遇暴雨袭击，全国七大流域几乎都发生了强度不一的洪水灾害，30个省（自治区、直辖市）普遍遭受了程度不同的洪涝损失。5—8月，长江上游干流、汉江支流、鄱阳湖、吉林第二松花江、辽宁浑江等多条河流发生超历史记录洪水，灾害损失巨大；8月8日甘肃舟曲发生特大山洪泥石流灾害，是新中国成立以来最为严重的山洪泥石流灾害；9月，台风“凡亚比”重创广东，导致严重的人员伤亡；10月，海南接连遭受两次严重暴雨洪涝灾害，台风“鲇鱼”登陆福建并造成严重影响。

8.2.2　灾害特点

2010年我国的洪水灾害，发生频次之高、影响范围之广、持续时间之长、人员伤亡之多、灾害损失之重，可谓历史罕见，具体体现在以下两个方面：

（1）降雨过程多。全国入汛后降雨过程多、局地强、雨量大、致灾重，许多地区日降雨量超过历史极值，全国先后出现30多次大范围强降雨过程，一些地区，如海南东部、福建中北部、浙江南部、江西东北部、辽宁、吉林南部、西藏东南部、青海中西部、甘肃中部、新疆西部南部等地，降水较常年偏多30%以上，局部地区偏多50%～150%。10月上旬，海南省发生持续降雨过程，全省累积面雨量达648mm，最大点雨量琼海市1464mm，均为1961年有实测记录以来的最大值。

（2）洪水量级大。全国有437条河流发生超警戒洪水，长江上游渠江、鄱阳湖水系信江和抚河、第二松花江等111条河流发生了超历史记录的特大洪水。长江上游干流出现1987年以来的最大洪水，三峡水库迎来建库以来最大洪水，汉江丹江口水库出现建库以来第二大洪水，第二松花江白山水库以上发生百年一遇的特大洪水，丰满水库出现了超20年一遇的入库洪峰，福建闽江发生了超过30年一遇大洪水，浑河大伙房水库发生了20年一遇大洪水，鸭绿江发生了20年一遇大洪水，海河流域徒骇、马颊等河流发生了

1964 年以来的最大洪水，海南南渡江发生了 1954 年以来第二位大洪水，青海格尔木河发生了特大洪水，温泉水库出现了历史最高水位。

8.2.3　溃口险情处置

8.2.3.1　基本情况

江西抚州唱凯堤位于抚河中游右岸，抚州市临川区东北部，堤线总长 81.8m，为一封闭圩区，保护面积 100.65km^2，保护耕地面积 12.29 万亩，保护人口 14.43 万人。决口前堤内总库容 2.96 亿 m^3，堤顶高程为 38.54m，堤高 5.5m，顶宽 10m，上游边坡 1∶2.15，下游边坡 1∶1.76，堤身填土为粉细砂，堤基为中粗砂—砂砾石透水地基；决口后，淹没面积约 85.5km^2，淹没区地面高程 28.40～35.40m，淹没水深 2.5～4.0m。

唱凯堤处于抚河冲积平原上，圩区地势较为平坦，主要出露第四系全新统人工堆积层、冲积层和白垩系上统地层。堤身填土主要为含砂低液限黏土、低液限黏土、粉（黏）土及级配不良细中砂，填筑质量较差，堤身防渗性能差。

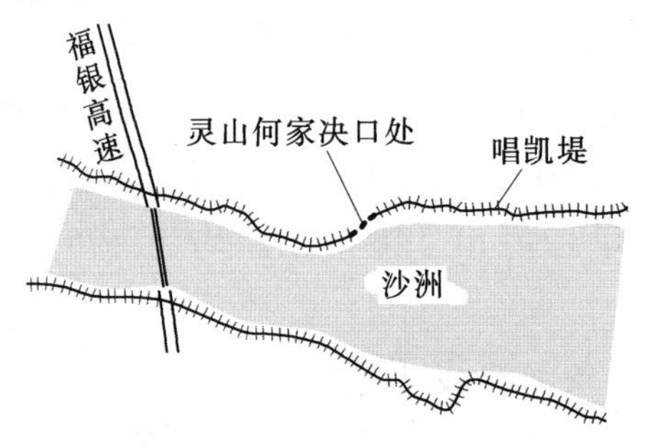

图 8.5　溃口位置示意图

2010 年 6 月 21 日 18 时 30 分，受强降雨影响，江西抚州市临川区唱凯堤福银高速与抚河交汇上游堤段，即唱凯堤灵山何家段（抚河右岸桩号 33+000.0 处）发生决口（图 8.5），决口初始宽度约 60m，22 日决口宽度发展至 348.0m，导致罗针、罗湖、唱凯、云山四镇大片房屋被淹、农田被毁，淹没水深 2.5～4.0m，总库容约 2.96 亿 m^3，近 10 万受灾群众被迫离开家园，造成严重的经济损失和巨大的社会影响，情况十分危急，受灾情况见图 8.6。

18 时 20 分左右，抚河灵山何家决口宽度约 5.0m。18 时 30

图 8.6　受灾情况

分左右，决口宽度迅速扩展到 60m；18 时 45 分左右，决口已发展至 300m 左右，后逐渐扩大，至 6 月 22 日 7 时 30 分扩展至实测值 347m，并形成 4.0m 多深的冲坑。唱凯堤决口处图片见图 8.7，最终溃口形状见图 8.8。

图 8.7　溃口实景

8.2.3.2　出现溃口的主要原因

（1）洪水超历史。2010 年 1—6 月，抚州市平均降雨量达 1852mm，比同期多年平均多 640mm，比多年年平均降雨量多 102mm。其中 4 月 1 日—6 月 30 日，全市平均降雨 1362mm，比同期多年平均多 66%。2010 年 6 月 16—21 日，抚州市全市平均降雨达 373mm，创历史纪录。决口时抚河水位超 20 年一遇，堤防难以

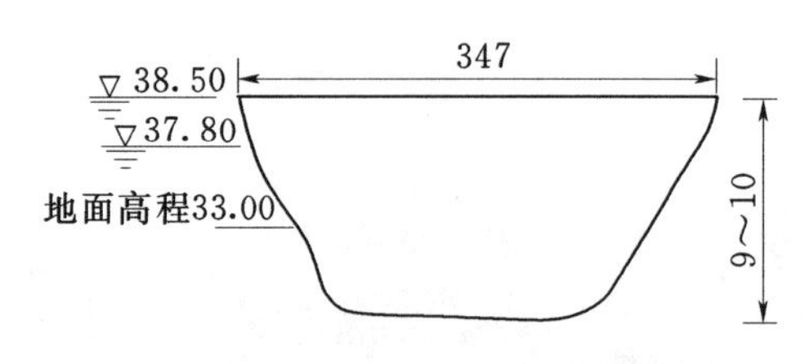

图8.8　最终溃口形状示意图（单位：m）

抗御超历史洪水的袭击。

（2）堤防结构及堤身、堤基土质差。抚河唱凯堤灵山何家段决口前原堤顶高程为38.50m，堤高5.5m，顶宽10m，迎水坡1∶2.15，背水坡1∶1.76，压泉台宽约20m，高约1.5m。该溃口段堤基由粉细砂、砂砾卵石组成，防渗性能极差，且抗冲刷性能弱，厚度13.40m左右；下伏基岩为强风化状泥质基岩，基岩面高程在19.64～22.04m。

工程地质钻探工作数据表明，桩号32+600和33+017处堤身填筑土主要为粉细砂，干燥、稍湿，堤身填筑材料及填筑质量较差，防渗性能差。该段堤防在桩号32+660～33+000段主流逼近堤脚，凹岸迎流顶冲，河岸阶地不发育，且堤岸阶地主要为冲积中粗砂层，抗冲刷能力差，坡脚淘蚀速度相对较快，崩岸、塌坡最易发生，岸坡稳定性较差，该溃口段无护坡，仅有自然生长的野草。

（3）决口处为迎流顶冲位置。决口堤段处于抚河干港与抚河干流汇合口的下游凹岸，且所处河道中有一江心洲，该处行洪宽度由1059m缩窄到603m，洪水湍急；决口堤段无护坡，抗冲能力差，抚河主流直接正面冲击，淘刷堤身堤脚。

8.2.3.3　堵口方案比选

1. 封堵方法确定

按照前文的介绍，决口封堵主要有立堵、平堵和混合堵3种方式。常采用的方法有枢纽工程截流法、钢木土石组合封堵、舟桥抛料封堵、沉船封堵和土工包封堵等方法。在实际堵口时，需根据决口处的地形、地质、水位流量及料物采集等情况综合考虑选定。

（1）钢木土石组合坝封堵。钢木土石组合坝封堵技术应用条件是决口处水深4.0～6.0m，流速3.2～3.7m/s，地质为壤土或沙壤土。采用钢木土石组合坝进行封堵也具有节省物料、封堵坝体稳定性好等特点，但根据抚河廖家湾水文站的观测和提供的资料，溃口处的抚河水位达37.94m，堤内外水位差高达6.5m，且流速较大，不满足采用钢木土石组合坝封堵的条件要求。

（2）土工包进占堵口。土工包进占技术主要材料为土工包，其结构简单，主要是用土工布缝制成一定体积的包，使用时在包内装入土后封口抛入水中形成占体。土工布为单层聚乙烯纺织布，价格较低，具有一定的抗拉强度。但此时溃口宽度达347m，见图10.3，采用土工包进占需要消耗的土方量为：

$$V=347\text{m}\times10\text{m}\times30\text{m}=104100\text{m}^3 \tag{8.1}$$

现场周围无法取得大量的土体，且土工包不适于如此长距离的堵口，其稳定性不易满足，因此，此方案不可行。

（3）常规的进占立堵。立堵的方法是从口门的两端或一端，按拟定的堵口堤线向水中进占，逐渐缩窄口门，最后实现合龙。唱凯堤处于抚河冲积平原上，圩区地势较为平坦，施工道路布置较方便，附近10～20km范围内有多处可用于石料开采的山头，根据快速封堵决口的原则，适宜采用单戗双向机械化立堵方法。戗堤进占材料为石渣、块石料，龙口合龙材料为大块石、钢筋石笼及铅丝石笼，防渗闭气材料为砂卵石反滤料和黏土。

2. 封堵时间选择

选择恰当的封堵时机，将有利于顺利地实现封堵复堤，减少决口灾害的损失。通常，要根据口门附近河道地形及土质情况、洪水流量及水位等水文情况、洪水淹没区的社会经济发展情况、灾区附近封堵材料资源情况等综合因素，作出封堵时机的决策。

唱凯堤2010年6月21日17时发生决口，22日，各路水利专家赶赴唱凯堤决口现场进行详细勘察，并根据上游来水情况、流域天气状况、现场交通条件，物料采集情况，确定决口封堵开始时间为6月25日，此时抚河水位呈下降趋势，降雨量减小，适宜封堵决口。

3. 封堵轴线确定

封堵堤线的选定，关系决口封堵的成败，必须慎重地调查研究比较。对部分分流的决口，在河道宽阔并具有一定滩地的情况下，或堤防背水侧较为开阔且地势较高的情况下，选择“月弧”形堤线，以有效地改善堤头水流流态，从而降低封堵施工的难度。若决口较小，过流量不大，口门土质较好，则可按原堤线进行堵口。若决口是全河夺流，即原河道基本断流，则应先选定引河的路线，为水流寻找出路，然后根据河势、地形与河床土质选择堵口堤线，堤线与引河河头的距离以350～500m为宜。

本次唱凯堤决口为部分分流，河道宽度大，封堵施工时由于流域降雨量将减少、抚河水位降低、决口过流量不大，选择按原堤线进行封堵。

4. 封堵资源配置

(1) 决口快速封堵，其资源配置特点如下。

1) 抢险工程政治性强、时间紧、工期短、调节余地小、工期只能提前不能推迟。资源配置必须一次到位，否则就会贻误战机。

2) 部队短期内要形成战斗力，技术力量投入和组织力度必须加大。

3) 汛期抢险施工，天气变化等不可预见的因素多，资源配置必须有一定的富余。

4) 资源配置原则：工期紧，必须强化施工，采取超常规的施工方法，配备的设备及人力资源量需要常规施工的2～3倍。

5) 军地联合作战，需要协调的事情多，必须配备能力较强的干部对口协调。

6) 短期内要筹集的设备、材料及生活保障等资源多，当地市场供应渠道不熟悉，后勤保障难度大，需要有强有力的后勤保障班子。

(2) 主要装备配置。主要施工装备配置120～235kW推土机7台，20t振动碾4台，斗容1.0～1.6m^3挖掘机17台，10～25t自卸车近200台。约为平时同类工程施工设备的2～3倍，详见表8.1。

表8.1　　主要装备资源配置表

设备名称	型号及规格	数量/台（辆）	备　注
一	挖装碾压设备		
推土机	SD16	1	用于施工道路平整
推土机	SD32	5	堤坝推料
推土机	TSD180E	1	用于施工道路平整
挖掘机	PC400	2	堤坝用
挖掘机	PC360	1	用于施工道路平整
挖掘机	PC300	1	用于施工道路平整
挖掘机	PC200	13	9台用于施工道路平整，4台堤坝推料及道路平整
装载机	ZL50C	4	2台用于施工道路平整，2台堤坝推料
自行式振动碾	20t（平碾）	4	3台用于施工道路平整，1台用于施工碾压
二	施工照明设备		
柴油发电机	30kW	2	用于施工现场照明
柴油发电机	5kW	2	用于施工道路照明
柴油发电机	2kW	2	料场、用于钢筋笼制作
三	运输设备		
自卸车	20t	10	装运石料等
自卸车	12t	92	装运石料等
自卸车	8t	30	装运石料等
汽车吊	20t	1	料场、用于钢筋笼制作
汽车拖挂	20t	2	用于钢筋石笼运输
汽车拖挂	30t	2	用于钢筋石笼运输
四	其他设备		
运兵车	东风5t	10	施工现场使用
指挥车		21	施工现场使用
炊事车		2	施工现场使用
救护车		1	施工现场使用

续表

设备名称	型号及规格	数量/台（辆）	备　注
油罐车	8t	1	施工现场使用
油罐车	5t	1	施工现场使用
焊机	ZC－400	6	料场、用于钢筋笼制作
水准仪	NA3003（DSZ2）	1	现场测量
全站仪	TCR702	1	现场测量
合计		219	

（3）兵力、工种配置。人员按照两班制作业，每班工作12h进行配置。主要配备了现场指挥、设备操作、测量、电工及管理人员等。运输设备操作手大多数为地方人员。封堵堤头兵力部署见表8.2。

表8.2　　　　主要兵力工种配置表

序号	人员工种	右堤头	左堤头	合计
1	挖掘机操作手	14	20	34
2	装载机操作手	2	6	8
3	推土机操作手	6	8	14
4	自卸汽车驾驶员	76	160	236
5	指挥车驾驶员	4	22	26
6	油罐车驾驶员	2	2	4
7	拖挂驾驶员	2	6	8
8	运兵车驾驶员	8	12	20
9	炊事车操作员	8	8	16
10	医疗人员	4	5	9
11	汽车吊驾驶员	0	2	2
12	振动碾操作手	2	6	8
13	电工	3	3	6
14	高级工程师	8	12	20
15	技术员	16	24	40
16	管理人员	8	12	20
合计				471

8.2.3.4　险情处置实施

（1）物料制备。封堵用的石渣、块石、大块石等在距现场20km的石料场开采；黏土在距现场约1.5km的土料场开采；钢筋笼和铅丝笼在钢筋厂制作，载重运输车运至石料场进行填装石料后码放整齐。各类物料按计算量的1.2～1.5倍进行准备。

（2）道路修筑。根据决口封堵方案，封堵物料主要采用公路运输。2010年6月23日，决口封堵方案确定后，立即对抢险道路进行规划：上游抢险道路从316国道田椴村入口经院下陈家至唱凯堤桩号27＋900，长约10km，对现有道路进行加宽至6.0m，路面铺50cm厚泥结石，每隔300m增设一个错车道；下游抢险道路在福银高速公路胡背张家处破一入口，修建一条长450m、宽6.0m的匝道，与唱凯堤桩号33＋900处相接，长约900m。施工平面布置见图8.9。

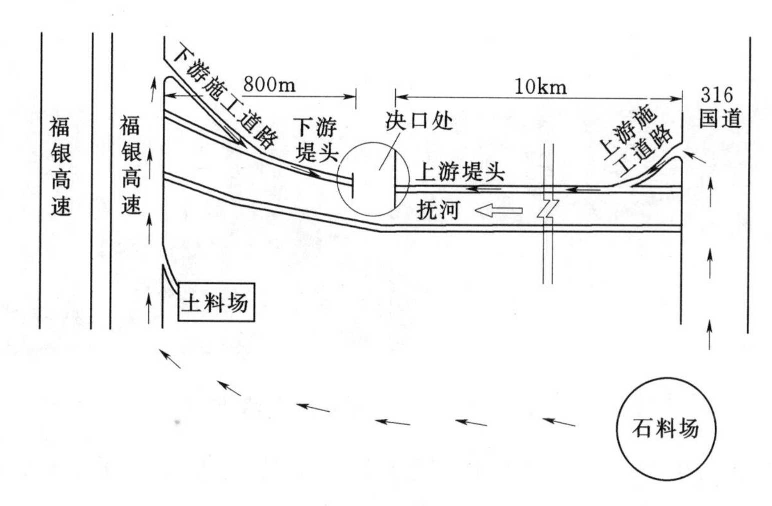

图8.9　施工平面布置图

自6月24日零时开始，采用15～20t自卸汽车运输石渣料，挖掘机、装载机挖填石料，人工配合推土机推平，振动碾压实。截至25日凌晨6时，全部施工道路修筑完成，见图8.10。

（3）戗堤进占。25日8时，封堵决口戗堤从口门两端按原堤线开始进占，采用15～20t自卸汽车运输，推土机铺料、推平。水

图 8.10　道路修筑

下部分采用抛填，水上采用分层填筑，推土机铺料，振动碾压实，填筑、碾压层厚为0.6～0.8m，边角处采用小型机械夯实。在进占过程中，为保证堤头稳定，减少水流对戗堤上下端角的冲刷，在戗端用块石做上下挑头，中间填石渣料，以确保戗堤端头稳定，减少堤头滑塌风险，从而加快了戗堤进占速度，见图 8.11。

图 8.11　单戗双向机械化立堵进占

（4）龙口抢堵。决口口门随着堵口戗堤的进占逐渐缩窄，口门处流速逐渐增大，待口门收缩到 30m 左右时，按龙口封堵方案分区抛填大块石、钢筋石笼等截流材料，两端一起迅速进占，30 日 8 时两端堤头顺利实现合龙，见图 8.12。

（5）防渗闭气。防渗用的反滤料、黏土料从下游端进料。为减少施工干扰，将长 348m 的口门分成 4 个施工区域，每 87m 左右设为一个施工区，每区先进行反滤料抛填施工，反滤料填筑成型 50m 后，进行该区域迎水面黏土填筑。

图8.12 龙口抢堵施工

反滤料和黏土料均采用15～20t自卸汽车运输至堤顶，反滤料从堤顶向上游迎水面抛料，推土机推料，反铲进行修坡整形。黏土料从反滤料上游迎水面端部分层填料，每层分层厚度不大于40cm，推土机推平，振动碾压实，反铲进行修坡整形，见图8.13。

图8.13 迎水面防渗闭气施工

8.2.3.5 险情处置特点难点

（1）封堵作业时间短。按照现场施工条件，设计单位与抢险专家组最初提出的工期为10d。为了使灾区早日开展生产自救，江西省抚州唱凯大堤堵口指挥部决定，决口石渣封堵工期为6d，准备工期1d。要求6月24日完成现场施工准备工作，6月30日完成决口石渣封堵工作。

特别是技术方案决策，不但要快，还要科学、合理、可行。这要求方案决策人员必须具备很高的专业素质和丰富的实践经验，抢险现场也必须配备经验丰富、数量足够的工程技术人员，为决口封堵抢险实施提供科技支撑。不像河床截流，施工方案可以根据现场地形和勘探的地质资料进行选择和设计，甚至还可以将其做成模型进行模拟实验，根据实验结果对确定的方案进行验证和修正，以获取最优施工方案和最大经济效益。

（2）封堵作业条件差。部队开进唱凯堤决口现场时，暴雨如注，进入决口处仅有 4.0m 宽的通道，决口封堵所需的物料奇缺特别是大粒径的填筑料，设备、人员也需要从各地紧急调集。决口发生的位置，其通过原堤顶交通条件也差。不像河床截流施工，可以按施工组织设计提前做准备，现场道路、抛填物料、施工设备及施工人员都可以按计划有条不紊地进行制备和分批入场。

（3）决口附近缺少封堵所需要的各类材料。唱凯堤决口封堵所需要的各类截流材料获得、制备、输送和抛投都十分困难。唱凯堤决口附近没有石渣料源储备，一般民用块石料场开采规模都比较小，单个料场无法满足抢险需要，且运距多在 40～50km，且进入到堤头运输道路狭窄，短期内制备、运输约 5 万 m^3 石渣料十分困难。所需要的大块体堵截材料是临时制备的，更增加了难度系数。不像截流，可以提前准备截流材料，并将其运至现场附近，截流时运距更近。

8.2.4　经验启示

（1）科学合理的技术方案是抢险工程成功的基础。此次抢险在白天现场踏勘时基本形成了技术方案框架，晚上制定完成了现场道路、工作面布置等方案，计算了每米龙口填筑石碴量，提出合理的进度安排及装备、人员、材料等资源配置计划，时间紧、难度大。抢险过程中还要进行现场跟踪指导，统计每小时、每天抛投车数、进占长度，分析任务完成及资源配置合理性，为首长决策提出参考意见。抢险工程施工条件一般都比较差，要求在非常短的时间内要拿出科学合理的技术方案，有了技术方案，才能按照计划组织资源、进行抢险现场准备工作。因此，现场必须配备经验丰富、数量足够的工程技术人员，为抢险工程提供科技支撑。必要时，后方还要组织专家支持系统。平时要对抢险可能遇到的各类技术方案加强研究。

（2）强大的装备能力和充足的物资保障是工程抢险成功重要保证。此次抢险临时调集了500余台大型设备，各种材料、物资及时保障到位。一方面是水电部队自有装备能力较强，自我保障能力较强；另一方面得益于我国改革开放30多年经济社会的高速发展，社会资源动员能力极大增强。抢险工程工期紧、时间短、调节余地小，主要设备、材料、物资和人员必须一次配备齐全并按时到位，才能确保按期完成任务。

（3）搞好协同配合是加速抢险进度的重要因素。此次抢险是军地协同完成任务，道路交通、征地等地方关系协调、石料采购和运输主要由地方政府负责，部队主要负责现场施工组织和实施。军地分工负责、相互配合支持，加速了抢险工程的进展。

8.3　2013年江西彭泽长江干堤崩岸抢险

8.3.1　险情背景

江西省长江大堤江岸与堤防工程位于江西省北部，全长199.55km（含江心洲），其中长江干堤123.89km，保护九江市所辖一市两区三县，保护区内人口84万人，保护耕地81万亩。芙蓉、跃进堤段位于长江中下游彭泽县境内，属江西省长江大堤彭泽段部分堤段。

九江市地处江西省北端的中纬度区，属中亚热带向北亚热带的过渡区。气候温暖湿润，降水丰沛，日照充足，四季分明，无霜期长。汛期（7—9月）多年平均最大风速为10.5m/s。

2013年5月以来，长江沿岸连续强降雨，江水陡涨，长江干堤江西彭泽段险情不断，堤坝一旦溃塌，将严重威胁沿岸11万居民，10万亩耕地，后果不堪设想。5月7日下午，发现江西省长江大堤江岸芙蓉、跃进堤段存在部分江岸崩岸和滩涂地崩塌情况，崩塌长度1570m，严重威胁到彭泽县人民生命财产安全。彭泽段发生崩岸险情见图8.14。

图8.14　彭泽段发生崩岸险情实景

8.3.2　出现崩岸险情的主要原因

（1）水文因素。5月以来，长江沿岸连续强降雨，导致江水陡涨，为险情的发生前提条件。

（2）地质因素。九江河段两岸漫滩均为全新世时期河流冲积产物，河床的直接边界由疏松沉积物组成，厚度约30～50m。岸坡地质结构以二元结构为主，岸坡稳定，但距坡脚较远，容易产生崩岸险情。

8.3.3　险情处置方案

崩岸险情的常规处置方法有护脚固基抗冲、缓流挑流防冲、退堤还滩、减载加帮等。根据各种处置方法的适用条件及险情区水深流急的实际特点，采用护脚固基抗冲法。根据实际计算，抛投量大强度高，且抛投区域厚度不均匀，为确保抛投质量达到设计要求，决定采用水上抛石对崩塌部位进行加固。一般区域从江心向岸边，先坡脚后坡面进行抛投，但对崩塌较快的地段采用由近至远，先坡面后坡脚，连续施工，突击完成。

8.3.4 险情处置实施

1. 实施流程

（1）网格划分。根据设计的水下原始地形图，对抛投区进行划档分格，抛石网格采用20m×8m的小网格，能够满足一次性抛投到位的要求。局部岸线不顺直的地方采用变网格，但其网格大小不超过30m×8m，各网格的抛投量根据图纸按网格上下断面方向的平均值求得，按抛投断面计算出每个抛投小区的抛石数量，并对小区进行统一编号，作为抛石施工依据。

（2）抛投实验。用流速仪和回声仪测量施工部位的水流流速V和水深H，并对试抛块称重W，量测出石块的落距S，点绘S与$VH/W^{1/6}$的曲线，推算出冲距公式$S=KVH/W^{1/6}$中的系数K值。经现场试验K取0.8。

（3）定位船定位。

1）定位船选用。投入4艘260t钢质定位船，定位船设备状况良好，并配有专业操作人员。

2）定位。为使定位船定位准确、牢固，上游锚选用800kg重的锚，下游锚选用500kg重的锚，上下游锚缆选用ϕ21.5以上。

3）抛锚顺序及定位船抛锚定位。①定位船的抛锚顺序：外上游主锚→里上游锚→里下游锚→外下游锚。具体详见图8.15。②冲距的确定：块石在抛到江底过程中，因水流的带动，块石向下游移动，因此在抛投前要计算出块石的冲距，以便算出抛石在水流的作用下，所移动的距离，确保抛投位置的准确。抛石冲距经验公式为：

$$S=0.8V_0H/W^{1/6} \tag{8.2}$$

式中：S为冲距，m；V_0为水面流速，m/s，采用测速仪测定抛投点水面流速；H为水深，m，采用测深仪测定抛投点水深；W为块石重，kg，抢险中可采用代表块石重量测算。

③定位船抛锚定位。定位船锚抛好后，即可进行定位，先将定位船移至要抛投的断面，测出流速和水深，计算出冲距，冲距加装石船头空白区距离为定位船的提前量，利用经纬仪进行精确定位。使定位船下游侧舷边所拴装石船块石位置与入水后需抛投的位置相对应。

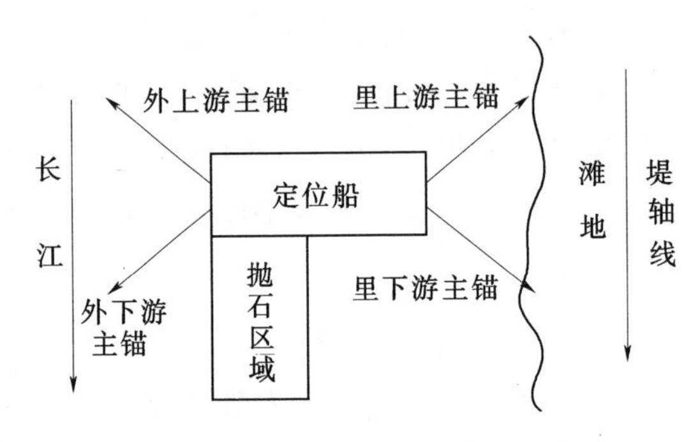

图8.15　定位船抛锚示意图

4）抛石船只选用。

采用200～500t驳船（长30m，宽9m），船头至货位长度为5.0m，货位长22m，后船舱长3.0m。

5）块石抛投。

①抛石船挂挡（就位）。定位船定位结束后，可在定位船下舷边挂吊装石船进行施工，根据抛投须均匀的原则，各装石船船位应相互错开，以保证抛石均匀。根据所确定的标准船型及有效抛护宽度将抛石标准网格分为4个长20m、宽2.0m的条形区域（即4个船位）进行抛投，每个船位依次错开2.0m，从而保证抛投均匀。装石船抛石在标准网格中，应从船两边进行抛石，在非标准网格的定宽小区抛石时，应由船一边进行抛投，这样挂挡能够保证块石入水后落至指定区域，从而达到抛投均匀的目的。②挖掘机抛投。遵循“先远后近，先下游后上游、先点后线、先深水区后浅水区”的顺序，循序渐进，分层抛投，不得零抛散堆。机械抛石指挥及作业见图8.16、图8.17。

图 8.16　机械抛石指挥

图 8.17　抛石船上抛石作业

6）抛石效果检测。

水下抛石作业结束后，测量人员采用GPS系统和测深系统对抛投区域及相邻的部分水域进行水下地形测量，并绘制比例为1∶1000的水下地形图，将抛前抛后的水下地形图进行对比，确定抛石效果。

2. 险情处置资源配置

（1）主要装备资源配置。考虑到抛石受水位、流量、流速、流向、冲距、航运等因素的影响，为了保证抛投块石的进度和质量，采用4艘260t定位船分区分段进行网格抛投，装备配置见表8.3。

表8.3　主要装备配置表

序号	设备名称	型号及规格	数量/台（艘）
1	反铲挖掘机	神钢240	1
2	反铲挖掘机	中联重科200	1
3	反铲挖掘机	柳工160	1
4	反铲挖掘机	日立160	1
5	定位船	260t	4
6	驳船	200～500t	17

（2）主要兵力、工种配置。主要配备了现场指挥、设备操作、测量及管理人员等。其中，定位船及驳船操作为地方人员。抛石作业兵力部署见表8.4。

表 8.4　主要兵力、工种配置表

序号	人员工种	数量	备注
1	挖掘机操作手	8	
2	定位船操作手	4	地方人员
3	驳船操作手	17	地方人员
4	测量员	6	
5	高级工程师	2	
6	技术员	20	
7	管理人员	20	
合计		77	

8.3.5　险情处置的特点难点

（1）抢险时间紧、任务重。本次抢险需在短时内尽快完成对崩岸段加固，需在短时间内抛投大量块石，避免险情的发展扩大，抢险时间紧迫，任务重。

（2）当地资源调度难度大。时值长江干堤主汛期，沿岸都有不同程度险情发生，需要依托地方政府尽最大努力调集当地块石、运输船只等抢险资源，协调难度大。

（3）持续降雨，河水水位较高，安全隐患大。2013 年 5 月以来，江西彭泽持续强降雨，长江水位暴涨，且河堤基础较差，抗洪水能力较低，河堤安全运行隐患较大。

8.3.6　经验启示

彭泽长江大堤抢险任务是一次实战化条件下的练兵机会，能提高部队组织指挥、完成任务的能力，也是军民深度合作进行堤防险情处置的成功范例。通过此次险情处置，主要有以下经验启示：

（1）科学的抢险组织实施。抢险堤段水下抛石受水位、流量、流速、流向、冲距、航运等因素的影响较大，为了保证块石抛投的质量，采用定位船分区分段进行网格抛投。根据抢险现场的实际情况，将块石用驳船运至抛投水域范围经计量后由专职质检人员指挥反铲抛投，每个断面按照技术交底的抛投方法，采取由江心向岸边、先坡脚后坡面的顺序进行作业，做到循序渐进、分层抛投，避免零抛散堆。但对崩坍较快的堤段则采用由近至远、先坡面后坡脚，连续施工，突击完成。

（2）严格的抢险作业程序。前面已经提到，应急抢险作业存在“反常态和破程序”的问题，当然这种理念是有一定的适用条件的。对于堤防抢险中一些比较急的险情，为了迅速控制险情的迅猛发展态势以防止造成重大灾害，就不能按“常规”出牌。但针对此次险情的特点，险情的发展情况可以满足采用精确作业的要求，因此，前进指挥部严格按照施工组织设计，采用抛石前准备→抛投试验→定位船定位→抛石船挂挡→挖掘机抛投→抛后测量检查→合格后移到下一抛投位置的程序抛投作业。每艘定位船上均安排两名专职人员，主要是对定位船进行定位、抛石船石方计量、指挥反铲抛投等进行有序作业，确保抢险作业进度满足设计要求。

（3）着重的抢险安全管理。安全是抢险方案制定和实施过程中必须考虑的重点。此次抢险针对安全作业制定了相关的安全措施：①根据险情状况，划定了陆上和水上安全区域，成立两个各由5人组成的陆上和水上安全巡逻队，陆上跟水上巡逻同时监控，督促进入抢险区域的人员按照规定要求佩戴安全器具；②前指始终把安全工作放在各项工作的重中之重，重点对船上计量人员、水上巡逻人员和抛投测量人员的佩戴安全器具作为一项硬性规定，同时对进入抢险区域的人员要求必须穿戴好救生衣和防滑鞋。

附　　录

基　本　概　念

1　堤防

沿河、渠、湖、海岸或行洪区、分洪区、围垦区的边缘修筑的挡水建筑物称为堤防。堤防是世界上最早广为采用的一种重要防洪工程。筑堤是防御洪水泛滥，保护居民和工农业生产的主要措施。河堤约束洪水后，将洪水限制在行洪道内，使同等流量的水深增加，行洪流速增大，有利于泄洪排沙。堤防还可以抵挡风浪及抗御海潮。堤防按其修筑的位置不同，可分为河堤、江堤、湖堤、海堤以及水库、蓄滞洪区低洼地区的围堤等；按其功能可分为干堤、支堤、子堤、遥堤、隔堤、行洪堤、防洪堤、围堤（圩垸）、防浪堤等；按建筑材料可分为：土堤、石堤、土石混合堤和混凝土防洪墙等。常见堤防的结构组成及名称见附图 1.1。

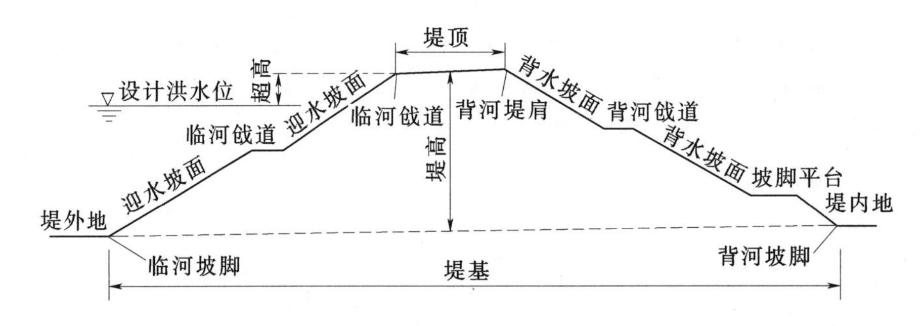

附图 1.1　堤防结构组成示意图

2　洪水

在中国，洪水一词最早出现于古书《尚书·尧典》。该书对4000多年前黄河发生洪水的情景作了历史记载。当时洪水泛滥成灾，尧帝万分担忧，正在向众诸侯询问是否有治水能人。《尚书·禹贡》中就大量使用“洪水”一词，用于描述大禹的治水经过。《辞海》中对洪水的注解为大水，并引《孟子·藤文公下》中“昔者禹抑洪水而天下平”，对“涝”的注释为：“降雨过多，使旱作物田间积水或水稻田淹水过深而致减产的现象，涝往往致渍，涝渍相随，统称为涝”。《简明不列颠百科全书》第15版中定义洪水为：指高水位期，河水漫出天然堤或人工堤，淹到平时干燥的陆地上。《现代科学技术词典》定义“大水漫溢河流或其他水体的天然或人为界限或排水汇集于洼地所出现的情况称为洪水”。

按照全国重大自然灾害综合研究组织的定义，“平常所说的水灾一般是指河流泛滥而淹没土地、农田所引起的灾害；涝灾则指的是因长期大雨或暴雨而产生大量的积水和径流，淹没了低洼的土地所造成的渍水或内涝灾害。由于水灾和涝灾往往同时发生，有时难以区别，所以常统称为洪涝。由于洪涝常与异常大量的降水密不可分，常常由于降雨过多导致，故又常称为雨涝。”

3　洪水风险

洪水风险既不是洪水现象本身，也不等同于洪水灾害损失，常可按狭义和广义两种分类。狭义的洪水风险仅仅是指洪水灾害发生的概率；广义的洪水风险则指在各种可能的条件和一定的防洪措施情况下，发生洪水造成社会、经济、环境和人员损失等的可能性。这一概念既包括洪水灾害发生的概率，又包括洪水灾害所产生的不利后果。通常人们采用“积”的概念表示这一风险，即洪水风险值P是由风险率R，以及洪水造成的损失L结合而成。

$$P=R\times L \tag{1.1}$$

构成洪灾风险值的两大因素通常是相互联系的。不同量级洪水对应的发生频率不同，相应造成的洪灾损失一般也不相等。为了定量地评估洪水风险，必须分别计算不同大小的洪灾损失及其相应发生的概率。在此基础上全面综合确定的风险值，才能成为防洪安全决策的依据。因此，洪水风险往往存在于人与自然之间、人与人之间的与洪水有关的利害关系。

1. 洪水风险的分类

不同类型的洪水有着不同的发生原因，存在着不同的发展规律，需要不同的风险管理工具进行管理。对洪水风险进行分类，可以帮助人们了解各种洪水风险之间的联系与区别，改进洪水风险的管理方式，提高洪水风险的管理水平。

洪水可以用不同的标准进行分类，分类的标准不同，洪水的名称也不同。常用的洪水风险分类标准有洪水的基本水体和洪水的起源地两种。按照洪水的基本水体的不同，洪水风险可以被区分为河流型洪水风险、湖泊型洪水风险、风暴潮洪水风险等三大类。其中，河流型洪水风险按其成因又可被区分为暴雨型洪水风险、融冰型洪水风险、冰凌型洪水风险、溃堤型洪水风险等四小类，见附图 1.2。

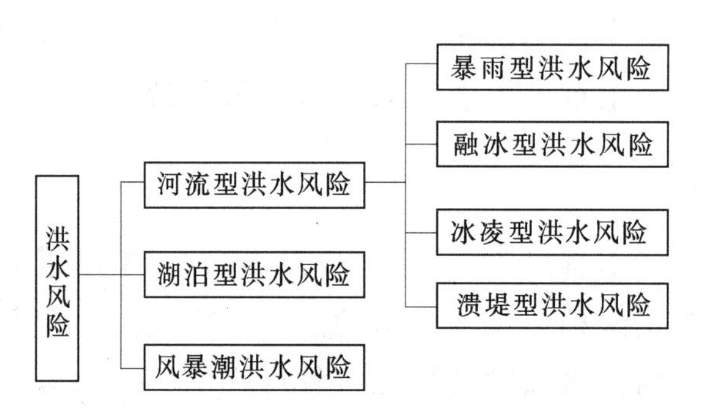

附图 1.2　洪水风险的分类

按照洪水的起源地的不同，洪水风险可以被区分为河流洪水风险与海岸洪水风险两大类。其中，河流洪水风险又可以被区分为雨洪水风险、山洪风险、泥石流风险、融雪洪水风险、冰凌洪水风险、溃堤洪水风险、湖泊洪水风险等七小类；海岸洪水风险又可以被区分为天文潮风险、风潮风险、海啸风险等三小类，见附图 1.3。

除此之外，如果在同一地区遭遇上述两种以上洪水风险，那么，由此产生的洪水风险则被称为混合型洪水风险，如雨雪的混合洪水风险，雨雪冰的混合洪水风险等。

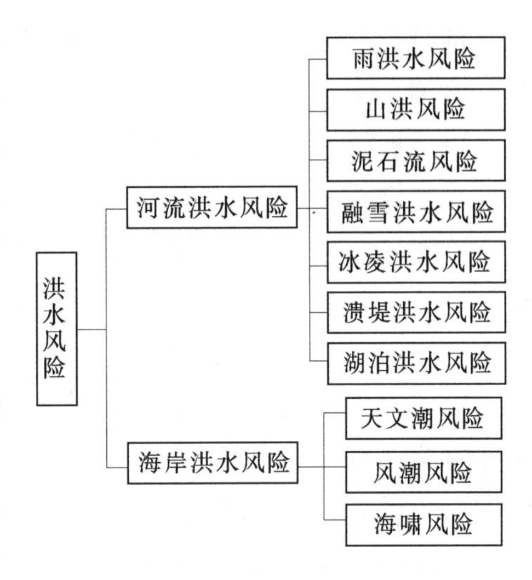

附图 1.3　洪水风险的分类

2. 洪水风险的属性

（1）洪水作为自然界水资源流动现象的一种客观存在，作为地球上水资源循环运动的一种表现形式，具有如下属性：

1）洪水风险的发生是一种随机现象。尽管人们常用重现期作为评价洪水等级的指标，比如发生了 100 年一遇的洪水，或 10 年一遇的洪水等，然而，即使是同一场洪水，采用洪峰水位、洪峰流量或洪量作为评价指标时，也会得出完全不同的结果。尤其是超常洪水，往往在一段时期里发生得相对频繁，在另一段时期里，又发生得相对稀少。在较长的历史时段里，人们可以识别出水旱交替或相伴共生的不同阶段。

2）洪水风险的大小存在着江河流域的差异性。由于地理气候环境的不同，世界各地不同江河以及同一江河的不同河段，洪水发生时间的早晚、持续时间的长短、水位涨落的幅度与快慢、洪水总量的多少、洪峰流量的大小、洪水传播速度的快慢、洪水携带泥沙含量的多少、超常洪水发生的几率及泛滥区域的大小等，均存在着较大的差异，表现出不同的统计属性。

3）洪水事件对河流调节能力具有一定的影响。天然河流的行洪能力通常是由常遇洪水决定的。在常遇洪水发生的情况下，由于受到人类行为的控制，洪水的流量降低，河道的行洪能力变得相应地萎缩。在超常洪水发生的情况下，洪水可能漫溢出槽，形成天然洪泛区；过量的洪水经过调蓄之后归槽入海。此时，河道的自身行洪能力通过冲淤游荡得以调整，河道的行洪能力得到相应地增强。

4）洪水的洪泛区对自然生态具有特定功效。在自然界里，洪泛区通常被视为河流的必不可少的组成部分。由河道洪水泛滥而形成的洪泛区，在承纳与调蓄超出河流行洪能力的洪水的过程中，发挥着独特的作用，产生着独到的功效。比如，在降低洪水流速、削减洪峰流量、补给土壤肥力、回补地下水、增加河道枯水期的基流、保持湿地、提供生物多样性的生息环境等方面，都可以显示出自身的功能和价值。

（2）洪水风险的社会属性。洪水既具有自然属性，也具有社会属性。在经济学看来，洪水对社会经济发展具有利、害双重性质。从较长时间跨度来看，河流依靠自然的力量，可以将较大集水范围的水土资源输送到中、下游平原地区，这对于大江大河中下游平原地区，尤其是干旱、半干旱地区来说，洪水在缓解水资源短缺矛盾、补充地下水源、改善土壤条件等方面发挥着不可替代的作用。洪水创造出了有利于人类生存与发展的环境。洪水包括其泛滥的过程是完成这一使命的主要方式。从这种意义上说，洪水是造福人类的使者。但在较短的时间跨度里，偶发的洪水泛滥又会给洪泛区的人员和财产造成极大的破坏，扰乱正常的生产秩序和生活秩序。这时，洪水又成为带给人类灾难的魔鬼。

由此，治水或洪水的风险管理将是人类认识洪水风险属性的永恒话题；顺应自然，因势利导，趋利避害，化害为利将是人类管理洪水风险的基本原则。

（3）洪水风险的可管理性。

1）就自然属性而言，洪涝的发生过程具有可预见性与可调控性。对任一特定的区域，通过历史洪水的调查与分析，人们可以掌握洪涝现象的各种统计特征与变化规律；利用现代化的计算机仿真模拟手段，可以预测在流域孕灾环境与防洪工程能力变化的条件下，不同量级洪水可能形成的淹没范围、水深、流速以及淹没持续时间等，评估洪涝灾害的损失；利用现代化的监测手段和计算方法，人们可以对即将发生的洪涝进行实时预报；根据洪涝的预测、预报结果，可以科学地制定防洪工程规划与调度方案，约束洪水的泛滥范围、控制洪峰流量与水位、降低淹没的水深以及缩短淹没的历时等，达到减轻洪涝危害性的目的。在此过程中，历史洪涝灾害信息的管理、灾害监测系统的管理、灾害预测预报系统的管理、防洪除涝工程系统的管理、防洪调度决策支持系统的管理等，都将关系到决策及实施效果的成败。

2）就社会属性而言，同等规模洪涝灾害可能造成的实际损失及其影响，还与社会的综合防灾能力与承灾体的特性有关。社会的综合防灾能力体现为：洪水风险区中社会经济发展合理布局的规划与控制能力；大规模开发活动与大工程建设的洪涝灾害影响的预见与评价能力；实际洪涝发生情况下的灾情收集与评估能力；洪涝灾害的应急反应能力；重灾地区的损失分担与快速恢复重建能力；增强水患意识与推广防灾自救措施的宣传教育能力等等。承灾体的特性体现为社会的法治水平、经济实力、防灾意识、自救能力，以及受淹资产的耐淹性及其与外部系统的关联性等。因此，灾害警报系统的管理、避难救援系统的管理、灾后恢复重建系统的管理、灾情评估与灾害影响评价系统的管理、防灾教育系统的管理、防灾科研与技术开发应用体系的管理、与防洪减灾有关的法规体系与执法监督体系的管理等，都关系到我们是否能够切实有效地减轻洪涝灾害的损失及其不利影响，为社会经济的持续稳定发展提供更高水平的安全保障。

洪水灾害风险的可管理性表明，虽然洪涝灾害的风险不可消除，但是洪涝灾害的损失及其不利的影响，完全可以通过人类提高自身的管理水平来限制和减轻。洪水管理就是在这一系列的不确定性中，通过建立健全、合理有效地运作防洪减灾的各相关系统，去争取最有利的可能性。

4　防洪调度

大江大河的防洪工程体系，一般由河道堤防、水库、蓄滞洪区组成。其联合调度运用，是对流域性大洪水进行有计划蓄泄兼施、统一控制调节的防洪调度，是全面发挥防洪工程效益，最大限度减轻洪水灾害的总体部署，需要有高度的优化决策。防洪调度得当，则可取得全局性的胜利。但在实际调度中，往往由于地区之间、蓄泄之间，以及重点和一般的关系极为复杂，工程情况和暴雨中心也多变化，因此，对于汛期发生的全流域大洪水，要密切掌握水情信息，权衡利弊，随时研究提出调度方案，做到统一指挥调度。

确定防洪系统统一补偿的联合防洪优化调度方案，涉及因素众多，目前在我国尚处于研究探索阶段。通常的做法是，按照防洪保护区防洪标准及其对洪水调节的要求，根据雨情、水情预报资料，通过水量与泄量平衡计算，确定多种防洪工程联合调度方案。在此基础上，通过分析比较，筛选出较为合理的调度方案。

对于主要由水库工程、分蓄洪工程和河道堤防工程组成的防洪系统，在防洪工程联合调度时，可按照如下 3 种工程组合情况考虑。

1. 水库群防洪系统联合调度

水库群有串联水库群、并联水库群和混联水库群 3 种情况。见附图 1.4。

(1) 串联水库群联合防洪调度。由于洪水组成遭遇复杂，串联水库群在实际调度中，应根据洪水实际发生的情况及各水库的蓄洪情况确定运用程序。

在不考虑预报情况下，各水库补偿调度的基本原则如下：①重叠库容（正常蓄水位至防洪限制水位之间的库容）先蓄，专用的防洪库容（防洪高水位至防洪限制水位间的库容）后蓄。②对于专用防洪库容，淹没损失小的水库先蓄，淹没损失大的后蓄。③在暴雨中心上游的水库先蓄，下游的水库后蓄。④按预先确定的运用次序先用第一个水库调洪，若不能满足下游防护区的防洪要求，仍按上

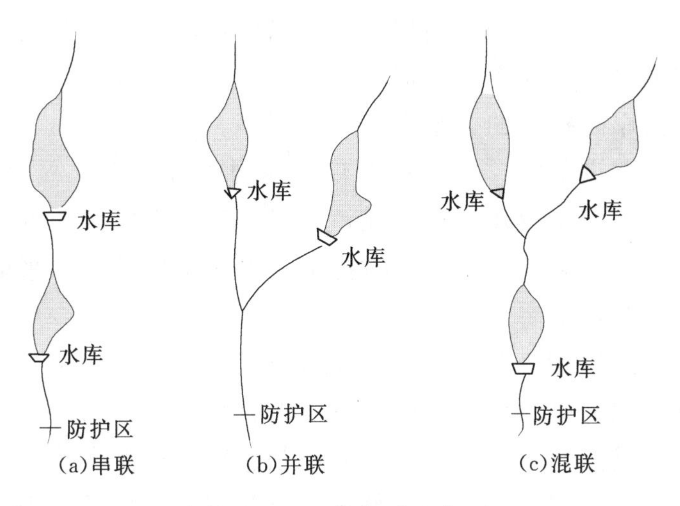

(a)串联　(b)并联　(c)混联

附图 1.4　水库群示意图

述原则，再用第二个水库调洪，以此类推，直至满足下游防洪要求为止；水库的泄洪次序，一般与蓄洪运用次序相反，并以最下一级水库的泄量加区间流量不大于防护区河道安全泄量为原则，尽快腾空各水库的防洪库容。

(2) 并联水库群联合防洪调度。若并联水库群中各水库距干支流汇合点不远，且水库特点有明显差异时，不考虑预报，水库运用程序可先按本河下游的防洪要求，先取调洪能力和淹没损失最小、有重叠库容的水库进行调洪，若不能满足汇合点以下防护区的防洪要求时，再顺次运用调洪能力和淹没损失次小的水库，在满足该水库下游防洪要求的前提下，对汇合点以下防护区进行防洪补偿制度。

(3) 混联水库群联合防洪制度。此种情形的调度更为复杂，可参照串联水库群及并联水库群防洪调度的基本原则，根据水库的特点及洪水分布特性，确定其防洪补偿调度方式及运用次序。

2. 分蓄洪工程系统联合调度

分蓄洪区启用条件一般以控制性水文站的某一水位为准。核算分洪道的泄洪能力时，进口端用设计分洪水位，出口端不一定考虑最不利的洪水遭遇，而用较不利的洪水遭遇即可。

分蓄洪工程系统的运用程序通常以满足防洪要求为前提，以分蓄洪总损失最小为原则，根据各分蓄洪区的作用和特点，及其与上下游、左右岸防护区的关系定制运用程序。

(1) 分蓄洪阶段。一般对于有闸控制的分蓄洪工程要先运用。对于有重要工矿企业及交通干线，人口密集，乡镇企业发达，淹没损失较大，泄洪时积水不能及时排出，离防护区较远并采取扒口进洪的分蓄洪工程最后运用。

(2) 泄洪阶段。洪峰过后，各分蓄洪区要尽快开闸或扒口泄洪，腾空容积，以便重复利用。一般以有控制设施的分蓄洪工程最先泄洪，并以下游河道安全泄量为控制进行补偿泄洪。

(3) 分泄并用阶段。分蓄洪区全部蓄满后，如洪水仍继续上涨而需继续分蓄洪时，可打开下游泄洪闸或扒口，采取“上吞下吐”运用方式，此时的分蓄洪区起滞洪或分洪道作用。

3. 蓄、泄、分联合调度

江河在遇超标准洪水特别是特大洪水时，通常应按“以泄为主，蓄、泄、分”兼筹的原则，多管齐下，才能解除洪水的威胁。对于由多项防洪工程构成的防洪系统，其联合防洪调度方案的制定和适时运作，是极其复杂的。基本原则是，以水库（群）与分蓄洪工程各种的调度方案为基础，在充分发挥河道宣泄能力的前提下，拟定统一的防洪联合调度方案。实际运用时，需针对当时的洪水来源、量级和组成遭遇情况，并考虑后期雨水情势，合理安排各项防洪工程的承纳能力及其运用次序。一般是先用水库蓄洪，必要时再考虑运用分蓄洪工程。

泄洪阶段：一般先泄分蓄洪区的洪水，再对水库（群）进行补偿泄洪，尽可能减少分蓄洪区的洪水淹没时间和有利于尽快恢复生产和灾后重建。

5　软弱堤基

我国江河下游的堤防、海滨的海塘闸岸、低洼区的平原水库，往往是建在软弱地基上。但有的工程在建成后受到扰动或震动，会发生突然的大面积沉陷或塌滑，这是由于对高灵敏性软土地基缺乏正确认识，在施工中考虑不周而造成的。

1. 软土的基本涵义

对于软土的基本涵义，国内各行业标准不统一。

《工程地质手册》（第四版）中提出，软土是天然含水量大、压缩性高、承载能力低的一种软塑到流塑性状态的黏性土。

《铁路技术工程设计技术手册》中提出，软土的指标为：天然含水量 w 接近或大于液限；孔隙比 $e>1$；压缩模量 $E_s>4000$kPa；标准贯入击数 $N_{63.5}<2$；静力触探贯入阻力 $P_s<700$kPa；不排水强度 $C_u<25$kPa。

《公路土工试验规程》（JTG E40—2007）中，具体规定了软土的指标，符合附表 1.1 中所列的数值者为软土。

附表 1.1　　　软土的划分指标

土类＼指标	含水量 w /%	孔隙比 e	压缩系数 a（在 100～200kPa 压力下）/MPa^{-1}	饱和度 S_r /%	快剪切内摩擦角 /(°)
黏土	>40	>1.20	>0.50	>95	<5
中、低液限黏土	>30	>0.95	>0.30	>95	<5

《水工建筑物抗震设计规范》（DL 5073—2000）中，对软弱黏土层的评价标准为：液性指数 $I_L\leqslant0.75$；无侧限抗压强度 $q_u\leqslant$ 50kPa；标准贯入击数 $N_{63.5}\leqslant4$；灵敏度 $S_t\geqslant4$。

《软土地区工程地质勘察规范》（JDJ 83—1991）中规定，符合以下 3 项特征的为软土：外观以灰色为主的细粒土；天然含水量大于或等于液限；天然孔隙孔大于或等于 1.0。

《公路软土地基路堤设计与施工技术规范》（JTJ 017—1996）中规定软土的特征为：天然含水量 $w\geqslant35\%$或液限；天然孔隙孔大于或等于 1.0；十字板剪切强度 $S_u<35$kPa；相应的静力触探贯入阻力 P_s 约为 750kPa。

根据以上各行业的具体规定，结合我国地基的实际情况，归纳起来，可以将软土划分为黏土性软土和砂质黏土性软土。软土地基的划分标准见附表1.2。

附表1.2　　软土地基的划分标准

地层	泥炭质地基及黏土质地基		砂质地基	地层	泥炭质地基及黏土质地基		砂质地基
层厚度/m	＜10	＞10	—	无侧限抗压强度/kPa	＜60	＜100	—
标准贯入击数 N	＜4	＜6	＜10	荷兰式贯入指标/kPa	＜800	＜1000	＜4000

从以上可以看出：软土主要是由天然含水量大、压缩性高、承载能力低的淤泥沉积物及少量腐殖质所组成的土。软土是指滨海、湖沼、谷地、河滩沉积的天然含水量高、孔隙比大、压缩性高、抗剪强度低的细粒土。软土具有天然含水量高、天然孔隙比大、压缩性高、抗剪强度低、固结系数小、固结时间长、灵敏度高、扰动性大、透水性差、土层层状分布复杂、各层之间物理力学性质相差较大等特点见附表1.3。

附表1.3　　软土的物理力学性质

土类	塑性指数	含水量/%	孔隙比	饱和度/%	压缩系数/MPa^{-1}	渗透系数/$(cm \cdot s^{-1})$	总应力抗剪强度		标准贯入击数 N	无侧限抗压强度/kPa
							(°)	kPa		
黏土性软土	≥17	＞40	＞1.2	＞95	＞0.5	$<1\times10^{-6}$	0～5	＜20	＜2	＜30
砂质黏土性软土	＜17	＞30	＞1.0	＞95	＞0.3	$<1\times10^{-6}$	8～22	＜12	＜4	＜60

注　总应力抗剪强度、标准贯入击数、无侧限抗压强度三项指标，对有些软土不一定同时满足，只要其中一项满足即可。

2. *淤泥与淤泥质土*

淤泥与淤泥质土是典型的软土，淤泥是指在静水和缓慢的流水环境中沉积，经微生物化学作用而形成的黏性土。这种黏性土中含有有机质，其天然含水量大于液限，天然孔隙比大于1.5。当天然孔隙比小于1.5而大于1.0时，称为淤泥质土。

淤泥与淤泥质土，包括泥炭和腐殖质土，其天然含水量大，抗剪强度低，压缩系数大，水平渗透系数大于垂直渗透系数，随着上部压力的增加，其渗透系数逐渐减小。以上这些特征可以使刚性基础发生较大沉降、偏斜、溯流、周围土体隆起等危害。对于土堤，可能发生较大沉降、溯流、坡脚处隆起，导致堤基或堤身发生裂缝、塌滑等危害。

尤其是含水量很高的泥炭处于流塑状态，破坏渗透比降很小，很容易在水压力作用下击穿流失，因此，更需要采取必要的防渗措施。

3. 灵敏性软土

淤泥与淤泥质土，含有较多的极细颗粒，其粒径不大于0.001mm，含水量高于液限，呈流塑状态。这类土体静置上一定的时间，就成为凝胶体，具有一定的承载能力。如果受到扰动，就会产生流动液化，失去原来的胶黏力，承载能力变得很低，有的甚至像灰一样根本没有承载能力，这种现象称为触变。

在扰动力消失后，经过一定时间，又逐渐具有胶凝性，恢复原来形状，又具有一定的承载能力。这是因为胶体粒子扩散层中的阳离子和扩散层之间的阴离子和水分子一起有次序地排列，形成有规则的构造，结合水在阳离子和阴离子的作用下，使这一结构增加了某些强度。但当在外力作用下，破坏了这些不牢固的连接，土体又随之发生液化。当外力消除后，经过一定的时间，阳离子、阴离子和结合水的缓慢移动又达到平衡状态，原来的土体结构恢复，强度又有所增加。由此可见，“触变”现象是可逆的。

土的触变性的强弱程度可用灵敏度 S_t 表示，用式（1.2）表示：

$$S_t = q_u / q_u' \tag{1.2}$$

式中：q_u 为原状土的无侧限抗压强度；q_u'为重塑土的无侧限抗压强

度，其含水量和孔隙比与原状土相同。

土按灵敏度 S_t 可分为以下 8 种：非灵敏性土，$S_t=1$；低灵敏性土，$S_t=1\sim2$；中灵敏性土，$S_t=2\sim4$；高灵敏性土，$S_t=4\sim8$；极灵敏性土，$S_t=8\sim16$；低等流动土，$S_t=16\sim32$；中等流动土，$S_t=32\sim64$；流动土，$S_t>64$。

中灵敏性土受到打桩扰动，混凝土防渗墙造槽、冲击钻钻孔、振动沉模板建造防渗板墙、振动冲击置换作业等施工时，都会发生触变。高灵敏性土在较强地震、附近爆破震动、重型车辆通过时，就会发生触变。极灵敏性土在中等地震、爆破震动、机械震动、车辆通过时，也会发生触变。

灵敏性土作为堤防工程或穿堤建筑物的地基时，应采取人工加固，如喷水泥、石灰、矿粉等进行搅拌，或分层堆填土石用强夯的方法把灵敏性土挤出，或则掺加适量的土石以降低其含水量。

4. 饱和粉细砂

饱和粉细砂的特性与软土不同，它不含黏粒胶粒，没有塑性，抗剪强度不是很低，压缩系数也不是很大。但受到地震或其他反复振动时，粉细砂被加密，空隙减小，导致孔隙水压力上升，有效应力降低。当孔隙水压力等于该处粉细砂的上覆土的压力时，抗剪强度完全丧失。当孔隙水压力大于上覆土柱的压力时，则会发生喷水“冒砂”现象。

建筑物为刚性基础且有足够的压力时，不会发生喷水“冒砂”现象，但基础下的砂层可能从基础周围喷水“冒砂”，导致基础下沉偏斜。堤防下的粉细砂则会从堤防坡脚处喷出，导致堤防塌陷裂缝。上述这些现象称为液化，由于饱和粉细砂在振动下产生这种性态，所以将饱和粉细砂列入到软土一类中。

工程实践和实验证明，级配均匀的粉细砂容易液化。中值粒径 d_{50} 在 0.05～0.10mm、不均匀系数 c_u 为 2～5 的极细砂至细砂最容易液化。中值粒径 d_{50} 在 0.02～0.50mm、不均匀系数 c_u 小于 10 的粉砂至粗砂都属于液化砂。

除了级配以外，砂土的密实度、沉积时间、震动力的强弱，都是影响液化的重要因素。砂土的相对密度越大、越不容易液化。1975年辽宁海城地震后，经调查水平地面下中细砂喷水“冒砂”的情况，得出如下结论：相对密度大于0.55的砂层，Ⅶ度地震区未出现液化；相对密度大于0.70的砂层，Ⅷ度地震区未出现液化。在砂层地面上有1.0m的土层覆盖的区域，Ⅶ度地震区未出现液化，也就是表面有盖重压应力20kPa，Ⅶ度地震区不会发生液化。

5. 软土的物理力学特性

（1）高含水量和高孔隙性。软土的天然含水量一般为50%～70%，最大甚至超过200%。液限一般为40%～60%，天然含水量随液限的增大成正比增加。天然孔隙比在1～2，最大达3～4。其饱和度一般大于95%，因而天然含水量与其天然孔隙比呈直线变化关系。软土的如此高含水量和高孔隙特征是决定其压缩性和抗剪强度的重要因素。

（2）渗透性弱。软土的渗透系数一般在$i \times 10^{-4} \sim i \times 10^{-8}$cm/s之间（$i$表示渗流坡度），而大部分滨海相和三角洲相软土地区，由于该土层中夹有数量不等的薄层或极薄层粉砂、细砂、粉土等，故在水平方向的渗透性较垂直方向要大得多。

（3）压缩性高。软土均属于高压缩性土，其压缩系数0.1～0.2MPa^{-1}，一般为0.7～1.5MPa^{-1}，最大达4.5MPa^{-1}，它随着土的液限和天然含水量的增大而增高。由于土质本身的因素，该类土的建筑荷载作用下的变形有如下特征：①变形大而不均匀；②变形稳定，历时长。

（4）抗剪强度低。软土的抗剪强度小且与加荷载速度及排水固结条件密切相关，不排水快剪切实验所测得抗剪强度值很小，且与其侧压力大小无关。排水条件下的抗剪强度随固结程度的增大而增大。

（5）另外，软土还具有比较显著的触变性和蠕变性。

参 考 文 献

［1］ 陈红．堤防工程安全评价方法研究［D］．南京：河海大学，2004．

［2］ 陈建生，李兴文，赵维炳．堤防管涌产生集中渗漏通道机理与探测方法研究［J］．水利学报，2009（9）：51－52．

［3］ 陈清濂．加强江河防洪建设提高抗御大洪水能力——1998年洪水和警示［J］．中国土木工程学会市政工程分会1999年学术交流会：14－17．

［4］ 崔荣方．无粘性土的渗透特性及其管涌破坏机理研究［D］．南京：河海大学，2006．

［5］ 邓越．环太湖大堤防洪能力浅析［J］．研究探讨，2015，25（5）：72－75．

［6］ 丁丽．堤防工程风险评价方法研究［D］．南京：河海大学，2006．

［7］ 段红东，何华松，朱辰华．河流输沙力学［M］．郑州：黄河水利出版社，2001．

［8］ 高延红．基于风险分析的堤防工程加固排序方法研究［D］．杭州：浙江工业大学，2011．

［9］ 国家防汛抗旱总指挥部办公室．江河防汛抢险实用技术图解［M］．北京：中国水利水电出版社，2003．

［10］ 韩其为，何明民．细颗粒泥沙成团起动及其流速的研究［J］．湖泊科学，1997（4）：307－316．

［11］ 华景生，万兆惠．勃性土及勃性土夹沙的起动规律研究［J］．水科学进展，1992（4）：271－278．

［12］ 华良山．浅析城市河道堤防工程的规划建设与管理［J］．湖南水利水电，2015（4）：95－96．

［13］ 黄淑阁，王军．堤防漏洞险情发生规律与抢堵特点研究［J］．人民黄河，2000，22（5）：9－10．

［14］ 黄岁梁，陈亚聪，府仁寿．黏性类土的起动模式研究［J］．水动力学研究与进展（A辑），1997，12（1）：1－7．

［15］ 洪文婷．洪水灾害风险管理制度研究［D］．武汉：武汉大学，2012．

［16］ 金玉生．堤防外滑坡的原因分析及处理措施［J］．安徽水利水电职业

技术学院学报，2007，7（1）49-50.
[17] 贾金生．中国的堤防除险加固技术［J］．中国水利，2005（22）：13-16.
[18] 姜彪．基于洪水数值模拟的堤防安全评价与对策研究［D］．大连：大连理工大学，2010.
[19] 贾恺．双层堤基渗透破坏发展机理研究［D］．广州：华南理工大学，2014.
[20] 康福贵．海河流域洪水管理问题探讨［J］．人民长江，2003（5）：51-52.
[21] 赖军权．影响堤岸安全的因素［J］．建筑技术开发，2004，31（8）：126-129.
[22] 冷爱国．垂直防渗在堤防防渗加固中的比较应用［D］．合肥：合肥工业大学，2005.
[23] 李斌，宇彤．浅谈堤防漏洞产生原因与抢护措施［J］．地下水，2007，29（6）：106-108.
[24] 李怀前．浅谈土工包水中进占措施在河道工程的应用［J］．水利建设与管理，2008（2）：79-80.
[25] 李继业，张庆华，郗忠梅．河道堤防工程抢险防护实用技术［M］．北京：化学工业出版社，2013.
[26] 李曙光．堤防工程除险加固措施研究［D］．合肥：合肥工业大学，2010.
[27] 李青云．长江堤防工程安全评价的理论和方法研究［D］．北京：清华大学，2002.
[28] 李寿星．河道堤防规划建设中的若干技术问题［J］．浙江水利科技，2003（1）：6-7.
[29] 刘传正．重大突发地质灾害应急处置的基本问题［J］．自然灾害学报，2006（03）：24-30.
[30] Liu H L，Shu Y M，Oostveen，J，et al. Dike Engineering［M］. Beijing：China Water&Power Press，2004.
[31] 卢廷浩．土力学［M］．南京：河海大学出版社，2003.
[32] 罗玉龙．堤防渗流控制技术及管涌机理研究［D］．武汉：武汉大学，2009.
[33] 骆辛磊．堤防险情严重程度划分与识别方法探讨［J］．水利水电科技进展，2003，23（2）：21-23.

[34] Pizzuto J E. Numerical simulation of gravel river widening [J]. Water Resource Research，1990，26 (9)：1971 - 1980.

[35] 钱宁，张仁，周志德．河床演变学 [M]. 北京：科学出版社，1989.

[36] 石国钰，叶敏，唐佩文．堤防分洪溃口变化特征初探 [J]. 人民长江，1997，28 (1)：30 - 32.

[37] 孙东亚．堤防工程失事概率分析方法及溃决模式研究 [J]. 中国防汛抗旱，2010 (2)：25 - 28.

[38] 唐存本．泥沙起动规律 [J]. 水利学报，1963 (2)：1 - 12.

[39] 王飞．堤防工程边坡稳定性分析及加固措施研究 [D]. 合肥：合肥工业大学，2012.

[40] 王桂兰．非线性波浪作用下浅海堤防受力及稳定性研究 [D]. 青岛：中国海洋大学，2014.

[41] 王洁．堤防工程风险管理及其在外秦淮河堤防中的应用 [D]. 南京：河海大学，2006.

[42] 王延贵，匡尚富．河岸淘刷及其对河岸崩塌的影响 [J]. 中国水利水电科学研究院学报，2005，3 (4)：251 - 257.

[43] 魏红艳．均质土堤漫溢溃决过程试验研究及数值模拟技术 [D]. 武汉：武汉大学，2014.

[44] 吴国如．唱凯堤决口应急封堵抢险施工技术与组织管理 [J]. 水利水电技术，2011，42 (9)：3 - 5.

[45] 夏军强，王光谦，吴保生．游荡型河流演变及其数值模拟 [M]. 北京：中国水利水电出版社，2005.

[46] 谢月秋．长江中下游河道崩岸机理初析及崩岸治理 [D]. 南京：河海大学，2007.

[47] 邢仁君．土工包进占技术在工程中的应用 [J]. 水利建设与管理，2008 (12)：50 - 51.

[48] 邢万波．堤防工程风险分析理论和实践研究 [D]. 南京：河海大学，2006.

[49] 熊治平．江河防洪概论 [M]. 北京：中国水利水电出版社，2013.

[50] 徐洪，张怡．太湖流域防汛抗旱减灾体系建设 [J]. 中国防汛抗旱，2009 (S1)：175 - 178.

[51] 徐卫亚．超标洪水下堤防失事风险评价及工程应用 [J]. 水利水运工程学报，2006 (3)：39 - 42.

[52] 徐伦．水库黏性淤积体溯源冲刷试验研究 [A] //水利水电科学研究

院科学研究论文集［C］．北京：水利水电科学研究院，1986.
［53］ 杨大勇，那向丰．论堤防抢险的前期准备工作［J］．建筑与预算，2012（3）：101－102.
［54］ 杨威．堤防采动破坏数值模拟与加固研究［D］．南京：河海大学，2004.
［55］ 叶清超，尤联元，许炯心，等．黄河下游地上河发展趋势与环境后效［M］．郑州：黄河水利出版社，1997.
［56］ 姚秋玲，孙东亚，王新春．江西抚河唱凯堤溃堤调研及原因分析［J］．中国防汛抗旱，2012，22（2）：22－23.
［57］ 张芳枝．河流冲刷作用下堤岸稳定性研究［D］．暨南大学，2010.
［58］ 张海英．唱凯堤决口封堵应急抢险施工技术［J］．水利水电技术，2011，42（9）：46－48.
［59］ 张利荣，等．1998—2013二总队抢险救援战例选编［M］．2014.
［60］ 张瑞瑾．河流输沙动力学［M］．北京：中国水利水电出版社，1998.
［61］ 张秀勇．黄河下游堤防破坏机理与安全评价方法的研究［D］．南京：河海大学，2005.
［62］ 赵二峰，何晓洁，黄浩．黄河下游堤防失事模式及识别方法［J］．人民黄河，2014（11）：36－38.
［63］ 赵晓锋．洞庭湖区软土质堤防滑坡机理分析［J］．水利与建筑工程学报，2014，12（2）220－221.
［64］ 周红星．双层堤基渗透破坏机理和数值模拟研究［D］．广州：华南理工大学，2011.
［65］ 周晓杰．堤防的渗透变形及其发展的研究［D］．北京：清华大学，2006.
［66］ 周应虎．江河大堤渗流破坏机理和控制措施研究［D］．合肥：合肥工业大学，2006.
［67］ 朱士康．珠江防洪形势浅析［J］．人民珠江，2003（3）：35－36.
［68］ 朱伟，刘汉龙，高玉峰，等．河堤内非稳定渗流的实测与分析．水利学报，2001（3）：92－97.
［69］ 左海洋．松花江流域防汛减灾体系建设［J］．中国防汛抗旱，2009（S1）：100－107.
［70］ 张强．均质土坝漫顶后冲刷破坏过程研究［D］．武汉：武汉大学，2010.
［71］ 张庆武．堤防工程中管涌的形成机理与防治研究［D］．长沙：湖南大学，2008.